Sodium Laser Guide Star and Its Propagation Characteristics of Light Wave in the Atmosphere

激光钠导星
及其光波大气传输特性

刘向远　王　玺　著

中国科学技术大学出版社

内 容 简 介

本书系统阐述了激光钠导星的特性以及大气湍流对激光钠导星的影响。根据激光钠导星的产生和波前探测的顺序，对激光的上行传输、激光与大气中间层钠原子的作用及激光钠导星光波大气传输成像进行研究，主要分析了激光钠导星的亮度特性、闪烁特性、光斑特性及其光波传输成像和回波光子数的计算等。本书可供从事激光大气传输及自适应光学的工作者或相关研究人员使用。

图书在版编目(CIP)数据

激光钠导星及其光波大气传输特性/刘向远，王玺著. —合肥：中国科学技术大学出版社，2023. 2

ISBN 978-7-312-05516-4

Ⅰ. 激… Ⅱ. ①刘… ②王… Ⅲ. 激光应用—导星—光束传播法—大气传输特性 Ⅳ. ①P151 ②TN25

中国版本图书馆 CIP 数据核字(2022)第 168920 号

激光钠导星及其光波大气传输特性

JIGUANG NADAOXING JI QI GUANGBO DAQI CHUANSHU TEXING

出版 中国科学技术大学出版社
安徽省合肥市金寨路 96 号，230026
http://press.ustc.edu.cn
https://zgkxjsdxcbs.tmall.com

印刷 安徽国文彩印有限公司

发行 中国科学技术大学出版社

开本 710 mm×1000 mm 1/16

印张 11.25

字数 252 千

版次 2023 年 2 月第 1 版

印次 2023 年 2 月第 1 次印刷

定价 50.00 元

前 言

激光钠导星也叫激光钠信标，是自适应光学波前探测的人造光源，也是自适应光学的关键技术之一。20 世纪 80 年代中期，有学者首次提出人造激光钠导星的设想，随后经过科研工作者的辛勤研究，最终使得激光钠导星成功应用于自适应光学，如今在天文观测、自由空间光通信、航天以及军事领域取得了令人瞩目的成就。多年来，科研工作者不断深入探索，力求改善激光钠导星技术，提高自适应光学波前探测的精度。

本书系统阐述了激光钠导星的特性及大气湍流对激光钠导星的影响，根据激光钠导星的产生和波前探测的顺序，对激光的上行传输、激光与大气中间层钠原子的作用及激光钠导星光波大气传输成像进行研究，主要阐述了激光钠导星的亮度特性、闪烁特性、光斑特性及其光波传输成像等内容。对于激光钠导星回波光子数的计算，本书给出了新的表达式。

本书共分为 6 章，具体内容如下：

第 1 章“绪论”，主要介绍了自适应光学技术的基本概念、自适应光学技术的发展及其应用，概述了激光钠导星的提出及其研究现状。

第 2 章“激光大气传输效应”，主要介绍了激光在大气中的衰减、湍流效应，分析了大气湍流中的成像，阐述了激光大气传输的数值模拟方法、相位屏的产生和激光传输到大气中间层的光强分布。

第 3 章“激光钠导星的亮度特性”，主要介绍了大气中间层钠层的特性、激光与钠原子的相互作用、激光钠导星回波光子数的影响因素及其数值模拟、反冲和下泵浦效应对大气中间层钠原子激发与辐射的影响等内容。

第 4 章“激光钠导星的闪烁特性与光斑特性”，主要介绍了激光钠导星的闪烁、漂移和光斑特性。

第 5 章“激光钠导星光波大气传输成像”，在研究激光钠导星光斑相对光强分布的基础上，对激光钠导星光波大气传输成像的数值进行了模拟与分析，同时介绍了激光钠导星的离轴成像，并分析了其成像的光学特点。

第 6 章“总结与展望”，总结了全书的内容，并对激光钠导星的后续研究进行了展望。

本人深感能力有限，书中表达不能尽如人意，难免有不足之处，希望读者不吝赐教，提出宝贵建议。

感谢所有为本书作出过贡献的人，特别感谢我的指导老师饶瑞中研究员，还有那些为本书提供资料和校正的人。本书出版由脉冲功率激光技术国家重点实验室开放基金项目（SKL2020KF06）、先进激光技术安徽省实验室基金项目（AHL2021ZR04）资助，以皖西学院为第一单位，以脉冲功率激光技术国家重点实验室为第二单位，感谢以上两个单位对本书出版给予的支持与帮助！

目　录

第1章　绪　论

1.1　自适应光学技术

遥远的太空浩瀚无垠，隐藏着无穷的奥秘，激发起人类无尽的遐想和对宇宙的向往。从古至今，天文观测一直是人们探索宇宙奥秘的重要手段，但是，当人们在地球上通过天文望远镜观测宇宙天体的变化时，却陷入了极为尴尬的困境，尽管人们尽力增大望远镜的孔径和提高光学系统的分辨率，但也无法有效地观测到宇宙天体清晰的图像。起先，人们并没有怀疑地球周围的空气会对天文观测造成不利的影响，但是，反复的研究表明恰恰是空气的干扰限制了光学系统的分辨能力，从而导致天文观测的图像模糊不清、难以分辨（饶瑞中，2005）。

地球的周围包围着厚达上千千米的空气，这层空气是人类赖以生存的主要环境，我们称之为大气。大气以何种形式运动，一直是人们关心的问题。经过几个世纪的研究，科学家们终于认识到大气处于一种十分复杂的随机运动状态，这种随机运动产生了大气湍流（Frisch，1995）。大气湍流的存在，使大气的温度和折射率在时间和空间上发生随机变化，从而造成光传播的波前畸变、光强闪烁、光斑漂移等光学效应，严重地削弱了大气中远距离成像的光学质量。为了克服由大气湍流造成的图像质量下降，美国物理学家贺拉斯·韦尔克姆·巴布科克（Horace Welcome Babcock）于1953年提出了自适应光学的概念（Rodder，1981）。通过自适应光学系统校正由光学系统或大气湍流造成的光传播波前畸变，从而提高光学系统的成像质量或激光传输的光束质量。20世纪70年代，美国积极从事自适应光学实验的研究（Hardy，1978），获得了自适应光学的一些基本概念，为后续自适应光学的进一步发展奠定了重要的基础（Tyson，2011）。20世纪80年代，德国和法国开始联合研制自适应光学系统，1989年，欧洲南方天文台（ESO）采用哈特曼-夏克波前传感器作为波前探测器，并安装了连续变形镜，应用可见光探测器，进行空间目标的红外校正实验，获得了圆满的成功（Hubin，1991；Lena，1994）。

传统的自适应光学系统重要的组成部件包括波前探测器、波前控制器和波前校正器，视场的范围大约为几角秒。20世纪80年代，贝克尔斯（Beckers）提出了多层相位共轭概念，根据贝克尔斯的设想，人们发展了多层共轭自适应光学，理论计算表明采用多层共轭自适应光学的望远镜视场角为传统望远镜的10倍以上(Assemat et al.,2007;张晓芳等,2004)，在光学系统组件的设计上需要进一步增加变形镜和波前探测器的数目。随着空间科学研究、地球环境监测以及光通信等发展的需要，自适应光学系统由原先的地基成像系统逐渐向空间发展，出现了星载自适应光学系统(张志伟等,2000)，为了使空间自适应光学系统小型化，还设计了无波前探测器的校正系统。

自适应光学技术的发展为其在天文观察、军事等方面开辟了广阔的应用前景。自适应光学应用的突出成就首先表现在天文观察上，例如，凯克天文台观测到了天王星、银河系中心及卵形星云的清晰成像(Wizinowich et al.,2003)。如图1.1所示为凯克天文台使用自适应光学系统校正前、后所观察到的天王星图像。

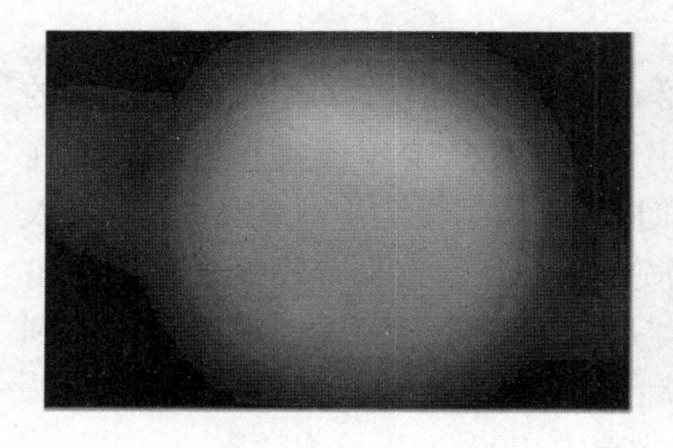

(a) 自适应光学校正前

(b) 自适应光学校正后

图1.1 天王星图像

第一次海湾战争期间，美国为了准确获取对方军情，使用侦察卫星KH-12，2.4 m口径的自适应光学系统，在160 km的轨道上观察地面目标，最小分辨率可达8～10 cm(姜文汉,1996)。1999年，美国空军在星靶场使用3.5 m地基的自适应光学望远镜，拍摄低轨运行的人造卫星SEASAT，通过处理后获得的图像清晰程度可以和2.4 m口径的哈勃空间望远镜的观察效果相媲美(Duffner,2009)。除此之外，现代战争中高能激光武器也是非常先进的，但是激光在大气的传输过程中，由于大气湍流造成激光光束扩展以及非线性热晕效应，降低了激光的能量密度，大大削弱了激光的杀伤力，因此应用自适应光学补偿激光传输时的相位畸变能够提高远场光斑的能量集中度，提高激光武器的效能(乔春红等,2008)。

我国在自适应光学方面紧跟欧美等国的发展，如今也取得了举世瞩目的成就。20世纪70年代末，中国科学院光电技术研究所、北京理工大学等相继成立了自适应光学研究室。1985年，我国研制了19单元激光波前校正系统用于激光核聚变装置，实现了静态波前畸变的校正，改善了惯性约束聚变系统的性能(姜文汉等,2011)。1990年，我国设计制造了21单元动态波前校正系统，将其安装在云南天文台的1.2 m望远镜上进行天文观察，获得了清晰的双星图像(Jiang et al.,

1995)。2009 年,我国研制了 37 单元太阳自适应光学系统,在云南天文台 26 cm 太阳精细结构望远镜上实现了太阳观察的自适应光学校正,成功地获取了太阳表面结构的高分辨率图像(Rao et al. ,2010),如图 1.2 所示。

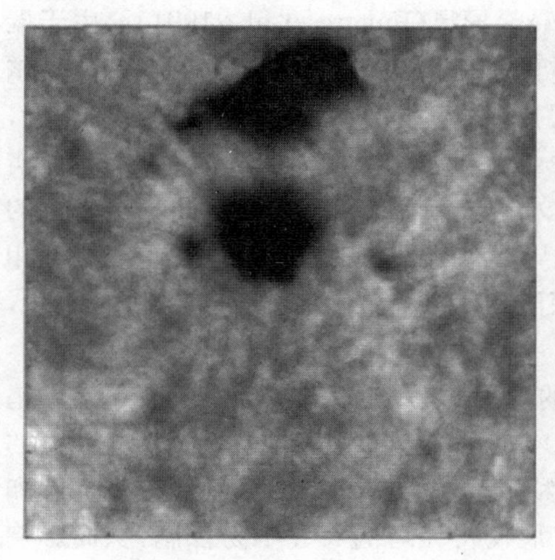

(a) 自适应光学校正前

(b) 自适应光学校正后

图 1.2 太阳表面囊状结构图像

除此之外,自由空间光通信由于受到大气湍流的影响会产生突发性错误甚至通信中断,因此自适应光学技术对于减小大气扰动对光通信性能的影响具有极大的发展潜力(杨慧珍等,2007)。相关实验研究表明,采用自适应光学校正系统能够有效抑制信号的衰减和误码率的产生(武云云等,2012)。另外,自适应光学技术还应用于视网膜细胞成像,为眼科疾病及其相关疾病的早期诊断提供了有力的手段(梁春等,2007)。由于传统自适应光学系统中变形镜具有成本高、体积大、空间分辨率低、功耗大等问题,中国科学院长春光机所采用液晶空间光调制器取代变形镜,获得了细胞量级的高分辨率眼底图像(程少园等,2009)。

1.2 激光钠导星

天文观察中,应用自适应光学系统的目的是实现光波的畸变波前校正,但是这种校正需要参考光源提供波前畸变的信息,这个用作自适应校正的参考光源叫作导星或者信标,有的文献中称作导引星。起初,自适应光学系统选择天空中的自然星作为参考光源。但是对于可见光波段,自然星难以提供足够的天空覆盖率。

被观察物体本身可以作为导星,但是往往我们感兴趣的目标亮度不够。在这种情况下，人们想到采用人工合成的方法获得人造导星。这一设想最早由科学家林尼克（Linnik）提出，1983 年，美国空军菲利普斯（Phillips）实验室的富盖特（Fugate）等人在新墨西哥州的星靶场采用激光束聚焦到 20 km 的大气层，利用大气中的分子散射第一次合成了瑞利（Rayleigh）导星（Fugate et al.，1991）。由于瑞利导星处于大气的底层，会产生比较严重的圆锥效应，因此福伊（Foy）和拉贝尔（Labeyire）在 1985 年提出了在大气上层用脉冲激光激发钠导星的设想（Foy，Labeyire，1985）。1987 年，汤普森（Thompson）和加德纳（Gardner）通过实验证实了激光钠导星的可行性。2001 年，凯克天文台与劳伦斯·里弗莫尔国家实验室的研究者在夏威夷上空第一次使用了人造钠导星，这颗导星在 95 km 的上空，亮度相当于 9.5 等星，可用于自适应光学系统探测由大气湍流引起的波前畸变（晓晨，2002）。

但是，激光钠导星与自然导星有很大的区别。首先，激光钠导星没有自然导星光源恒定。激光钠导星是由激光上行至 90 km 的高空作用于钠层产生荧光共振的辐射光。由于激光在大气中远距离传输，因此大气湍流的作用会引起光束扩展和光斑漂移（张逸新，迟泽英，1997）。光束扩展使得光斑的尺寸不易控制，从而影响自适应光学波前探测子孔径的分辨率（Gardner et al.，1990）。光斑漂移则会造成光源的随机运动，加剧了波前探测子孔径成像的抖动。其次，激光与大气中间层的钠层作用具有复杂性，使得激光钠导星的亮度和回波光子数随时空变化。作为激光钠导星，一般应该具备两个工作条件（Gardner et al.，1990）：(1) 要产生足够大的等晕区；(2) 必须有足够的亮度。只有激光钠导星有足够的亮度，波前探测器才有足够的回波光子数，这对于自适应光学波前校正是至关重要的（吴毅等，1995）。但是，激光激发中间层钠层的过程中会受到大气湍流、大气吸收、大气散射等影响，从而使回波光子数受到制约。特别是大气湍流的作用会造成激光光强的随机分布，引起回波光子数的起伏，导致激光钠导星闪烁，增大了自适应光学系统波前探测的误差。因此，研究不同大气湍流情况下激光钠导星回波光子数的变化具有重要意义。最后，大气中间层激光钠导星回波光子的激发受到地磁场、钠原子碰撞及反冲的影响（刘向远等，2013）。地磁场引起钠原子的拉莫尔进动，严重地削弱了长脉冲激光和连续激光与钠原子作用的光泵浦；原子碰撞在一定程度上增加了激光钠导星的平均回波光子通量；反冲却降低了激光钠导星的平均回波光子通量。除此之外，下泵浦现象容易导致钠原子光泵浦在较低的光强下进入跃迁饱和。这些因素的影响大大减小了钠原子的激发态概率，降低了钠原子的自发辐射速率。另外，激光的脉冲格式和光谱结构也能够影响激光与钠原子的作用。合适的脉冲格式和光谱结构能够改善钠原子激发受到的不利影响，提高激光钠导星的亮度。

尽管存在以上诸多问题，但是由于激光钠导星与瑞利导星相比具有高度上的优越性及阶段性实验的成功，以上问题变成了尚需研究和亟待改进的课题。特别是激光钠导星用于自适应光学大大提高了天文观察、光通信等系统的性能，因此，研究激光钠导星及其光波大气传输特性具有现实和深远的意义。

激光钠导星及其光波大气传输特性的研究主要涉及3个方面：激光的上行传输、激光与钠层的相互作用和激光钠导星光波的大气传输。激光的上行传输主要涉及激光大气传输的光强分布和光学效应，国内外的科研工作者做了较多的研究。但是关于激光与钠层的相互作用以及激光钠导星光波的大气传输，国内外的相关研究尚不多见。

在国外，有关激光钠导星的研究重点关注回波光子数的计算和激光钠导星的成像。在描述激光与钠层相互作用时，米隆尼（Milonni）和托德（Thode）采用了短脉冲与二能级钠原子相互作用的解析模型。杰斯（Jeys）等人通过钠激光雷达系统并用光电倍增管计数，观察了中间层钠层的光学泵浦现象，结果发现，圆偏振光有利于钠原子的泵浦，并且能够维持原子的持续吸收与辐射。布拉德利（Bradley）、莫里斯（Morris）、米隆尼等人在24能级密度矩阵的基础上详细地研究了激光的偏振、脉冲长度、重复率、光谱带宽等对激光钠导星亮度的影响。除此之外，捷洛内克（Jelonek）等人通过实验研究了激光的发射功率、钠层柱密度、激光偏振、光斑大小等因素对激光钠导星回波光子数的影响。霍尔兹洛纳（Holzlöhner）等人全面研究了钠原子碰撞、地磁场、反冲、下泵浦及钠原子扩散等因素对激光钠导星回波光子数的影响，认为单一频率含有再泵浦能量的连续激光能够激发钠导星的回波光子数，大约是宽带激光激发钠导星回波光子数的3.7倍。除此之外，希尔曼（Hillman）等人的研究也特别引人关注。在激光钠导星光波大气传输成像方面，维亚尔（Viard）等人研究了激光钠导星在波前探测器子孔径上的衍射光斑，米歇耶（Michaille）等人研究了激光钠导星的离轴成像。

在国内，关于激光钠导星的研究多从理论方面进行探讨，最近几年激光钠导星实验取得了重要进展。例如，阎吉祥和俞信（1996）研究了自适应光学人造钠导星对激光能量的要求；熊耀恒（2000）探讨了激光钠导星的局限性，以及解决激光钠导星自身倾斜测量的技术方案；范承玉（2003）等人研究了强湍流情况下相位不连续对自适应光学校正能力的影响，研究结果表明只有激光钠导星的光波长与主激光的波长接近时，才能获得良好的波前校正。关于激光与钠层的相互作用，有学者通过求解24能级密度矩阵方程进行了数值计算，结果发现长脉冲圆偏振激光与钠原子作用，在大于50 ns后，最终的原子通过能级转移，只在钠原子的基态$F=2, m=2$和激发态$F'=3, m'=3$之间进行泵浦，并且激发达到稳态。2011年，李发泉（2011）等人报道了高空激光钠导星（信标）的制备与成像，认为将激光光谱与钠原子光谱进行匹配可以提高钠原子的激发率和回波光子数。2013年，中国工程物理研究院王锋（2014）报道了采用线偏振和圆偏振激光激发钠导星回波光子数的实验，产生了直径约2 m、最强约4.1等星的激光钠导星。但是，在国内外，系统地研究激光钠导星及其光波大气传输特性的学者较少（2014年之前）。

1.3 研究内容和研究方法

从激光钠导星产生的机理(Jeys,1991)来看,它需要一定波长的激光(中心波长为589.159 nm)上行至大气中间层钠层,激光与钠原子共振,产生荧光回波。这个过程涉及3个阶段性问题:一是激光在大气中的上行传输过程,受到大气湍流、大气吸收和大气散射的影响。二是激光与钠层作用的过程,受到反冲、地磁场和下泵浦等因素的影响。与此同时,激光大气传输的光学效应,会造成激光钠导星的亮度起伏、光斑半径大小变化及光斑漂移等问题。三是在激光钠导星的光波传输到达波前探测器的过程中受到大气湍流的影响,造成成像平面上的成像光学质量下降。因此本书的研究内容包括:(1) 激光上行传输受大气湍流的影响产生的光学效应及激光光强在大气中间层的分布;(2) 激光与钠层的相互作用,分析多种因素对激光钠导星回波光子数的影响,探索激光钠导星的亮度特性、光斑半径大小变化及光斑漂移特性;(3) 激光钠导星光波的大气传输及在平面上成像的特点。

本书的研究方法主要有:(1) 理论分析法。在激光大气传输理论、波动光学、自适应光学等理论的基础上建立理论模型,以此来描述激光与大气、钠层的相互作用及激光钠导星光波的大气传输;(2) 数值模拟法。在数值模型的基础上,应用Fortran、Matlab等软件编写模拟仿真程序,以直观的形式模拟激光钠导星的回波光子数及激光钠导星的闪烁和光斑特性,并进行定量计算。

第 2 章　激光大气传输效应

2.1　激光在大气中的传输

2.1.1　激光在大气中的衰减

当激光在大气中传输时，激光会与大气中的气体分子、气溶胶等相互作用，产生吸收和散射效应，造成激光传输能量衰减。

大气吸收能量与激光波长密切相关，在可见光波段，只有少数分子存在较弱的吸收，如 CO_2、CO、O_3，而在红外光波段吸收较复杂。除此之外，还与大气中水蒸气的含量以及海拔高度有关，在地面附近几千米的范围内，水蒸气的浓度较大，激光的吸收也较多(许春玉等，1999)。

激光大气传输的散射主要包括瑞利散射和米耶散射，纯粹的散射不会造成激光能量损失，但是激光向各个方向散射会造成激光大气传输能量的衰减。气溶胶除了能够散射光，还能够吸收光转化为热量，造成激光传输能量的损耗，其消光截面包括散射截面和吸收截面。

在不考虑多次散射的情况下，激光大气传输光强的衰减可用朗伯比尔定律来描述，即

$$I_l = I_l(0)\exp\left(-\int_0^L \beta_\lambda \mathrm{d}s\right) \tag{2.1}$$

则激光大气传输的透过率为

$$T = \frac{I_l}{I_l(0)} = \exp\left(-\int_0^L \beta_\lambda \mathrm{d}s\right) \tag{2.2}$$

式中，$\int_0^L \beta_\lambda \mathrm{d}s$ 为光学厚度，L 为光传输距离，β_λ 描述了吸收和散射两种独立的物理过程对光传输辐射强度的影响(许春玉等，1999)。因此

$$\beta_\lambda = K_\mathrm{m} + \sigma_\mathrm{m} + K_\alpha + \sigma_\alpha \tag{2.3}$$

式中，K_m、σ_m 分别是大气分子的散射和吸收系数；K_α、σ_α 分别是大气气溶胶的吸收和散射系数。

实际求解大气透过率 T 非常复杂，工程处理常采用近似方法。当光学厚度 $\int_0^L \beta_\lambda \mathrm{d}s$ 足够大时，多次散射不能忽略，需要求解辐射传输方程，但是这种方法局限于空间上无限大的平面波，而对于空间传输有限的激光束则显得非常复杂。扎尔盖基(Zargecki)针对准直激光束的情况，在朗伯比尔定律的基础上提出了一种修正方法，但这种大气透过率的计算方法强烈地依赖于介质的相函数，也与探测器件的接收方式有关。

如果考虑一种简单的理想情况，β_λ 对激光大气传输在不同的天顶角是恒定不变的，那么在天顶角为 0 的情况下，$T_0=\exp(-\beta_\lambda L)$，$L$ 为沿垂直方向的高度。如果激光传输的天顶角为 ζ，则大气透过率为 $T=\exp(-\beta_\lambda L\sec\zeta)$。因此激光沿不同的天顶角传输，其大气透过率可以表示为

$$T = T_0^{\sec\zeta} \tag{2.4}$$

2.1.2 湍流效应：闪烁、光斑漂移、光束扩展

大气的随机运动，造成其折射率随大气湍流的运动而起伏，从而引起激光大气传输发生波前畸变，激光大气传输波前的变化直接造成了激光相干性的下降和光束质量变差。大气湍流引起激光大气传输光强起伏、光束扩展和光斑漂移，这些现象被称作大气湍流的光学效应。

2.1.2.1 激光大气闪烁

激光在大气湍流中传播时的光强起伏通常称为激光大气闪烁。在弱起伏条件下，假设 C_n^2 沿路径均匀分布，对数振幅起伏方差的表达式为(吴健等，2005)

$$\sigma_\chi^2(L) = 0.307k^{\frac{7}{6}}L^{\frac{11}{6}}C_n^2\text{(平面波)} \tag{2.5}$$

$$\sigma_\chi^2(L) = 0.124k^{\frac{7}{6}}L^{\frac{11}{6}}C_n^2\text{(球面波)} \tag{2.6}$$

光强起伏的大小通常用起伏方差或者闪烁指数来描述，归一化的光强起伏方差可以表示为

$$\sigma^2 = \frac{\langle I^2\rangle}{\langle I\rangle^2} - 1 \tag{2.7}$$

如果大气湍流满足弱起伏条件 $\sigma_\chi^2<0.3$，则闪烁指数为

$$\sigma^2 = \sigma_{\ln I}^2 = \exp(4\sigma_\chi^2) - 1 \approx 4\sigma_\chi^2 \tag{2.8}$$

假设激光的发射直径为 W_0，曲率半径为 R_0，则对数振幅起伏方差可以表示为

$$\sigma_\chi^2 = 2.176C_n^2k^{\frac{7}{6}}L^{\frac{11}{6}}\{\mathrm{Re}[g_1(\alpha L)] - g_2(\alpha L,\rho)\} \tag{2.9}$$

其中

$$\alpha = \alpha_1 + \mathrm{i}\alpha_2 = \frac{\lambda}{\pi W_0^2} + \mathrm{i}\frac{1}{R_0}$$

$$g_1(\alpha L) = \frac{6}{11} \mathrm{i}^{\frac{5}{6}} {}_2F_1\left(-\frac{5}{6}, \frac{11}{6}; \frac{17}{6}; \frac{\mathrm{i}\alpha L}{1 + \mathrm{i}\alpha L}\right)$$

$$g_2(\alpha L, \rho) = \frac{3}{8}\left[\frac{\alpha_1 L}{(\alpha_1 L)^2 + (1 - \alpha_2 L)^2}\right]^{\frac{5}{6}} {}_1F_1\left(-\frac{5}{6}, 1; \frac{2\rho^2}{W^2}\right)$$

式中，W 表示接收平面内光斑的直径，${}_nF_m$ 为超几何函数。对于准直的高斯光束，其结果类似于平面波，发散的高斯光束其结果类似于球面波。如果高斯光束的束腰直径小于菲涅尔(Fresnel)尺度，即 $2W_0 < \sqrt{\lambda L}$，则其结果可用球面波的结果代替；当此条件不满足时，高斯光束的起伏方差随光腰半径的增大而略有增加。而对于聚焦的高斯光束，由式(2.7)求得的起伏方差大大下降。当考虑光斑漂移、光束扩展等问题时，实验上测量的结果与理论计算的结果存在很大差异。

实验发现：随着传播距离或湍流强度的进一步增大，光强起伏方差不再随之增大，这就是闪烁饱和现象。对于波长小于 1 μm 的激光，在近地面传输过程中，饱和现象大致出现在晴天中午（当传播距离 $z \geqslant 500$ m 时），饱和值在 1.2～2.4。达到饱和以后，随着 C_n^2 的增大将按一定的斜率下降，饱和值会趋向于某一极限（饶瑞中等，1998）。

由于强起伏条件下出现了 Born 近似和 Rytov 近似的现象，特别是闪烁饱和效应，迫使人们探寻新的理论来解释强湍流情况下的光传播现象。根据场的统计矩理论和其他一些理论，在 $\sigma_0^2 \gg 1$ 的情况下，一些学者（Fante，1974；Gochelashvily，Shishovde，1974；Clifford，1978）得到了归一化方差的一些渐进结果。

学者戈切拉什维利(Gochelashvily)和希什霍夫德(Shishovde)的结果为

$$\sigma^2 = 1 + 0.85\,(\sigma_0^2)^{-\frac{2}{5}} \tag{2.10}$$

范特(Fante)的结果为

$$\sigma^2 = 1 + 0.99\,(\sigma_0^2)^{-\frac{2}{5}} \tag{2.11}$$

克莱福德(Clliford)的结果为

$$\sigma^2 = 0.92 + 1.44\,(\sigma_0^2)^{-\frac{2}{5}} \tag{2.12}$$

其中

$$(\sigma_0^2)^{-\frac{2}{5}} = 1.23 C_n^2 k^{\frac{7}{6}} L^{\frac{11}{6}} \tag{2.13}$$

尽管统计矩理论的应用在解决强起伏条件下的光传输方面取得了一些重大的进步，但是要用这一理论解释所有的实验数据，还有更多的困难需要克服。

2.1.2.2　光强起伏的频谱

闪烁频谱起源于大气运动，对光传输而言，可以认为空间某一测量点上某个物理量的变化是由通过该点的大气运动（由横向风速 $V_\perp$ 表征）引起的，而大气内部的运动状态可以忽略。根据泰勒(Taylor)假定：

$$\chi(r, t + \tau) \equiv \chi(r - V_\perp \tau, t) \tag{2.14}$$

所以自相关函数为

$$R_{\tau}(\tau)=\langle\chi(r,t+\tau)\chi(r,\tau)\rangle=B_{\chi}(V_{\perp}\tau) \tag{2.15}$$

即时间自相关函数通过泰勒(Taylor)假定与空间协方差建立了联系,再根据频谱的定义就可导出频谱 $W_{\chi}(f)$的表达式。

理论上认为:对于柯尔莫哥洛夫(Kolmogorov)湍流,球面波的频谱可以表示为(Cliford,1971)

$$W_{\chi}(f)=0.132\pi^{2}C_{n}^{2}k^{\frac{2}{3}}L^{\frac{7}{3}}V_{\perp}^{-1}\ \zeta^{-\frac{8}{3}}\int_{0}^{1}\mathrm{d}u\int_{0}^{\infty}\mathrm{d}\mu\mu^{-\frac{1}{2}}\ (1+\mu)^{-\frac{11}{6}}$$
$$\cdot\left\{1-\cos\left[\frac{1}{4}\zeta^{2}(1+\mu)(1-u^{2})\right]\right\} \tag{2.16}$$

其中,$\zeta=\dfrac{f}{f_0}=\dfrac{f}{V_{\perp}}\sqrt{2\pi\lambda L}$。在极限情况下,上式可以简化为

$$W_{\chi}(f)=\begin{cases}0.19C_{n}^{2}k^{\frac{2}{3}}L^{\frac{7}{3}}V_{\perp}^{-1}\ (1+0.11\zeta^{\frac{4}{3}}) & (\zeta\ll1)\\ 2.19C_{n}^{2}k^{\frac{2}{3}}L^{\frac{7}{3}}V_{\perp}^{-1}\ \zeta^{-\frac{8}{3}} & (\zeta\gg1)\end{cases} \tag{2.17}$$

而对于平面波,则有

$$W_{\chi}(f)=0.066\pi^{2}C_{n}^{2}k^{\frac{7}{6}}L^{\frac{11}{6}}f_{0}^{-1}\zeta^{-\frac{8}{3}}\left\{1.69-\mathrm{Im}\left[\pi^{\frac{1}{2}}\zeta^{-2}\mathrm{e}^{\mathrm{i}\zeta^{2}}\right.\right.$$
$$\cdot\left(\frac{\Gamma(7/3)}{\Gamma(17/6)}\cdot{}_{1}F_{1}\left(\frac{1}{2},-\frac{4}{3};-\mathrm{i}\zeta^{2}\right)+(\mathrm{i}\zeta^{2})\frac{7}{3}\pi^{-\frac{1}{2}}\Gamma\left(-\frac{7}{3}\right)\right.$$
$$\left.\left.\left.\cdot F_{1}\left(\frac{17}{6},\frac{10}{3};-\mathrm{i}\zeta^{2}\right)\right)\right]\right\} \tag{2.18}$$

在极限情况下

$$W_{\chi}(f)=\begin{cases}0.85C_{n}^{2}k^{\frac{2}{3}}L^{\frac{7}{3}}V_{\perp}^{-1}\ (1+0.27\zeta^{\frac{4}{3}}) & (\zeta\ll1)\\ 2.19C_{n}^{2}k^{\frac{2}{3}}L^{\frac{7}{3}}V_{\perp}^{-1}\ \zeta^{-\frac{8}{3}} & (\zeta\gg1)\end{cases} \tag{2.19}$$

上述结论都得到了实验的证实。因此,随机介质中的光传播理论认为:在湍流介质中传播的平面波、球面波和高斯束状波的时间起伏频谱的高频部分具有相同的 $-\dfrac{8}{3}$ 幂律。然而,有的研究表明:激光束在大气湍流中起伏的频谱特性与平面波或球面波都不一致,它的高频起伏特征与接收口径、湍流的内尺度及激光束的波形密切相关(王英俭等,1998)。

2.1.2.3 光强起伏的概率分布

光强起伏的概率分布问题目前还没有很好地得到解决。研究表明:在弱起伏条件下,理论研究与实验研究的结果得到了统一,光强起伏的概率密度分布服从对数正态分布,而在强起伏条件下,特别是弱、强起伏条件之间的中等起伏条件下,尚不能从波传播的物理过程获得确定的分布形式。目前的一些研究工作已转向通过光传播的数值模拟来探索解决概率分布问题,另一种方法是根据实验获得的光强

起伏的最低几阶统计矩建立的极大似然概率分布模型，对光强起伏概率分布的数字特征（偏斜度、陡峭度）的变化特征进行分析。根据光强起伏的物理本质，稳定分布可能是其真正的概率分布形式。而稳定分布的参量与起伏统计量的关系尚未探明，因而未得到广泛应用（饶瑞中等，1999）。本节将简单地介绍极大似然概率分布模型，具体如下。

由最低 n 阶中心矩的最大似然概率密度分布表达式：

$$p(\ln I) = \exp\left[\sum_{i=0}^{n} \lambda_i (\ln I - \overline{\ln I})^i\right] \tag{2.20}$$

及其归一化条件：

$$\int_{-\infty}^{\infty} p(\ln I)\mathrm{d}\ln I = \mu_0 = 1 \tag{2.21}$$

再结合对数强度样本值的 k 阶中心矩 μ_k 方程：

$$\int_{-\infty}^{\infty} (\ln I - \overline{\ln I})^k p(\ln I)\mathrm{d}\ln I = \mu_k \quad (k = 0,1,2,3,\cdots) \tag{2.22}$$

可以得到一个非线性积分方程组，该方程的解描述了光强的概率密度分布。在实际应用中由于数据的高阶矩并不可靠，通常取最低 4 阶中心矩，并借助 5、6 阶矩和概率密度分布式(2.20)的极限形式：

$$\lim_{\ln I \to \pm\infty} (\ln I - \overline{\ln I})^k p(\ln I) = 0 \quad (k = 0,1,2,3,\cdots) \tag{2.23}$$

可以很容易得到实际的光强概率密度分布。

由归一化条件和 4 个矩方程构成 5 个位置系数 λ_i($i = 0\sim4$)，借助 5 阶矩 μ_5 和 6 阶矩 μ_6，使用分部积分法可以得到下列方程组：

$$\begin{cases} \mu_0\lambda_1 + 2\mu_1\lambda_2 + 3\mu_2\lambda_3 + 4\mu_3\lambda_4 = 0 \\ \mu_1\lambda_1 + 2\mu_2\lambda_2 + 3\mu_3\lambda_3 + 4\mu_4\lambda_4 = -\mu_0 \\ \mu_2\lambda_1 + 2\mu_3\lambda_2 + 3\mu_4\lambda_3 + 4\mu_5\lambda_4 = -2\mu_1 \\ \mu_3\lambda_1 + 2\mu_4\lambda_2 + 3\mu_5\lambda_3 + 4\mu_6\lambda_4 = -3\mu_2 \end{cases} \tag{2.24}$$

在解得上述方程组后，通过数值积分求得 λ_0。

2.1.2.4　光斑漂移

大气湍流中光斑的形变特征最为常见的是光斑漂移，其反映了光斑空间位置的时间变化。光斑漂移对于激光在大气中的工程应用，如光学跟踪系统，具有重要的影响。

理论和实验研究光斑漂移通常以光斑的质心位置的变化来描述。光斑的质心定义为（饶瑞中等，2000）：

$$\rho_c = \frac{\iint \rho I(\rho)\mathrm{d}\rho}{\iint I(\rho)\mathrm{d}\rho} \tag{2.25}$$

即

$$x_c = \frac{\iint xI(x,y)\mathrm{d}x\mathrm{d}y}{\iint I(x,y)\mathrm{d}x\mathrm{d}y} \tag{2.26}$$

$$y_c = \frac{\iint yI(x,y)\mathrm{d}x\mathrm{d}y}{\iint I(x,y)\mathrm{d}x\mathrm{d}y} \tag{2.27}$$

则质心的漂移方差为

$$\sigma_\rho^2 = \langle \rho_c^2 \rangle = \frac{\iiiint (\rho_1 \cdot \rho_2) I(\rho_1) I(\rho_2) \mathrm{d}\rho_1 \mathrm{d}\rho_2}{\left[\iint I(\rho)\mathrm{d}\rho\right]^2} \tag{2.28}$$

如果光斑质心在水平和垂直方向的漂移标准差分别为 σ_x 和 σ_y,则在水平和垂直方向的漂移运动统计独立的假设下,光斑质心总的漂移方差为

$$\sigma_\rho^2 = \sigma_x^2 + \sigma_y^2 \tag{2.29}$$

对于从 $z=0$ 到 $z=L$ 的传播路径上 z 处的湍流造成的倾斜导致光束在 $z=L$ 的平面内漂移,其大小为倾斜角乘以 $(L-z)$,因此在到达角起伏方差公式中积分项乘以 $(L-z)$ 因子,并采用 Z-倾斜孔径滤波函数,即可得到 $(L-z)$ 接收面内的漂移方差:

$$\langle \sigma_\rho^2 \rangle = (2\pi)^2 \int_0^L (L-z)^2 \mathrm{d}z \int_0^\infty (\gamma\kappa)^2 \cos^2[P(\gamma,\kappa,z)] \Phi_n(\kappa) \Big|_z \kappa \left[\frac{4J_2(\kappa D/2)}{\kappa D/2}\right]^2 \mathrm{d}\kappa \tag{2.30}$$

式中,γ 和 P 分别为传播因子和衍射因子:

$$\begin{cases} \gamma = 1 & (\text{平面波}) \\ \gamma = \dfrac{L-z}{L} & (\text{球面波}) \end{cases} \tag{2.31}$$

$$P(\gamma,\kappa,z) = \frac{\gamma z}{2k}\kappa^2 = \begin{cases} \dfrac{z}{2k}\kappa^2 & (\text{平面波}) \\ \dfrac{(L-z)z}{2kL}\kappa^2 & (\text{球面波}) \end{cases} \tag{2.32}$$

对于激光平面波或准直光束在 Kolmogorov 湍流中的传播,则有

$$\langle \sigma_\rho^2 \rangle = 6.08 D^{-\frac{1}{3}} \left[L^2 \int_0^L C_n^2(z)\mathrm{d}z - 2L\int_0^L C_n^2(z) z\mathrm{d}z + \int_0^L C_n^2(z) z^2 \mathrm{d}z \right] \tag{2.33}$$

若传播路径上湍流强度均匀,则

$$\langle \sigma_\rho^2 \rangle = 2.03 C_n^2 D^{-\frac{1}{3}} L^3 \tag{2.34}$$

对于激光发射口径为 D 的聚焦光束,则有

$$\sigma_\rho^2 = 6.08 L^2 D^{-\frac{1}{3}} \int_0^L C_n^2(z) \left(1 - \frac{z}{L}\right)^{\frac{11}{3}} \mathrm{d}z \tag{2.35}$$

若沿传播路径均匀分布，则

$$\sigma_\rho^2 = \frac{9}{14} \cdot 2.03 C_n^2 D^{-\frac{1}{3}} L^3 = 1.305 C_n^2 D^{-\frac{1}{3}} L^3 \tag{2.36}$$

由以上光斑漂移的计算可以看出，光斑漂移与波长无关，聚焦光束的漂移要比准直光束小得多。而有的理论认为：不论是准直光束还是聚焦光束，漂移相同。这些理论结果的差异尚未得到实验验证。在强起伏条件下，由于光斑破碎成很多小斑块，因此这些结果不再有合适的意义。

2.1.2.5　光束扩展

由于大气湍流的影响，激光的光斑随时间变化在不断漂移。如果用相机拍摄激光光斑长时间的光斑图像，我们会发现激光光斑出现了长时间的扩展，即长时扩展。在极短时间内的瞬时光斑也会出现扩展，称作短时扩展。

假设一束激光在大气中传输，由于大气湍流的作用会看到如图 2.1 所示的短时光斑偏离和扩展现象，这是由大尺度湍涡对光的折射作用和小湍涡对光的衍射作用造成的，其中 α_s 就称为短曝光光束扩展半径。根据泰勒湍流冻结理论，横向风吹动湍流不断地漂移过光束截面，在时间间隔 $\Delta t = \frac{D}{|V|}$ 内（V 是光束横截面上的风速），大尺度湍涡将导致光束产生某一方向上的折射效应，这样在大于 Δt 时间内，光束将在各个不同的方向上产生多次随机偏折。图 2.2 中的灰色圆斑代表激光的短曝光光斑在小于 Δt 时间内的观察结果。在大于 Δt 时间内观察是所有短曝光光斑叠加的结果。其中 α_L 通常称为长曝光光斑半径。因此，长曝光光斑半径 $\langle \alpha_L^2 \rangle$ 可以由下式求出（Andrews & Phillips，1998）：

$$\langle \alpha_L^2 \rangle = \langle \alpha_s^2 \rangle + \langle \rho_c^2 \rangle \tag{2.37}$$

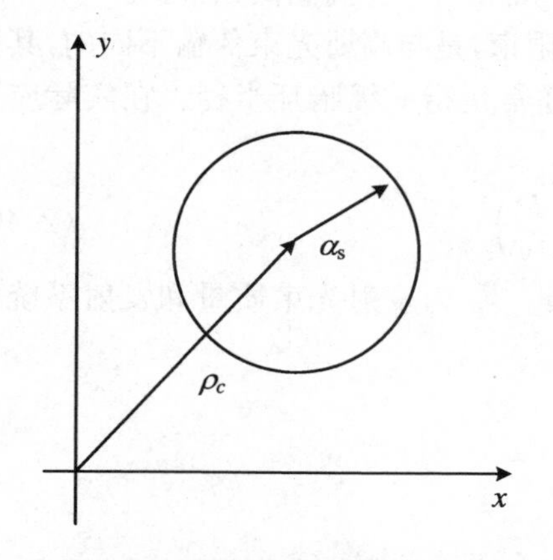

图 2.1　大气湍流中靶面处光束的短期扩展与偏折

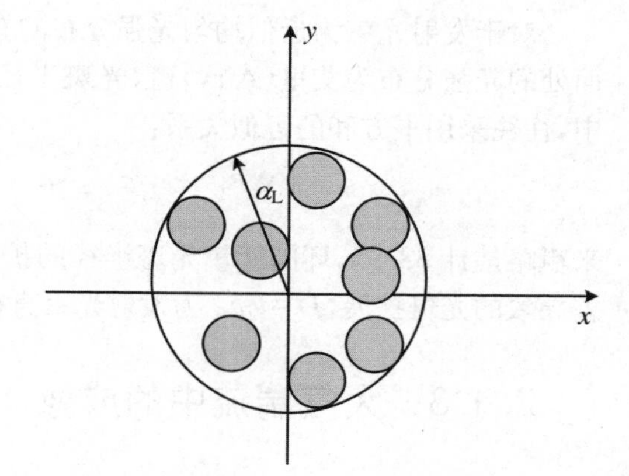

图 2.2　大气湍流中靶面处光束的长曝光与短曝光光斑

通常激光大气传输到靶目标平面上的采样时间即曝光时间 t 都是大于 Δt 的，所以一般情况下光斑扩展半径通常是指长曝光光斑半径 $\langle \alpha_L^2 \rangle$。湍流效应导致的光斑扩展主要包括低频漂移和高频散射两部分，通常在弱起伏区，高频散射引起的光斑扩展很小，短曝光光斑半径 $\langle \alpha_s^2 \rangle$ 扩展与其在真空中的半径几乎相同，这时的光斑扩展半径主要由低频偏折距离 $\langle \rho_c^2 \rangle$ 决定。当湍流效应较强时，光斑出现了严重的破碎现象，这种情况下短曝光图像将不再是单个光斑，而是由随机分布在接收孔径平面内的若干小光斑组成，这时的长曝光图像相当于模糊的短曝光图像，它们的总直径近似相等。

目前，对于高斯聚焦光束在大气湍流传输中引起的光束扩展已经有了较多研究。在长曝光光斑仍可近似为高斯光斑的情况下，$\frac{1}{e}$ 功率点光斑半径近似满足（石小燕等，2003）：

$$a_{ef}^2 = a_{ef_0}^2\left[\beta_0^2 + \frac{(4.2a_0)^2}{r_0^2}\right] = a_{ef_0}^2\left(\beta_0^2 + \frac{2.2d^2}{r_0^2}\right) \tag{2.38}$$

式中，a_0 为发射光束 $\frac{1}{e}$ 功率点光斑半径，$d = 2\sqrt{2}a_0$、a_{ef_0}、a_{ef}，分别为衍射极限和实际大气湍流传输到靶面处的 $\frac{1}{e}$ 功率点光斑半径，β_0 是发射系统初始光束质量因子，在衍射极限情况下 $\beta_0 = 1$，式(2.38)中的 $\frac{d}{r_0}$ 也是描述湍流效应的一个重要定标参量。另外，光束扩展的关系通常还可以用光束质量因子的形式表示，即

$$\beta^2 = \beta_0^2 + 2.2\left(\frac{d}{r_0}\right)^2 \tag{2.39}$$

方程右边的第一项代表光束真空传输时靶面处光斑扩展；第二项则是由湍流效应导致的光斑扩展，包括小尺度湍涡高频散射扩展和大尺度湍涡低频偏折。

对于发射光束为近似均匀光强分布的有限束，是与高斯光束传输不同的，其靶面处的光强分布为艾里(Airy)斑，光斑半径通常是指一级暗环半径。在实际应用中，往往采用平方和的近似关系：

$$\beta^2 = \beta_0^2 + \left(\frac{D}{r_0}\right)^2 \tag{2.40}$$

来粗略估计 83.9%环围能量光斑半径的扩展。β_0 为发射光束质量和发射系统像差导致的光斑扩展，$D = 2a_0$ 为发射光束直径。

2.1.3 大气湍流中的成像

2.1.3.1 相位起伏与到达角起伏

大气折射率的随机起伏会造成光传播的相位起伏，光波相位起伏的统计特征

可以用结构函数来表示。对于各向均匀同性的介质，波阵面上相距为 ρ 的两点，结构函数为

$$D_n(\rho) = 2[B_n(0) - B_n(\rho)] \tag{2.41}$$

一般情况下，激光大气传输相位起伏可以表示为

$$\Delta S = k\int_{\Delta z} n\mathrm{d}z \tag{2.42}$$

将其代入 $B_S(\rho) = \langle \Delta S(\rho_1)\Delta S(\rho_2)\rangle$，根据 Kolmogorov 湍流理论并利用相关函数与结构函数的关系式，可得

$$D_S(\rho) = 2.91k^2\rho^{\frac{5}{3}}\int_0^L C_n^2(z)\mathrm{d}z \tag{2.43}$$

式中，z 是沿光传输路径的积分变量，L 是路径总长度，k 为波数。弗里德(1966)引入了大气相干长度的概念，使得 $D_S(\rho)$简化为

$$D_S(\rho) = 6.88\left(\frac{\rho}{r_0}\right)^{\frac{5}{3}} \tag{2.44}$$

式中，r_0 是弗里德(Fried)相干长度，又被称为 Fried 常数，它反映了大气湍流对光波相位造成的扰动。在球面波和平面波情况下，r_0 分别为

$$\begin{aligned} r_{0s} &= \left[0.423k^2\int_0^L C_n^2(z)\left(\frac{z}{L}\right)^{\frac{5}{3}}\mathrm{d}z\right]^{-\frac{3}{5}} \quad (球面波) \\ r_{0\rho} &= \left[0.423k^2\int_0^L C_n^2(z)\mathrm{d}z\right]^{-\frac{3}{5}} \quad (平面波) \end{aligned} \tag{2.45}$$

具有等相位面的光束通过大气时，折射率起伏可以导致相位的起伏，如果波阵面相对于接收平面随机倾斜一个角度，则对于某一时刻相位将在接收平面内线性地随机起伏，这种波阵面随机倾斜现象称为到达角起伏(张逸新，迟泽英，1997)。在天文观察中，到达角起伏会引起所观察到的像抖动，到达角起伏方差可以写为

$$\langle\alpha^2\rangle = \sigma_\alpha^2 = \frac{\langle(\Delta L)^2\rangle}{(k\rho)^2} = \frac{D_S(\rho)}{k^2\rho^2} \tag{2.46}$$

采用 Kolmogorov 谱，平面波和球面波的到达角起伏方差可以写为

$$\begin{aligned} \sigma_\alpha^2 &= 2.914C_n^2L\rho^{-\frac{1}{3}}\sqrt{\lambda L} \ll \rho \quad (平面波) \\ \sigma_\alpha^2 &= 1.093C_n^2L\rho^{-\frac{1}{3}}\sqrt{\lambda L} \ll \rho \quad (球面波) \end{aligned} \tag{2.47}$$

当两点间的距离远远大于菲涅耳尺度 $\sqrt{\lambda L}$时，到达角起伏与波长无关。对于高斯光束，弱起伏条件下的到达角起伏方差可以由平面波和球面波的结果得出：

$$\sigma_\alpha^2 = 1.093C_n^2L\rho^{-\frac{1}{3}}\left[a + 0.618\Lambda^{\frac{11}{6}}\left(\frac{k\rho^2}{L}\right)^{\frac{1}{3}}\right]\sqrt{\lambda L} \ll \rho \tag{2.48}$$

其中

$$a = \begin{cases} \dfrac{1-\Theta^{\frac{8}{3}}}{1-\Theta} & \Theta \geqslant 0 \\ \dfrac{1+|\Theta|^{\frac{8}{3}}}{1-\Theta} & \Theta < 0 \end{cases}, \quad \Theta = 1 + \frac{L}{R}, \quad \Lambda = \frac{2L}{kW^2}$$

式中，R 和 W 分别表示接收平面内光斑的曲率半径与直径。

2.1.3.2 大气成像

在有大气湍流存在的情况下，光传播的光场会受到一个随机扰动 $F_1 = \exp(\chi + \mathrm{i}S)$。根据广义惠更斯-菲涅耳原理，能够得到观察面上的光场（饶瑞中，2005）：

$$E(x_i, y_i) = \frac{\mathrm{e}^{\mathrm{i}kz}}{\mathrm{i}kz}\iint_A E_0(x_0, y_0)\exp\left\{\frac{\mathrm{i}k}{2z}[(x_i - x_0)^2 + (y_i - y_0)^2]\right\} \cdot \exp(\chi + \mathrm{i}S)\mathrm{d}x_0\mathrm{d}y_0 \tag{2.49}$$

在考虑弱起伏条件下，振幅起伏和相位起伏都服从正态分布，且 $\langle\chi\rangle = \langle S\rangle = 0$，$\langle\chi\rangle = -\langle\chi^2\rangle$，$\langle S\rangle = -\langle\chi S\rangle$，能够得到光波大气湍流传播平均光强的基本公式为

$$\begin{aligned}\langle I(x, y)\rangle &= \langle E(x, y)E^*(x, y)\rangle \\ &= \frac{1}{\lambda z}\iint_A \langle E_0(x_0, y_0)E_0^*(x_0, y_0)\rangle \\ &\quad \cdot \exp\left\{\begin{matrix}\frac{\mathrm{i}k}{2z}[(x - x_2)^2 + (y - y_0)^2]^2 \\ -\frac{\mathrm{i}k}{2z}[(x - x_0')^2 + (y - y_0')^2]^2\end{matrix}\right\} \\ &\quad \cdot \exp\left[-\frac{1}{2}D(\rho_1 - \rho_1')\right]\mathrm{d}x_0\mathrm{d}y_0\mathrm{d}x\mathrm{d}y\end{aligned} \tag{2.50}$$

式中，$D(\rho_1 - \rho_1')$ 表示大气湍流波结构函数，体现了大气湍流对光传播成像的影响。

在天文观察中，大气湍流造成远距离成像模糊、抖动。由于天文成像一般是非相干成像，这里假定大气成像系统是线性不变系统，在等晕区内像和物的光强分布满足卷积关系（张逸新，迟泽英，1997）：

$$I_i(x_i, y_i) = I_0(x_0, y_0) \cdot h_I(x_0, y_0; x_i, y_i) \tag{2.51}$$

式中，$I_i(x_i, y_i)$ 为像平面上的光强分布，$I_0(x_0, y_0)$ 为物的光强分布，$h_I(x_0, y_0; x_i, y_i)$ 为点扩展函数。在傅里叶频域空间中，上式满足傅里叶变换：

$$I_i(f_{x_i}, f_{y_i}) = I_0(f_{x_0}, f_{y_0}) \cdot H(f_{x_0}, f_{y_0}; f_{x_i}, f_{y_i}) \tag{2.52}$$

式中，$H(f_{x_0}, f_{y_0}; f_{x_i}, f_{y_i})$ 为大气成像系统的光学传递函数 OTF。对于相干成像系统，光学传递函数为

$$H(f_x, f_y) = \mathscr{F}[h(x_i, y_i)] \tag{2.53}$$

式中，$h(x_i, y_i)$ 是相干点扩展函数，省略常系数，则

$$h(x_i, y_i) = \mathscr{F}[P(x, y)] \tag{2.54}$$

式中，$P(x, y)$ 为孔径函数。根据相干与非相干点扩展函数之间的关系，得到非相干传递函数为

$$H(f_{x_0}, f_{y_0}; f_{x_i}, f_{y_i}) = \mathscr{F}\{h_I(x_0, y_0; x_i, y_i)\} = \mathscr{F}\{|h(x_i, y_i)|^2\}$$

$$= \mathscr{F}\{|\mathscr{F}[P(x,y)]|^2\} \tag{2.55}$$

在大气湍流造成光波相位畸变的情况下，引入广义光瞳函数 $P(x,y)\exp[-\Phi(x,y)]$，$\Phi(x,y)$ 代表相位畸变。于是

$$H(f_{x_0},f_{y_0};f_{x_i},f_{y_i}) = \mathscr{F}\{|\mathscr{F}[P(x,y)\exp(-\Phi(x,y))]|^2\} \tag{2.56}$$

2.2　湍流介质中随机相位屏的生成方法

大气湍流对光传播的影响就在于湍流的随机运动引起大气折射率的随机波动，进而引起光传播在不同路径上的相位改变，描述这种改变的有效数值模拟方法就是相位屏法。

关于使用相位屏法模拟大气湍流引起的光波波前相位畸变，具体的方法有很多。目前，人们常用的有 3 种方法：功率谱反演法、泽尼克（Zernike）多项式法和分形相位屏法。

2.2.1　功率谱反演法

功率谱反演法的基本思想是对一复数形式的高斯随机数矩阵用大气湍流的功率谱进行滤波，然后进行傅里叶逆变换得到大气扰动相位。

采用冯卡曼（Von Karman）功率谱：

$$\Phi_n(\kappa) = \frac{0.033C_n^2(h)}{(\kappa^2+\kappa_0^2)^{\frac{11}{6}}}\exp\left(-\frac{\kappa^2}{\kappa_m^2}\right) \tag{2.57}$$

式中，$\kappa_0 = \frac{2\pi}{L_0}$，$\kappa_m = \frac{2\pi}{l_0}$。

相位屏的计算公式：

$$\Phi(m\Delta x,n\Delta y) = \frac{2\pi}{N}\left(\frac{0.033\pi\Delta z C_n^2}{\Delta x\Delta y}\right)^{\frac{1}{2}} \cdot \sum_{m'=0}^{N-1}\sum_{n'=0}^{N-1} f(m'\Delta\kappa,n'\Delta\kappa)R(m',n') \cdot \exp\left(\frac{\mathrm{i}2\pi mm'}{N}+\frac{\mathrm{i}2\pi nn'}{N}\right) \tag{2.58}$$

这里，$f(\kappa_x,\kappa_y) = \left[(\kappa_x^2+\kappa_y^2+\kappa_0^2)^{-\frac{11}{6}} \cdot \exp\left(-\frac{\kappa_x^2+\kappa_y^2}{\kappa_m^2}\right)\right]^{\frac{1}{2}}$，$\kappa_x = \frac{2\pi m'}{N\Delta x}$，$\kappa_y = \frac{2\pi n'}{N\Delta y}$，$R(m',n')$ 为复数形式的高斯随机数矩阵。

功率谱反演法简单、方便，但是存在低频不足的问题，可以采取次谐波低频补偿予以解决（Lane et al.，1992）。图 2.3 为加与未加三次谐波补偿的功率谱反演相位屏。

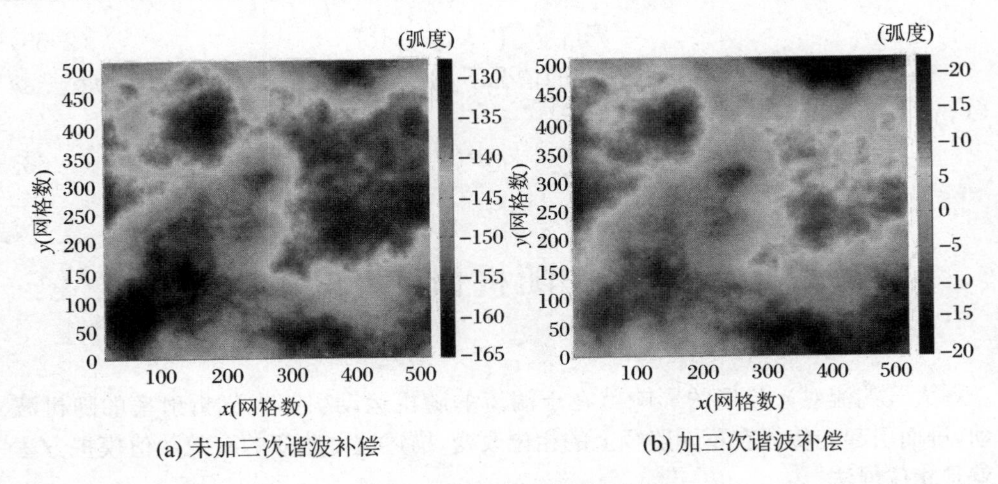

(a) 未加三次谐波补偿 (b) 加三次谐波补偿

图 2.3 功率谱反演相位屏

2.2.2 泽尼克多项式法

受大气影响的畸变波前可以分解为圆域内正交的泽尼克(Zernike)多项式(Roddier,1990):

$$\Phi(r) = \sum_{j=1}^{\infty} a_j \cdot z_j(r) \tag{2.59}$$

式中,$z_j(r)$为各阶 Zernike 多项式,a_j 为第j项 Zernike 多项式系数,多项式的系数协方差矩阵 $\Gamma_a = X \cdot S \cdot X^T$,$U = X^T$,其中 U 为Γ_a 的特征向量组成的酉矩阵,满足 $U^{-1} = U^T$。

诺尔(Noll)给出两项 Zernike 多项式 z_j 与 $z_{j'}$ 的协方差表达式(Schwartz et al.,1999),由此计算任意数目的 Zernike 多项式的协方差 Γ_a。再将 Γ_a 奇异值分解$\Gamma_a = X \cdot S \cdot X^T$,得到对角阵 S,那么 $U = X^T$。如图 2.4 所示为 35 阶和 65 阶 Zernike 相位屏。

Zernike 相位屏存在高频不足的问题,解决的办法是通过增加 Zernike 多项式的阶数加以改善,但是补偿的幅度不大,因为当阶数很高时计算量已经很大。

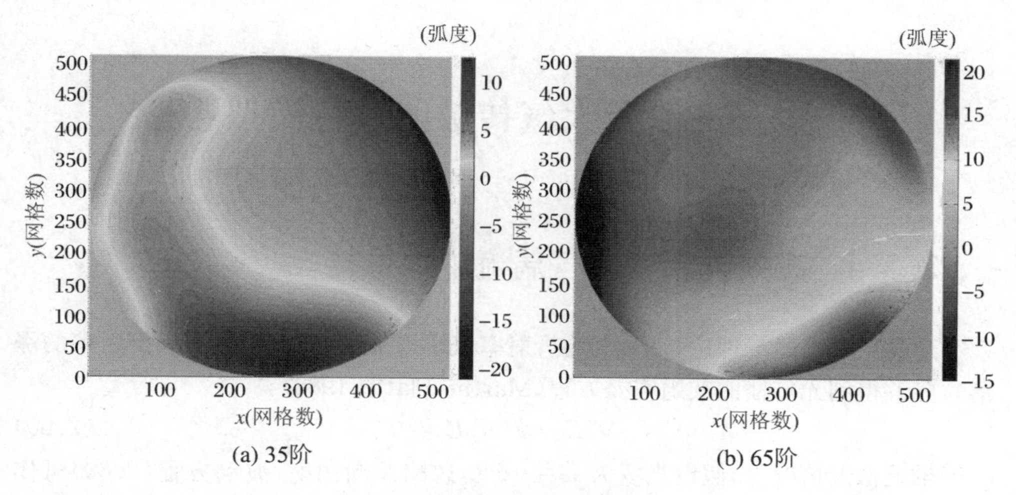

(a) 35阶　　(b) 65阶

图 2.4　Zernike 相位屏

2.2.3　分形相位屏法

分形相位屏法产生相位屏的基点是分形布朗运动，这种运动的功率谱和结构函数在形式上与大气湍流相同，在惯性区内可以认为大气湍流引起的波前畸变是由分形布朗运动产生的，分形布朗运动的赫斯特(Hurst)参量 $H=\dfrac{5}{6}$，分形维数 $F=\dfrac{13}{6}$(Mandelbrot，1977)，因此，湍流相位屏的模拟可以采用继承算法的分形布朗运动曲面来模拟。目前，采用 Kolmogorov 功率谱，应用位移中点插值算法模拟畸变光波波前状态，如图 2.5 所示，对应的大气相干长度为 9 cm，网格数为 512×512。分形法产生的相位屏，其高频和低频都能够得到满足，但是在精度方面不如 Zernike 多项式法，而且还不能满足其他功率谱。

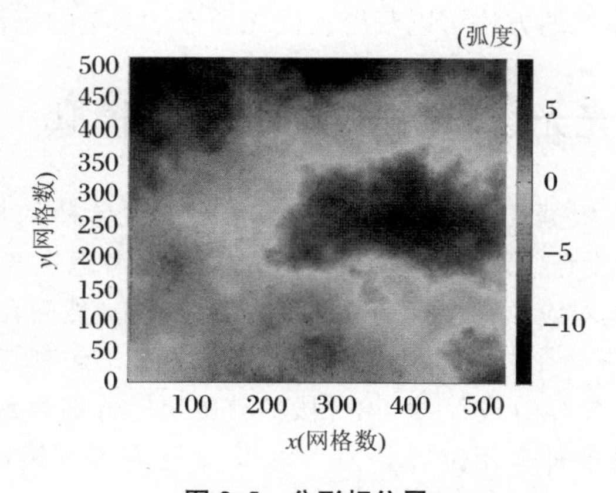

图 2.5　分形相位屏

2.3　激光大气传输的数值模拟

2.3.1　高斯光束在大气湍流中的传输

麦克斯韦电磁场理论，将大气的折射率表示为 $n=1+n_1$（n_1 表示折射率的涨落），能够得到光传播的亥姆霍兹方程（Martin，Flatte，1988）：

$$\nabla^2 E + k^2 n_1 E = 0 \tag{2.60}$$

在旁轴近似的情况下，假设光场为 $E = u\mathrm{e}^{\mathrm{i}kz}$，忽略后向散射，波动方程（2.60）可作抛物线近似：

$$\frac{\partial u}{\partial z} = \frac{\mathrm{i}}{2k}\nabla_\perp^2 u + \mathrm{i}kn_1 u \tag{2.61}$$

在光传输方向上，当 $z=z^n$ 时，设 $U^n(x,y)$ 为方程（2.61）的完全解，则在 $z^{n+1} = z^n + \Delta z$ 处的解为

$$\begin{aligned} u^{n+1} &= \exp\left[-\frac{\mathrm{i}}{2k}\left(\Delta z\nabla_\perp^2 + k^2\int_{z^n}^{z^{n+1}} n_1 \mathrm{d}z\right)\right]u^n \\ &= \exp\left[-\frac{\mathrm{i}}{2k}\Delta z\nabla_\perp^2\right]\exp\left[-\mathrm{i}k\left(\int_{z^n}^{z^{n+1}} n_1 \mathrm{d}z\right)\right]u^n \end{aligned} \tag{2.62}$$

式中，光波传输经过 Δz 的距离，受到两部分作用，$\exp\left[-\frac{\mathrm{i}}{2k}\Delta z\nabla_\perp^2\right]$ 表示真空传输，$\exp\left[-\mathrm{i}k\left(\int_{z^n}^{z^{n+1}} n_1 \mathrm{d}z\right)\right]$ 表示大气湍流的作用。因此，光波在大气中传输会受到由大气折射率变化引起的相位调制作用。为了求得光波在大气传输中光场的分布特征，采用数值模拟的方法可以获得表征光场光学参量的统计特征。

2.3.2　激光光场和光强分布的数值模拟

对于高斯光束，根据式（2.62），考虑大气湍流对光传播的相位调制作用，其结果导致光场分布的改变。采用数值模拟的方法，首先考虑在光传播的路径上构造大气随机相位屏，把对应的相位扰动叠加到光波波前上，然后在真空中传输至下一个相屏处，再叠加下一个相屏对应的相位扰动，再在真空中传输，直至终点为止。于是把光波传输距离 L 分成 N 段，第 i 段的首尾坐标分别为 z_{i-1} 和 z_i，在 z_i 处设置第 i 个相位屏，并把每个相位屏分为 $N\times N$ 个正方形网格，每个网格的宽度为 Δx，则 z_i 处的光场为（钱仙妹，饶瑞中，2006）

$$u(r,z_i)=\mathscr{F}^{-1}\left[\mathscr{F}\{u(r,z_{i-1})\exp(\mathrm{i}s)\}\exp\left(-\mathrm{i}\frac{\kappa_x^2+\kappa_y^2}{2\kappa}\Delta z_i\right)\right] \tag{2.63}$$

式中，$s=\exp\left[-\mathrm{i}k\left(\int_{z_{i-1}}^{z_i} n_1(r,z')\mathrm{d}z'\right)\right]$为大气湍流相位调制，$\kappa_x$ 和 κ_y 为空间波数，相位屏间隔 $\Delta z = z_i - z_{i-1}$。$\mathscr{F}$,$\mathscr{F}^{-1}$ 分别为傅里叶变换和傅里叶逆变换。按照这种相位屏传递方法，可以得到传输后的最终光场。

实际模拟光传输的光场时，需要考虑很多参数条件，如网格间距、相位屏间距、网格长度、网格数目和相位屏数目等必须符合湍流特性、光源特性和抽样定理。严格的参数设置要求往往难以达到，但是可以根据实际需要选择较为合理的参数，是能够满足一定要求的。除此之外，在模拟光强分布时，还应考虑以下两点：

(1) 由于光斑面积增大，光能量会溢出边界，为此可设置虚相位或缓冲区。

(2) 长距离传播网格会越来越大，为了提高分辨率可以在网格内插值或者选择坐标变换。

对于高斯光束的传播，要考虑光斑的扩展和漂移，尽量选取线性坐标变换。

根据以上相位屏和光传输模拟的原理和要求，这里应用中国科学院安徽光学精密机械研究所（以下简称“安光所”）的激光大气传输 CLAP 软件（朱文越等，2007）模拟准直高斯光束在天顶角为 0，由地面垂直传输到到大气中间层 92 km 处的激光光强分布，如图 2.6～图 2.8 所示（为多次模拟，随机抽样一次的结果）。发射功率为 20 W，光束质量因子分别取 1.1 和 2.5，激光发射半径为 200 mm，发射系统孔径为 500 mm。模拟时选取网格数为 512×512，网格间距为 6 mm，采用的大气湍流模式分别为 HV5/7 模式、Greenwood 模式和 Mod-HV 模式。

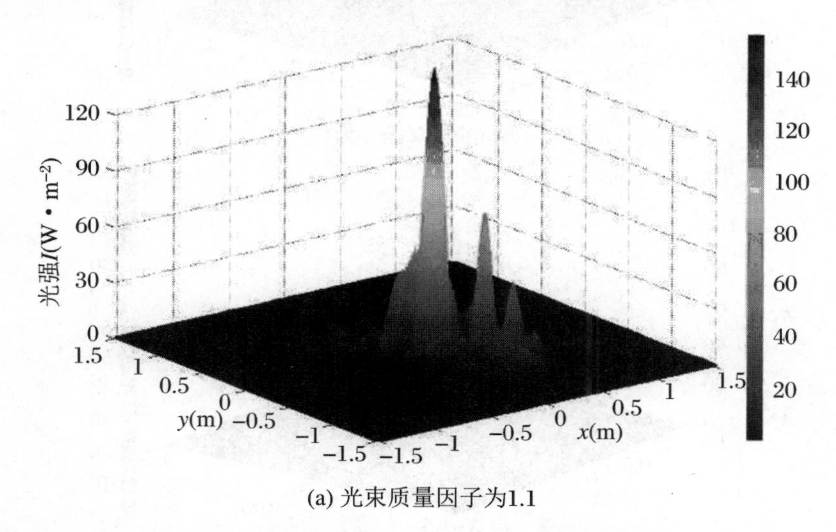

(a) 光束质量因子为1.1

图 2.6　HV5/7 大气湍流模式下激光光强在大气中间层的分布

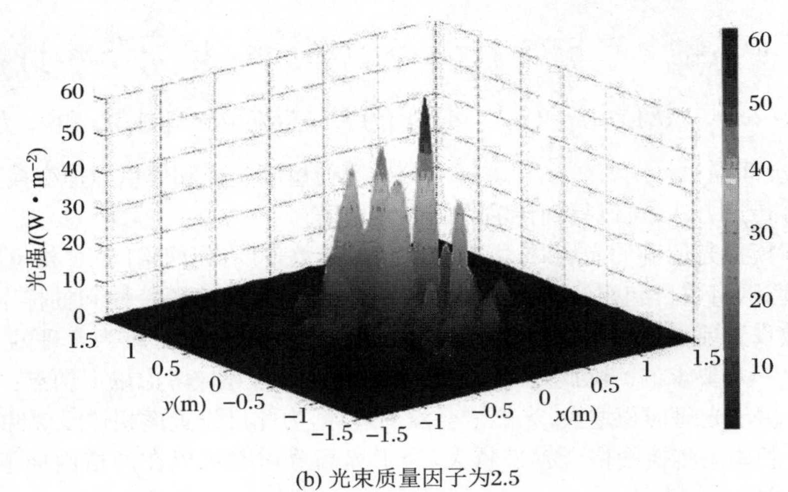

(b) 光束质量因子为2.5

图 2.6　HV5/7 大气湍流模式下激光光强在大气中间层分布(续)

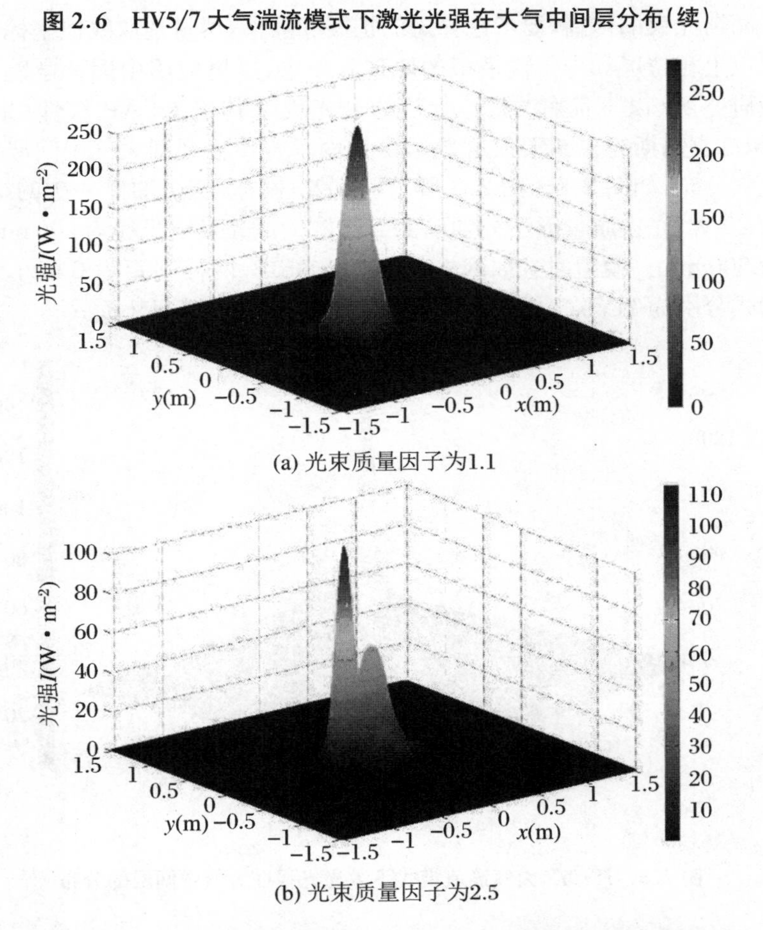

(a) 光束质量因子为1.1

(b) 光束质量因子为2.5

图 2.7　Greenwood 大气湍流模式下激光光强在大气中间层的分布

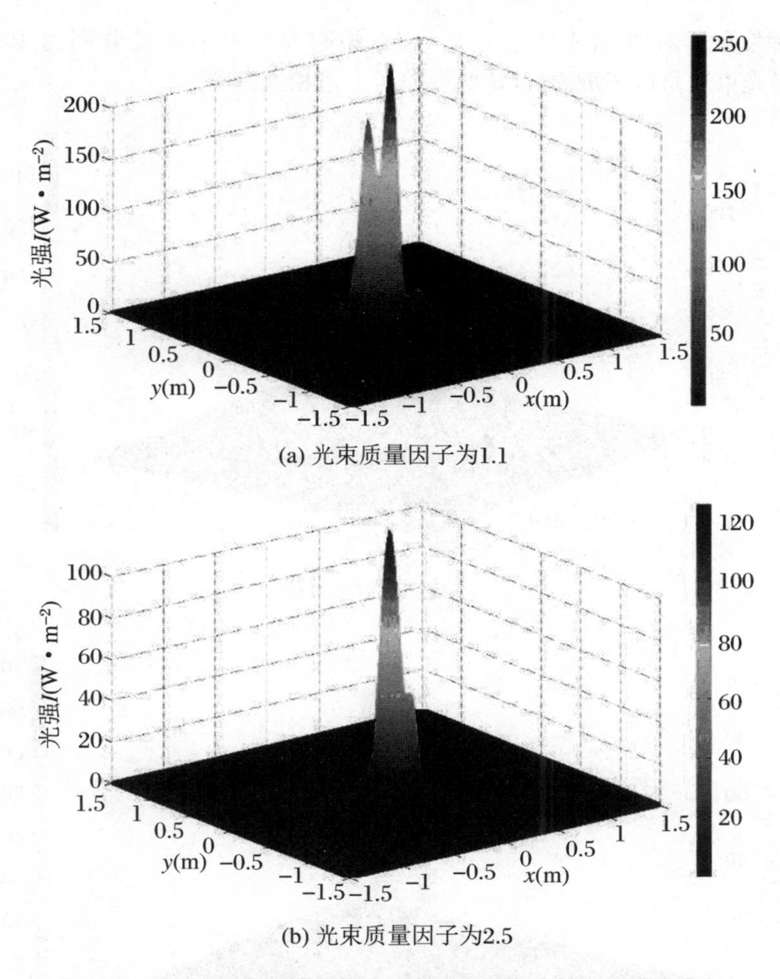

(a) 光束质量因子为1.1

(b) 光束质量因子为2.5

图 2.8　Mod-HV 大气湍流模式下激光光强在大气中间层的分布

从以上模拟结果可以看出，大气湍流对激光传输光强分布产生了很大影响。当激光传输到大气中间层时，光强的分布已经不再是高斯分布，而是呈现随机分布的特征；在 HV5/7 大气湍流模式下大气湍流较强，激光光强的峰值比 Greenwood 模式和 Mod-HV 模式都小很多，光强分布的分散性较大，且出现多峰值现象。多次的数值模拟显示，一般情况下激光光强分布的峰值随大气湍流的增强而减小，光强分布的分散性却随之增大。除此之外，激光的光束质量也影响了激光光强在大气湍流中的分布。由图 2.6～图 2.8 可以看出，在相同的大气湍流模式下，光束质量因子增大会导致激光光强分布的峰值下降，使光强分布的分散性增大。图中没有显示出光斑短曝光半径，实际上，大多数情况下由于大气湍流的影响，激光大气传输的光斑半径变大了，并存在光斑的漂移现象。

另外，激光大气传输的光强分布还与激光的发射半径有关，图 2.9～图 2.11 模拟了两种发射半径的激光传输光强分布(短曝光),发射半径分别为 100 mm 和 200 mm,光束质量因子取 1.1,其他参数与上述相同。

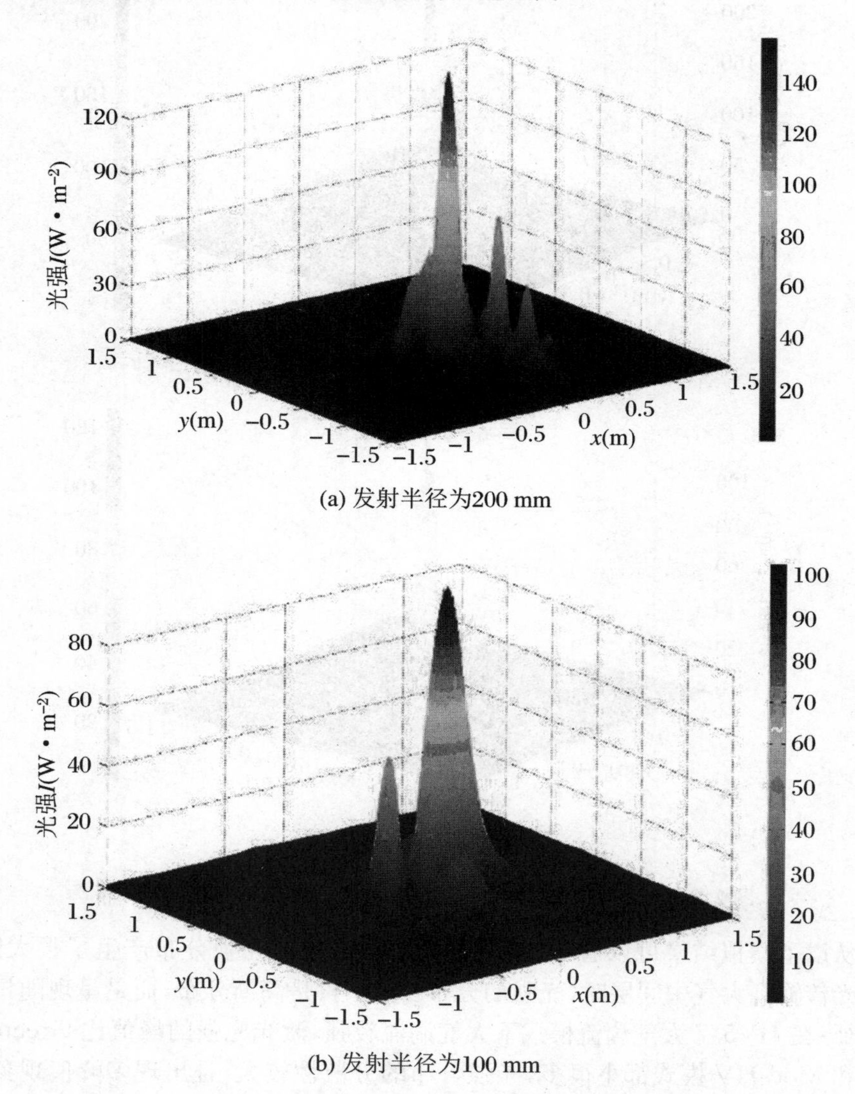

(a) 发射半径为200 mm

(b) 发射半径为100 mm

图 2.9　HV5/7 大气湍流模式下激光光强在大气中间层的分布

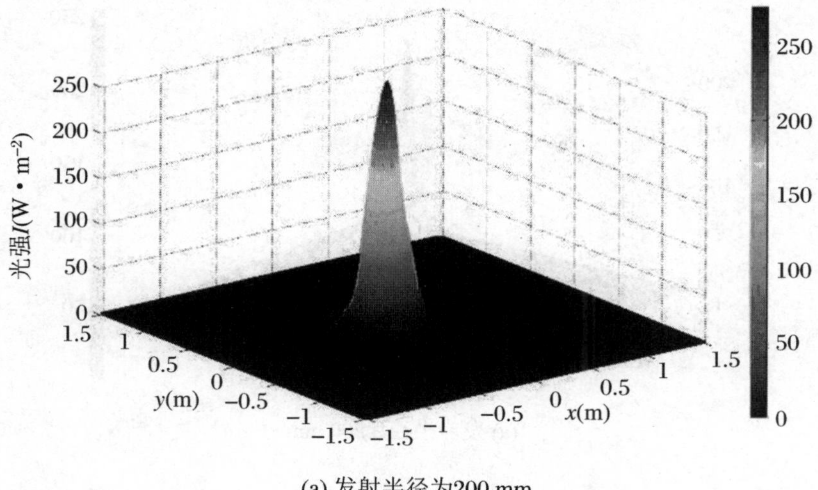

(a) 发射半径为200 mm

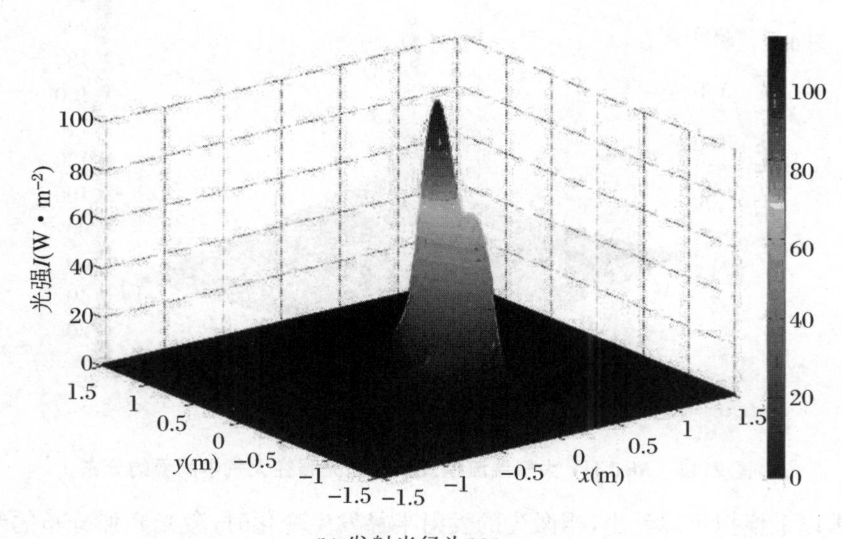

(b) 发射半径为100 mm

图2.10　Greenwood大气湍流模式下激光光强在大气中间层的分布

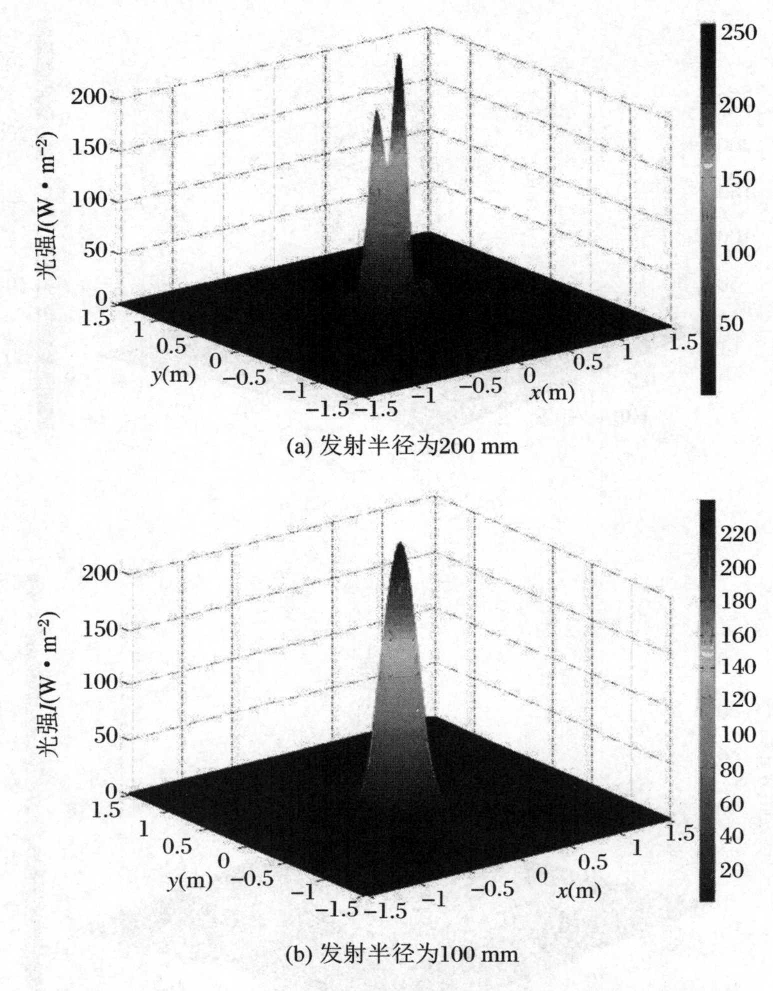

(a) 发射半径为200 mm

(b) 发射半径为100 mm

图 2.11　Mod-HV 大气湍流模式下激光光强在大气中间层的分布

由以上模拟可以看出,当激光的发射半径发生变化时,激光光强分布的峰值也会发生随机变化。长曝光统计表明,发射半径为 200 mm 的激光光强分布在 HV5/7、Greenwood、Mod-HV 大气湍流模式下的峰值分别为 25.5 $W \cdot m^{-2}$、99 $W \cdot m^{-2}$、141 $W \cdot m^{-2}$;发射半径为 100 mm 的激光光强分布在 HV5/7、Greenwood、Mod-HV 大气湍流模式下的峰值分别为 18.8 $W \cdot m^{-2}$、53 $W \cdot m^{-2}$、65 $W \cdot m^{-2}$,这与激光小口径发射时长曝光半径的增大有关。

实际的激光大气传输光强的分布还要考虑大气的透过率(Knliou,2004),这是因为激光在大气中的传输会受到大气分子、气溶胶等的吸收和散射作用,结果造成激光传输的能量损失。

2.4 小　　结

本章概述了激光大气传输效应。首先，概括了激光大气传输的能量衰减和大气湍流的光学效应，具体包括：弱湍流和强湍流条件下的光强起伏，光强起伏的时间频谱、概率分布，光斑漂移和光束扩展。然后，简要分析了大气湍流中的成像；介绍了大气相位屏的产生方法，分析了大气湍流对激光大气传输的相位调制作用，模拟了 HV5/7、Greenwood、Mod-HV 大气湍流模式下激光光强在大气中间层的分布，研究了光束质量因子和激光发射半径对激光大气传输光强分布的影响。

第 3 章　激光钠导星的亮度特性

3.1　大气中间层钠层特性概述

在大气的中间层和热成层 80～110 km 范围内分布着一层相对稳定的钠原子层，钠层柱密度为 $2\times10^{13}\sim9\times10^{13}\ m^{-2}$，丰度为 $10^{3}\sim10^{4}\ cm^{-3}$，整个大气层钠的总质量大约为 600 kg。

从 20 世纪 70 年代开始，人们根据钠原子与激光作用的共振散射原理，利用钠激光雷达探测钠层的密度分布、高度变化及环境温度。其中，比较著名的科学家有吉布森(Gibson)、舒勒(Schuler)等。他们的研究表明：(1) 钠层柱密度在冬季(11 月)最大(例如，$8\times10^{9}\sim10\times10^{9}\ cm^{-2}$)，夏季最小(例如，$2\times10^{9}\ cm^{-2}$)，全年钠层柱密度随季节变化有明显差异；(2) 钠原子峰值高度随季节变化，冬季下降，峰值高度下降到约 88 km，夏季钠层丰度峰值上升，整体柱密度下降；(3) 钠原子丰度随高度分布，不仅每年不同，而且每个夜晚也有显著变化，常常出现随高度变化的双峰甚至多峰结构；(4) 钠层柱密度分布存在水平方向的差异，最大相差 50%(Thomas et al.，1976)；(5) 钠层温度随高度变化，变化趋势由低到高具有一定的波动性，在(190±23)℃范围内。

根据实验观察和相关现象的分析，推测钠层形成的原因可能有 3 个：(1) 流星经过大气层燃烧释放钠原子；(2) 从海洋蒸发的钠盐，到达大气中间层在太阳的辐射下直接释放钠原子；(3) 钠的氧化物与氧原子反应，还原钠原子(孙景群，1986)。钠层的季节性变化和地理性变化与钠层下部与氧的化学反应以及温度有关；钠层丰度的变化与大气潮汐和重力波有关。钠层特性的变化为高层大气的动力学过程研究提供了良好的条件。

随着自适应光学的发展，采用自然导星的自适应光学系统在任意目标的等晕角内找到合适亮度的参考星的概率相当低，使用低层大气产生的瑞利导星(信标)又具有比较严重的圆锥效应，因此，激光钠导星受到了重视。自 20 世纪 90 年代以来，人们仍然采用钠激光雷达研究钠层柱密度、质心高度及等效宽度(或均方根宽度)的变化，激光雷达的空间分辨率进一步提高，探测时间间隔缩短。有学者采用 1 W 圆偏振连续激光激发钠层，实现了钠层柱密度和回波光子数的同时测量，获得了垂直方向不同时刻的钠层柱密度，数据显示在相隔 4 min 的时间里出现了最大 $0.9\times10^{13}\ m^{-2}$的变化。米歇耶等人使用 350 mW 连续激光探测了拉帕马尔（La Palma）地区的钠层长期和短期变化，探测系统的垂直分辨率达到了 250 m，长期变化的平均值见表 3.1。

表 3.1　La Palma 地区钠层长期变化的平均值

年份	月份	$\overline{C}_{Na}$（$\times10^9\ cm^{-2}$）	$\overline{W}_e$（km）	σ_{Na}（$\times10^9\ cm^{-2}$）	σ_W（km）	σ_{ce}（km）
1999	9 月	3.3	10.3	0.8	2.0	0.7
2000	1 月	4.7	13.5	0.8	1.2	0.9
2000	4 月	2.6	7.8	0.4	0.8	0.8
2000	6 月	3.0	10.6	0.7	1.4	0.9
2000	8 月	4.8	9.48	0.9	2.2	0.8

表 3.1 中，$\overline{C}_{Na}$、$\overline{W}_e$、σ_{Na}、σ_W、σ_{ce}分别表示钠层柱密度平均值、钠层等效宽度平均值、钠层柱密度的方差、钠层等效宽度均方根和钠层质心位置方差平均值。钠层柱密度的季节性变化与以前的研究结果具有一致性，但是总体柱密度较小，与其他地区相比存在地理差异。此外，钠层质心的波动和等效宽度在春季最大。

米歇耶(2001)还关注钠层的偶发事件，这些偶发事件表现为在几秒到几小时的时间内，钠层柱密度在部分区域出现尖锐的峰值，峰值半宽度可以达到 0.5 m 以上，并且这种偶发事件几乎每天晚上都会被观察到，特别是在流星雨出现的时候。偶发事件会影响钠层柱密度、宽度和质心的变化。

阿格奥尔格索（Ageorges）等人认为了解钠层特性对自适应光学的设计是很重要的，他们在帕彭（Papen）等人研究的基础上，总结出北纬 40°钠层变化 3 个典型的规律：

（1）钠层柱密度的变化趋势：春季（1 月）由 $6.5\times10^9\ cm^{-2}$下降至夏季（5 月、6 月）的 $2.05\times10^9\ cm^{-2}$，再上升至冬季（11 月、12 月）的 $7\times10^9\ cm^{-2}$。年平均柱密度为 $4.31\times10^9\ cm^{-2}$。

（2）钠层宽度方差变化趋势：春季（1 月）由 5.2 km 下降至 4 月的 3.8 km，再上升至夏季（7 月）的 4.5 km，再下降至秋季（9 月、10 月）的 3.9 km，再上升至冬季（12 月）的 5.2 km。年平均宽度方差为 4.36 km。

（3）钠层质心的高度变化趋势：春季（1 月）由 91.4 km 上升至春季（3 月）的 92.4 km，再下降至夏季（7 月）的 90.6 km，再上升至秋季（10 月）的 92.2 km，再下降至冬季（12 月）的91.3 km。质心的年平均高度为 91.7 km，质心垂直变化的速度可以达到 $-6\sim7\ m\cdot s^{-1}$。

最近几年，普夫罗默尔（Pfrommer）等人的研究特别引人关注，他们都注意到了钠层质心的变化对自适应光学的影响，质心高度的漂移会引起聚焦误差，忽略这种变化将导致图像重构的斯特涅尔比下降。普夫罗默尔通过建立钠层质心随频域变化的功率谱密度函数，计算了水平方向不同位置质心的变化，并估算了相距 26.5 m的不同位置，质心高度大约相差 27 m。这种情况对拥有多颗激光导星的自适应光学系统有不利的影响。奈歇尔（Neichel）提出钠层宽度增加会导致激光钠导星在子孔径中的成像拉长，可能造成所成像的核心部分超出视野范围。因此，自适应光学的设计应该保证所成像的核在子孔径内清晰可见。

国内的钠层探测研究比国外稍迟一些，自 20 世纪 90 年代开始，中国科学院武汉物理研究所龚顺生（1997）、李洪钧（1999）、程学武和杨国韬（2011）等应用激光探测武汉地区上空的钠层分布，获得了与国外研究类似的结论，特别是李洪钧应用 Thomson 钠层通量方程探索适合我国的钠层丰度描述模型。21 世纪初，安光所刘小勤等（2006）应用钠原子共振的激光雷达对合肥地区的钠层丰度、钠层柱密度、中心高度及均方根宽度进行了探测研究，研究结果表明：合肥地区的钠层柱密度变化与其他地区类似，冬天和春季最高，分别为 $5.39\times10^{9}\ \mathrm{cm}^{-2}$ 和 $4.98\times10^{9}\ \mathrm{cm}^{-2}$；质心高度大约为 92 km，冬季宽度方差为 4.7 km。钠层丰度分布、结构复杂，变化很快，对其进行精确、定量的描述非常困难，这里引用有关文献（刘小勤等，2006）中的描述，给出钠层丰度 $n(z)$ 的近似高斯分布：

$$n(z)=\frac{C_{\mathrm{Na}}}{\sqrt{2\pi}\sigma_s}\exp\left[-\frac{(z-z_s)^2}{2\sigma_s^2}\right] \tag{3.1}$$

式中，C_{Na} 代表钠层柱密度，z_s 代表钠层质心高度，σ_s 代表钠层均方根宽度（不同于等效宽度 $\overline{W}_{\mathrm{e}}$，$\overline{W}_{\mathrm{e}}\approx2.35\sigma_s$）。取 $C_{\mathrm{Na}}=5.39\times10^{9}\ \mathrm{cm}^{-2}$，$z_s=92\ \mathrm{km}$，$\sigma_s=4.7\ \mathrm{km}$，得到钠层丰度的变化曲线如图 3.1 所示。

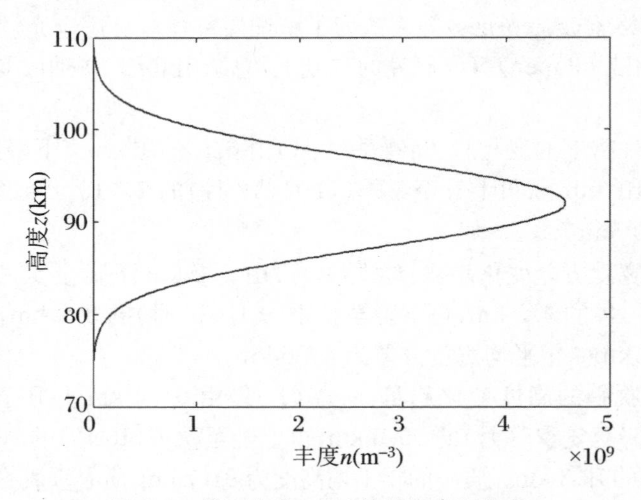

图 3.1　钠层丰度 $n(z)$ 的近似高斯分布

1997～1998 年，苏利万（Sullivan）等人在西班牙卡拉阿托（Calar Alto）的大普朗克天文台通过实验观察钠层偶发事件和钠层丰度的短时变化，时间灵敏度达到 100 ms，能够探测到钠层 5%的变化。实验结果表明，在 100 ms 的时间范围内钠层的丰度不会发生大于5%的变化。因此，可以假设钠层柱密度在毫秒量级的时间内保持不变。

3.2　激光与钠原子的相互作用

钠原子结构的最外层有一个电子，主量子数 $n=3$，轨道角动量量子数 $L=0$，电子自旋角动量 $S=\frac{1}{2}$，总的角动量 $J=L+S=\frac{1}{2}$，核自旋角动量量子数 $I=\frac{3}{2}$。由于电子自旋角动量与轨道角动量之间的相互作用，钠原子的3P能级分裂为两个能级 $3^2P_{1/2}$ 和 $3^2P_{3/2}$，两个能级相差516 GHz。用波长为589 nm的光场可以激发 $3^2P_{3/2}$ 能级，称作 D_2 线；用波长为589.6 nm的光场可以激发 $3^2P_{1/2}$ 能级，称作 D_1 线。钠原子的这种结构称作精细结构，如图3.2所示。

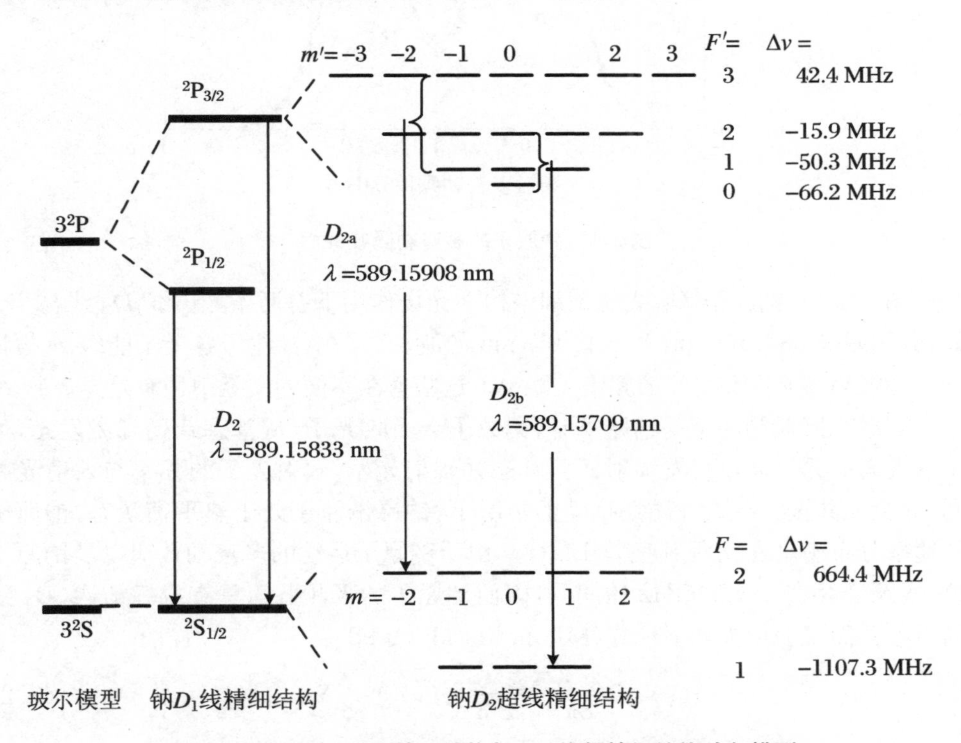

图3.2　钠原子 D_1 线精细结构与 D_2 线超精细结构玻尔模型

在钠原子精细结构的基础上，由于钠原子核本身的电荷分布和自旋对电子运动产生进一步影响，使得原子的精细结构能级进一步分裂（杨福家，2006），形成超精细结构。钠原子的基态 $3^2S_{1/2}$ 能级分裂为 $F=1,2$ 的2个子能级，2个子能级相差 1.772 GHz；激发态 $3^2P_{3/2}$ 能级分裂为 $F'=0,1,2,3$ 的 4 个子能级，$3^2P_{1/2}$ 能级分裂为 $F'=1,2$ 的 2 个子能级。每个子能级进一步分裂为磁子能级，$F'=3$ 子能级有 7 个磁子能级，分别为 $m'=0,\pm1,\pm2,\pm3$；$F=2$ 子能级有 5 个磁子能级，分别为 $m=0,\pm1,\pm2$，如图 3.3 所示（Hillman et al.，2008）。

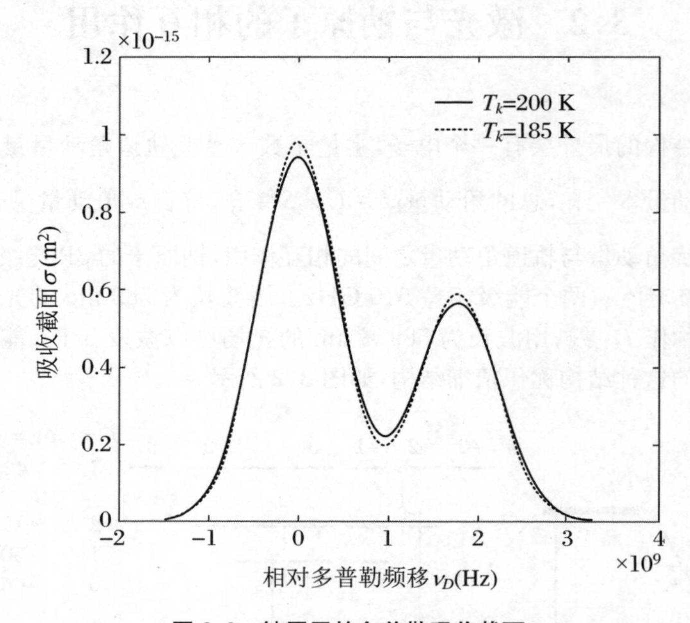

图 3.3　钠原子的多普勒吸收截面

图 3.2 中，钠原子 D_2 线超精细结构在光场作用下有两条光谱线 D_{2a} 线与 D_{2b} 线，分别对应 589.159 nm 和 589.157 nm 的波长。图中标注了各个子能级 F 与精细结构能级 3^2P、3^2S 之间的频谱差距 $\Delta\nu$，这些值在不同的文献中稍有差异。

当激光照射钠层中的钠原子时，钠原子会吸收光子，从基态跃迁到激发态，处于激发态的原子通过自发辐射回到基态并辐射光子，辐射光子的频率与入射光相同，即荧光共振。在无外磁场扰动的情况下，钠层钠原子处于热平衡状态，钠原子的速率分布满足麦克斯韦速率分布律。由于钠原子运动的多普勒效应以及钠原子 D_2 线跃迁存在 1.772 GHz 的间隔，因而钠原子的吸收截面具有双峰结构，D_2 线的吸收截面可表示为如下形式（Milonni et al.，1998）：

$$\sigma(\nu)=\frac{\lambda^2 A}{8\pi}\frac{g_2}{g_1}\left[\frac{5}{8}S_1(\nu)+\frac{3}{8}S_2(\nu)\right] \tag{3.2}$$

式中，λ 为激光的波长，为 589 nm，A 为自发辐射系数，$A=\frac{1}{\tau}$，τ 为钠原子激发态寿命，g_1 为下能级简并度，g_2 为上能级简并度，$\frac{g_2}{g_1}=2$。$\frac{5}{8}$ 和 $\frac{3}{8}$ 系数表示热平衡态时钠原子处于 $F=2$ 与 $F=1$ 基态的概率。$S_j(\nu)(j=1,2)$ 为多普勒展宽的线形

函数：

$$S_j(\nu) = \frac{1}{\delta\nu_D}\left(\frac{4\ln 2}{\pi}\right)^{\frac{1}{2}} \exp\left[\frac{-4(\nu-\nu_{0j})\ln 2}{\delta\nu_D^2}\right] \tag{3.3}$$

式中，$\delta\nu_D$ 为多普勒宽度，$\delta\nu_D = \frac{2}{\lambda}\sqrt{\frac{2kT_k\ln 2}{m_{Na}}}$，$k$ 为玻尔兹曼常量，T_k 为热力学温度，m_{Na}为钠原子质量。图 3.3 模拟了不同温度下钠原子的吸收截面。

当 $T_k = 200$ K 时，钠原子 D_2 线总的吸收截面 $\sigma = 1.726\times10^{-6}$ m²，吸收截面的半峰值全宽约为 3 GHz。

激光与钠原子相互作用时，根据量子力学理论，不同超精细结构能级之间的电偶极跃迁满足选择定则（Hillman et el.，2008）：$\Delta F = 0, \pm1$；$\Delta m = 0, \pm1$，其中 $\Delta m = m' - m$。尽管如此，当钠原子与不同偏振态激光作用时，跃迁规则也不尽相同。

对于线偏振光与钠原子作用，激发跃迁要求 $\Delta F = 0, \pm1$；$\Delta m = 0$。对于圆偏振光与钠原子作用，激发跃迁要求 $\Delta F = 0, \pm1$；$\Delta m = \pm1$（右旋为 +1，左旋为 −1）。当激发态衰减时满足：$\Delta F = 0, \pm1$；$\Delta m = 0, \pm1$。对于激发与衰减都不允许的跃迁：$F = 1, m = 0$；$F' = 1, m' = 0$；$F = 2, m = 0$；$F' = 2, m' = 0$ 是禁止的。按照以上跃迁规则，图 3.4 给出了右旋圆偏振光激发钠原子 D_2 线跃迁的示意图（Bradley，1992）。

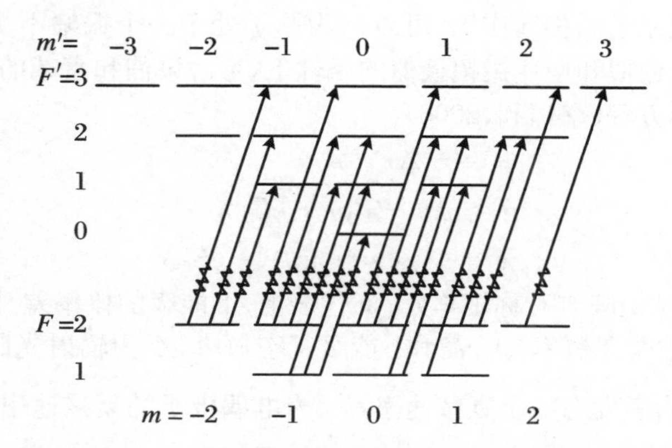

图 3.4　右旋圆偏振光激发钠原子 D_2 线的跃迁

光场与钠原子的相互作用可以用密度矩阵方程来描述，即

$$\mathrm{i}\hbar\frac{\mathrm{d}\rho}{\mathrm{d}t} = [\hat{H},\rho] - \frac{1}{2}\{\Gamma,\rho\} \tag{3.4}$$

式中，ρ 代表密度矩阵，$\hat{H}$ 代表哈密顿量，$[\hat{H},\rho] = \hat{H}\rho - \rho\hat{H}$，$\{\Gamma,\rho\}$ 为衰减项，Γ 代表衰减矩阵。根据莫里斯和米隆尼的理论及其他学者的推导，可以得到激光与钠原子作用的 24 能级密度矩阵方程。求解密度矩阵方程可以得到钠原子处于基态和激发态的概率随时间变化的曲线。

使用波长为 589.159 nm 的线偏振激光照射钠层，钠原子从 $F=2$ 基态激发到激发态，处于激发态的钠原子也会因为衰减而回到基态 $F=2,1$。如果没有其他因素的影响，在这样循环多次之后，有可能所有的钠原子都处于低能级 $F=1$，并且不会再随入射光而再次跃迁，产生所谓的"光学透明"现象，这种现象不利于钠原子的光学泵浦。当用波长为 589.159 nm 的圆偏振光照射钠原子时，钠原子从光场吸收能量后，处于 $F=2$ 基态的钠原子发生能级迁移，会造成钠原子随光场振荡向 $m=+3$ 或 $m=-3$ 的磁子能级迁移。多次的能量吸收和能级迁移之后，最终原子维持在 $F=2, m=2$ 和 $F'=3, m'=3$ 之间跃迁，使得多能级跃迁转变为二能级跃迁(Ke Lei, Li Youkuan, 2009)。杰斯等人通过雷达系统并用光电倍增管计数，观察了中间层钠层的光学泵浦现象。结果发现，圆偏振光有利于钠原子的泵浦，并且能够维持原子的持续吸收与辐射；而线偏振光泵浦使原子处于高能级，跃迁衰减后将不会再随入射光振荡。实验发现，相同条件下的圆偏振光激发钠层能够获得多于线偏振光 50%的回波光子。还有学者通过求解 24 能级密度矩阵方程进行了数值计算，结果发现长脉冲圆偏振激光与钠原子作用，在 50 ns～1 μs 的时间内，最终的钠原子通过能级转移只在基态 $F=2, m=2[3^2S_{1/2}(2,2)]$ 到激发态 $F'=3, m'=3[3^2P_{3/2}(3,3)]$ 之间进行泵浦和衰减，并且激发态达到稳态，因此可以用二能级光学布洛赫方程取代 24 能级密度矩阵方程，求解长脉冲激光或连续圆偏振激光激发钠原子的概率。

光与二能级原子的相互作用，可以认为原子处于一个振幅不变的平面波电磁场中。在旋转波近似和慢变振幅近似的条件下，考虑泵浦和衰减的过程，可得到二能级光学布洛赫方程(李福利, 2006)：

$$\begin{aligned} \dot{u} &= -\Delta \upsilon - \beta_\gamma u \\ \dot{\upsilon} &= \Delta u - \beta_\gamma \upsilon + \kappa E_0 w \\ \dot{w} &= -\gamma(w - w_0) - \kappa E_0 \dot{\upsilon} \end{aligned} \tag{3.5}$$

式中，u、υ 为密度矩阵非对称矩阵元，w 代表上、下能级的概率差，即 $w = p_2 - p_1$，p_2 表示上能级激发态概率，p_1 表示下能级基态概率，Δ 为辐射光圆频率与入射光圆频率之差，γ 为激发态原子衰减速率，β_γ 为电偶极子的衰减速率，$\beta_\gamma = \frac{\gamma}{2}$，$w_0$ 为初始状态的上、下能级的概率差，$\kappa = \frac{\boldsymbol{d}}{\hbar}$($\boldsymbol{d}$ 为电偶极矩)，E_0 为光场的振幅。

根据米隆尼和托德的推导，对于长脉冲激光或连续激光与钠原子作用，可以得到一个速率方程：

$$\dot{p}_2 = -(\gamma + R_\gamma) p_2 + \frac{1}{2} R_\gamma \tag{3.6}$$

式中，$R_\gamma = \frac{4\pi\kappa^2}{c} I \frac{\beta_\gamma}{\Delta^2 + \beta_\gamma^2}$。

入射光光强 $I = \frac{c}{8\pi} E_0^2$，饱和光强 $I_{sat} = \frac{\pi h \nu A}{3\lambda^2}$。当 $t \to \infty$ 时(实际上几十纳秒至

一微秒的时间内)达到稳态,可以得到稳态激发时的激发态概率:

$$p_2 = \frac{I/(2I_{sat})}{1 + 16[\pi\tau(\nu - \nu_0)]^2 + I(2I_{sat})} \tag{3.7}$$

式中,ν 为入射光频率,ν_0 为钠原子跃迁频率。

3.3　激光钠导星回波光子数的影响因素及其数值模拟

激光钠导星的亮度通过回波光子数来反映,后向散射的光子数越多则激光钠导星亮度越高。在自适应光学中,较高亮度的激光钠导星有利于提高波前探测的准确性和灵敏度(吴毅等,1995)。但是,由于激光与钠层中钠原子的作用受到多种因素的影响,使得激光钠导星回波光子数的增加大大受到了限制。以前,对于激光钠导星回波光子数的研究,从单一激光频率出发,考虑多普勒效应对不同速率钠原子激发态概率的影响(Milonni,Thode,1992;Milonni,Fearn,1999),但忽略了地磁场、钠原子碰撞、反冲等效应。后来,米隆尼注意到了地磁场、原子碰撞、反冲等效应对钠原子激发态概率的影响,并且对钠原子的碰撞弛豫速率作了很好的讨论,但是在连续激光激发钠导星回波光子数的计算中却忽略了这些因素。霍尔兹洛纳等人通过理论或实验研究了地磁场、钠原子碰撞、反冲等效应对钠原子光泵浦、激发态概率及激光钠导星回波光子数的影响,得到了一些具有实用价值的结论,为激光钠导星的进一步研究提供了有益的借鉴。

3.3.1　大气中间层激光钠导星回波光子数的影响因素

在没有外磁场扰动的情况下,大气中间层的钠原子处于不停的热运动状态,在热平衡态下,其速率分布满足麦克斯韦速率分布律。由于钠原子的运动速率不同,相对于激光的传输会产生多普勒效应。

由于大量分子和原子的热运动,造成钠原子之间以及钠原子与 N_2、O_2 等分子之间不停地相互碰撞,产生动量和能量的交换,其结果会导致钠原子激发态概率的变化。与此同时,当钠原子吸收一个光子后,因为动量发生变化而产生反冲效应,增大了多普勒频移,减小了钠原子的吸收截面。除此之外,地磁场能够引起钠原子的拉莫尔进动,造成钠原子相同子能级(F)和不同磁子能级(m)之间的迁移,对钠原子的光泵浦造成不利影响。因此,在描述激光光场与钠原子作用时采用带有附加项的密度矩阵方程来表述(Holzlöhne et al.,2010):

$$\frac{\mathrm{d}}{\mathrm{d}t}\rho = \frac{1}{\mathrm{i}\hbar}[\hat{H}, \rho] + \Lambda(\rho) + \beta \tag{3.8}$$

式中，ρ 为密度矩阵，$\hbar=\dfrac{h}{2\pi}$，h 为普朗克常量，$\hat{H}$ 为哈密顿量，$\hat{H}=\hat{H}_0+\hat{H}_E+\hat{H}_B$，$\hat{H}_0$ 为无微扰哈密顿量，$\hat{H}_E$ 为光场哈密顿量，$\hat{H}_E=-\boldsymbol{d}\cdot\boldsymbol{E}$，$\boldsymbol{d}$ 为电偶极矩，$\boldsymbol{E}$ 为电场强度，$\hat{H}_B$ 为地磁场哈密顿量，$\hat{H}_B=-\boldsymbol{\mu}\cdot\boldsymbol{B}$，$\boldsymbol{\mu}$ 为磁矩，$\boldsymbol{B}$ 为地磁场的磁感应强度。$\Lambda(\rho)$项描述了钠原子的弛豫过程，这个过程包括钠原子的碰撞（Na-Na、Na-O_2、Na-N_2 的速率交换碰撞，Na 与 O_2、O 之间的自旋阻尼碰撞），以及钠原子与光场作用的反冲效应；β 描述了光照范围内钠原子数的扩散和进入。

3.3.1.1 地磁场对钠原子光泵浦的影响

在大气中间层存在 0.2～0.5 Gs 的地磁场，如此弱的磁场不会造成不同能级和子能级（F）的分裂，但是它能够引起相同子能级而不同磁子能级（m）之间的跃迁，因而能够造成光泵浦的混乱。在不考虑原子碰撞、反冲等扰动情况下，假设初始时刻钠原子处于（F,m）态，经过时间 t 后，处于（F,m'）态，穆萨维（Moussaoui）等人给出了钠原子处于相同子能级（F）而不同磁子能级（m,m'）的概率 $P_{F,m,m'}(\theta,t)$ 表达式：

$$P_{F,m,m'}(\theta,t)=|\Psi_{F,m,m'}(\theta,t)|^2,$$

$$\psi_{F,m,m'}(\theta,t)=\sum_{k=-F}^{k=F}\boldsymbol{d}_{k,m}^{F}(\theta)\exp\left[-2\pi k\mathrm{i}\left(\frac{t}{\tau_{\mathrm{L}}}+\frac{1}{2}\right)\right]\boldsymbol{d}_{k,m'}^{F}(-\theta)\tag{3.9}$$

式中，θ 为激光传输方向与地磁场方向的夹角，$\boldsymbol{d}_{k,m}^{F}(\theta)$和 $\boldsymbol{d}_{k,m'}^{F}(-\theta)$为旋转矩阵元，$\tau_{\mathrm{L}}$ 为拉莫尔进动周期，$\tau_{\mathrm{L}}=\dfrac{h}{g_{\mathrm{F}}\mu_{\mathrm{B}}B}$，$\mu_{\mathrm{B}}$ 为玻尔磁子，g_{F} 为超精细结构朗德因子。根据 $\boldsymbol{d}_{k,m}^{F}(\theta)$与 θ 的关系（Edmonds，1957），可以得到在一个拉莫尔进动周期内，钠原子处于 $3^2S_{1/2}(2,2)$态的概率为

$$\begin{aligned}P_{F=2,m=m'=2}(\theta,t)=&\frac{1}{16^2}\begin{bmatrix}((1+\cos\theta)^4+(1-\cos\theta)^4)\cos(4\pi\tilde{t})+\dfrac{1}{4}\sin^2\theta\\((1+\cos\theta)^2+(1-\cos\theta)^2)\cos(2\pi\tilde{t})+\dfrac{6}{16}\sin^4\theta\end{bmatrix}^2\\&+\frac{1}{16^2}\begin{bmatrix}((1-\cos\theta)^4-(1+\cos\theta)^4)\sin(4\pi\tilde{t})+\\\dfrac{1}{4}\sin^2\theta((1-\cos\theta)^2-(1+\cos\theta)^2)\sin(2\pi\tilde{t})\end{bmatrix}^2\end{aligned}\tag{3.10}$$

式中，$\tilde{t}=\dfrac{t}{\tau_{\mathrm{L}}}$，称作相对时间。根据式(3.10)，在一个拉莫尔进动周期内，不同 θ 的情况下，$3^2S_{1/2}(2,2)$态的相对概率变化如图 3.5 所示。当 $\theta=90^\circ$时，激光的传输方向与地磁场方向互相垂直，此时，$3^2S_{1/2}(2,2)$态的概率比 $\theta=30^\circ$小得多。在右旋圆偏振光与钠原子相互作用时，光泵浦发生在 $3^2S_{1/2}(2,2)$与 $3^2P_{3/2}(3,3)$之间，因此地磁场削弱了钠原子光泵浦时的激发态概率，并且当 $\theta=90^\circ$时，这种影响最严重。

德拉蒙德(Drummond)等人的研究表明线偏振光与钠原子作用不受地磁场的影响,当圆偏振光传输方向与地磁场方向垂直时,得到的回波光子数仅仅与线偏振光相当。

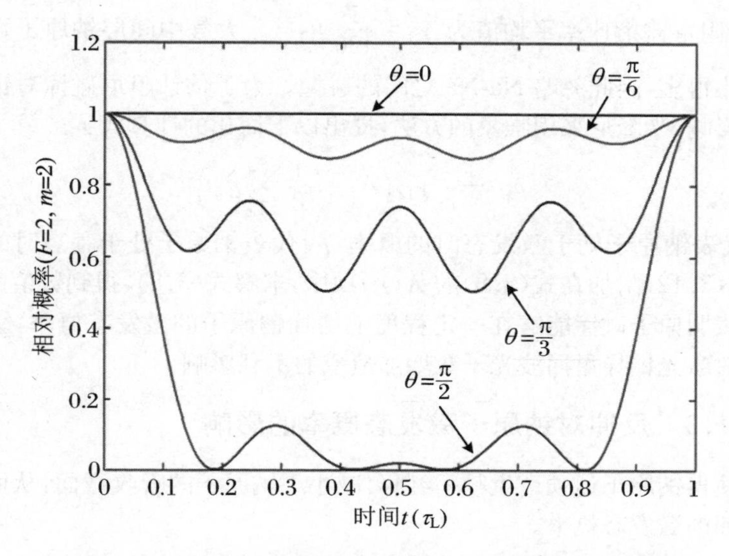

图 3.5　在一个拉莫尔进动周期内 $3S_{1/2}$(2,2)态的相对概率

根据拉莫尔进动周期的表达式 $\tau_L=\dfrac{h}{g_F\mu_B B}$,取地磁场的磁感应强度 $B=0.228$ Gs,对于 $F=3$,$F=2$,分别计算出 $\tau_L=4.66\ \mu s$ 和 $\tau_L=6.21\ \mu s$。一般来说,拉莫尔进动周期在几微秒的数量级,因此,当激光脉冲的宽度小于拉莫尔进动周期时,可以不考虑地磁场的影响。当使用大于拉莫尔进动周期的脉冲或连续激光激发钠导星时,地磁场会大大影响激光钠导星的回波光子数。

3.3.1.2　钠原子碰撞对钠原子激发态概率的影响

钠原子碰撞的直接效果是改变钠原子的速率分布,导致光泵浦的钠原子向空间扩散。在无外磁场作用的情况下,钠原子通过碰撞可以恢复到热平衡状态。质量分别为 M_1 和 M_2 的两个粒子之间碰撞弛豫的大小用碰撞速率 γ_{12} 来表示,γ_{12} 与碰撞截面 σ_{12} 之间的关系为(Milonni,Fearn,1999)

$$\gamma_{12} = n_2\sigma_{12}\sqrt{\frac{8k_B T_k}{\pi}\left(\frac{1}{M_1}+\frac{1}{M_2}\right)} \tag{3.11}$$

式中,n_2 是质量为 M_2 的气体粒子数密度,k_B 为玻尔兹曼常量,T_k 为温度。式(3.11)表明碰撞速率 γ_{12} 与气体粒子数密度有关。在钠原子的碰撞中,Na-Na、Na-O_2、Na-N_2 之间的碰撞被称作 *V*-阻尼碰撞(*V*-Damping)。除此之外,Na-O_2、Na-O 之间还存在自旋阻尼碰撞(*S*-Damping)。通过实验测量钠原子的碰撞截面(Ressler et al.,1969;Morettiand,Strumia,1971),应用式(3.11)可以得到钠原子的碰撞速率。霍尔兹洛纳等人考虑钠层柱密度随高度变化并根据相关数据，估算钠层 Na-O_2、Na-N_2 的V-阻尼碰撞速率平均值为 $\gamma_{vcc}=\gamma_{Na\text{-}O_2,N_2}=\frac{1}{35}\ \mu s^{-1}$，Na-$O_2$、Na-O 自旋阻尼碰撞速率平均值为 $\gamma_S=\frac{1}{490}\ \mu s^{-1}$。大气中间层钠原子数密度比氮气和氧气小得多，因此忽略 Na-Na 之间的碰撞。为了估计阻尼碰撞对钠原子激发态概率的影响，米隆尼采用唯象的方法，提出以下简化的计算式：

$$\dot{\rho}_{ii} = -\gamma_{12}\left(\dot{\rho}_{ii} - \frac{1}{8}\sum_{j=1}^{8}\dot{\rho}_{jj}\right) \tag{3.12}$$

式中，ρ_{ii} 代表钠原子处于激发态时的概率，ρ_{jj} 代表钠原子处于基态时的概率。计算时，将式(3.12)附加在式(3.8)的 $\Lambda(\rho)$ 项中，求解式(3.8)，得到数值解。数值计算的结果表明原子碰撞能够在一定程度上增加钠原子的激发态概率，缓解由地磁场和反冲对激光钠导星回波光子数增加造成的不利影响。

3.3.1.3 反冲对钠原子激发态概率的影响

反冲使得钠原子运动产生频率红移，减小了钠原子的吸收截面，从而削减了钠原子光泵浦的激发态概率。

当一个钠原子吸收一个光子的能量 $h\nu$ 时，其动量改变为$\frac{h}{\lambda}$，其中 h 为普朗克常量，ν 和 λ 分别为光子的频率和波长，则质量为 m_{Na} 的钠原子反冲速率为

$$\upsilon_r = \frac{h}{\lambda m_{Na}} \tag{3.13}$$

对于单一速率的速率群，钠原子的反冲频移为 $\Delta f_D=\frac{\upsilon_r\cdot f_L}{c}$，这里，$f_L$ 为激光频率，c 为光速。代入相关常量计算，可以得到 $\upsilon_r=2.9461\ cm\cdot s^{-1}$，$\Delta f_D=$ 50 kHz。由于钠原子受到反冲作用，大量钠原子远离中心频率，导致钠原子的吸收截面减小，激发态概率降低。

根据密度矩阵方程及电偶极矩与光场作用的力学关系（Milonni，Fearn，1999），可以得到以下关系式：

$$\frac{d\upsilon}{dt} = -\frac{h}{m_{Na}\lambda}\sum_i(\dot{\rho}_{ii})_{ind} \tag{3.14}$$

式中，υ 是反冲钠原子沿激光传输方向的速率，$\sum_i(\dot{\rho}_{ii})_{ind}$ 是由于反冲效应造成钠原子的激发态概率的时间变化率。由式(3.14) 积分可以得到

$$\upsilon(t)-\upsilon(0) = -\frac{h}{m_{Na}\lambda}\sum_i[\dot{\rho}_{ii}(t)_{ind}-\dot{\rho}_{ii}(0)_{ind}] \tag{3.15}$$

考虑钠原子吸收和辐射光子的多次循环后，速率的变化量 $\upsilon(t)-\upsilon(0)=\Delta\upsilon>0$。由式(3.15) 可以得到 $\sum_i[\dot{\rho}_{ii}(t)_{ind}-\dot{\rho}_{ii}(0)_{ind}]=-\frac{m_{Na}\lambda}{h}\times\Delta\upsilon<0$。因此，反冲削

弱了钠原子光泵浦时激发态概率的增长。

对于大气中间层激光钠导星回波光子数的影响因素，除了地磁场、钠原子碰撞和反冲外，还涉及中间层风力的作用、地球自转及钠原子的扩散等，这些因素的影响包括在式(3.8)的 β 项中。霍尔兹洛纳等人的研究表明这些因素造成钠原子漂移出光照范围的平均速率 $v_r = 38\ \mathrm{m \cdot s^{-1}}$，光照范围内部与外部的原子交换速率 $\gamma_{ex} = \frac{1}{6}\ \mathrm{ms^{-1}}$。因此，这些因素对钠导星回波光子数的影响很小。

3.3.1.4　下泵浦现象及钠原子 D_{2b} 线的再泵浦

用单一频率的右旋圆偏振光($\lambda_{\sigma+}$)激发钠原子 D_{2a} 线，处于基态 $F=2$ 的钠原子会被激发到 $F'=3$ 的激发态。当激发态衰减时，它可能回到 $F=2$ 的基态相应能级。如果没有其他扰动，在几个来回的衰减和泵浦之后，原子会通过能级转移，稳定地在 $3^2S_{1/2}(2,2)$ 与 $3^2P_{3/2}(3,3)$ 之间泵浦和衰减，如图3.6虚线箭头所示。圆偏振光与钠原子作用产生的后向散射截面大于线偏振光，并且具有1.5倍的后向散射系数，因而常用于提高激光钠导星的回波光子数。

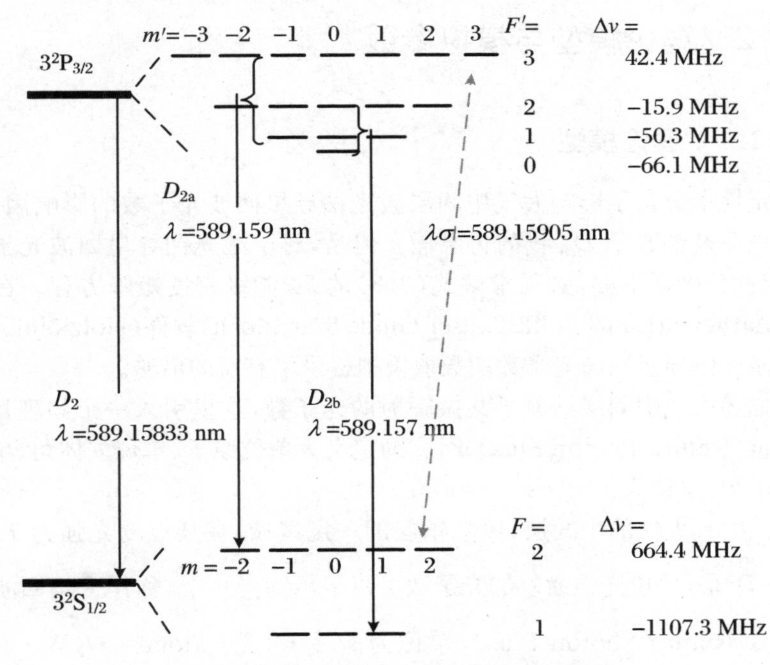

图3.6　钠原子 D_2 线超精细结构示意图

但是，实际情况是很复杂的，在钠原子泵浦与衰减过程中，存在激光的近共振，能够使钠原子从 $F=2$ 的基态跃迁到 $F'=2$ 和 $F'=1$ 的激发态，然后从激发态可能衰减到 $F=1$ 的基态，其概率可达50%(Kibblewhite，2008)，多次泵浦与衰减的循环之后，处于 $3^2S_{1/2}(2,2)$ 和 $3^2P_{3/2}(3,3)$ 态的钠原子概率会逐渐小于 $\frac{5}{8}$。由于钠原子处于 D_{2a} 线光场，因此不能激发 $F=1$ 的基态（D_{2b} 线）共振跃迁到激发态，结果导致 $3^2S_{1/2}(2,2)$ 与 $3^2P_{3/2}(3,3)$ 之间的跃迁会被严重削弱，使钠原子在较低的光强下较早地进入跃迁饱和。这种现象被称作下泵浦或下抽运。

当使用间隔时间大于 640 μs 的长脉冲时，这种下泵浦效应在下一个脉冲到来前可以被缓解，因为在 640 μs 的时间内，钠原子可以重新回到热平衡状态（Milonni, Fearn, 1999），恢复基态 $F=2$ 能级 $\frac{5}{8}$ 的概率。如果使用脉冲时间间隔小于 640 μs 或者连续激光，下泵浦效应将会变得很严重。为了获得足够的回波光子数，应该对钠原子 D_{2b} 线进行泵浦，即所谓的再泵浦或再抽运。

为了实现再泵浦，一般在激光束中（$\lambda_{D_{2a}}=589.159$ nm）加入 10%～20% 波长为 $\lambda_{D_{2b}}=589.157$ nm 的能量，这些激光可以通过 D_{2a} 线给予（1717.8 ± 20）MHz 的频率补偿来实现，以此实现 $F=1$ 的基态与激发态的共振跃迁，从而大大增加激光钠导星的回波光子数。

3.3.2 理论模型与模拟参数

3.3.2.1 理论模型

以上定性地分析了影响大气中间层激光钠导星回波光子数的影响因素，探讨了下泵浦现象及钠原子 D_{2b} 线的再泵浦。但是，对于激光钠导星回波光子数的计算，仅仅定性分析还不够，必须求解式(3.8)的 24 能级密度矩阵方程。在这一方面，基于 Mathematica 的 LGSB(Laser Guide Star Bloch)软件（Holzlöhner et al., 2010），为激光钠导星回波光子数的数值模拟提供了有益的借鉴。

为了描述大气中间层钠原子共振辐射的光子数，这里引入一个物理量——回波光子通量（Return Photon Flux）Ψ，它的定义为单位原子、单位立体角、单位时间产生的光子数，单位为 $\text{sr}^{-1}\cdot\text{s}^{-1}\cdot\text{atom}^{-1}$。

激光入射到大气的中间层，照亮钠层的一定区域，在某点的光强为 I，单位为 $\text{W}\cdot\text{m}^{-2}$。于是，单位光强激发的光子数可以表示为 $\psi=\frac{\Psi}{I}$，称作平均回波光子通量（Average Return Photon Flux），单位为 $\text{sr}^{-1}\cdot\text{s}^{-1}\cdot\text{atom}^{-1}\cdot(\text{W}\cdot\text{m}^{-2})^{-1}$。假设激光照射的面积为 S，中间层钠层柱密度为 C_{Na}，则激光钠导星单位时间、单位立体角的后向辐射光子数 φ（The Number of Backscatter Radiative Photons）可以表示为

$$\varphi = C_{\text{Na}}S\Psi = C_{\text{Na}}S\psi I \tag{3.16}$$

然而，激光由地面入射到大气的中间层，会受到大气的吸收和散射及大气湍流

的影响，激光光强在大气的中间层呈现随机分布的特征，此时，中间层激光钠导星的后向辐射光子数可以表示为

$$\varphi = \beta' C_{\mathrm{Na}} \sum_i \Delta S_i \psi_i I_i \tag{3.17}$$

式中，β'为后向散射系数，ΔS_i 表示激光照射的微小面积，I_i 为微小面积内的光强，视作均匀光强，ψ_i 为相应光强 I_i 激发的光子数，ψ_i 与 ψ 的含义相同。

在计算激光钠导星的回波光子数时，不同的入射光强对应不同的平均回波光子通量 ψ。因此，对于不同的入射光强 I，我们需要知道 ψ 与 I 的函数关系式 $\psi(I)$，这里采用数值模拟和数值拟合的方法获得 $\psi(I)$。

由式(3.17)可知大气中间层激光钠导星回波光子数与光强有着定量的关系，因此由光强分布可以模拟出回波光子数的分布。对于大气中间层光强的分布，采用安光所的CLAP(激光大气传输程序)软件，模拟高斯光束经过大气湍流到达中间层钠层的光强分布，并考虑大气的吸收、散射及光束质量因子(刘向远等，2013a)。

假设激光垂直地面发射，能够得到接收面上单位时间、单位面积内的回波光子数：

$$\Phi = \frac{T_0 \varphi}{L^2} \tag{3.18}$$

式中，T_0 为大气透过率，L 为接收面到钠层中心的垂直高度。

3.3.2.2　模拟参数

在数值模拟时，选择连续激光与钠层作用，整个过程涉及激光本身的特性、激光的发射、大气的作用、钠层的特性，以及钠原子碰撞、反冲、地磁场的影响和再泵浦等，具体参数设置见表3.2和表3.3。

表3.2　激光参数、发射参数

变量名	符号	取值	变量名	符号	取值
发射功率	P	20 W	激光失谐	Δf_{L}	0
D_{2a}线波长	$\lambda_{D_{2a}}$	589.159 nm	激光束天顶角	ζ	0
D_{2b}线波长	$\lambda_{D_{2b}}$	589.157 nm	激光束与地磁场的夹角	θ	0，π/6，π/3，π/2
激光偏振	圆偏振 线偏振	+1 0	激光发射点口径	D	40 cm
再泵浦	q	4%～44%	光束质量因子	β	1.1
频率偏移	Δf_{ab}	1.7178 GHz	激光总相位	phase	0

这里对 D_{2b}线再泵浦设置激光线宽为0，在模拟单一频率光泵浦时采用的激光线宽也为0。

表 3.3　相关大气参数、钠原子参数

变量名	符号	取值	变量名	符号	取值
大气透过率	T_0	0.84	反冲速度	v_r	2.9461 cm · s^{-1}
钠质心高度	L	92 km	$Na\text{-}O_2$、$Na\text{-}O$ 自旋阻尼碰撞速率	γ_S	1/490 μs^{-1}
钠层柱密度	C_{Na}	4×10^9 cm^{-2}	$Na\text{-}N_2$、$Na\text{-}O_2$ V-阻尼碰撞速率	γ_{vcc}	1/35 μs^{-1}
中间层温度	T_K	185 K	激光束停滞速率	v_{ex}	38 m · s^{-1}
后向散射系数	β'	1.5	激光束的外原子交换速率	γ_{ex}	1/6 ms^{-1}
地磁场	B	0.20～0.51 Gs	地磁场方位角	ϕ	π/2
反冲频移	Δf_D	50 kHz	地磁场天顶角	θ	0～π/2

以上数据忽略了望远镜的高度，其他默认的参数没有全部列出。上表中地磁场天顶角实际上为激光发射方向与地磁场方向的夹角。

3.3.3　激光钠导星回波光子数影响因素的数值模拟

应用 LGSB 软件和表 3.2、表 3.3 的相关参数，这里模拟了地磁场、钠原子碰撞和反冲对激光钠导星回波光子数的影响，如图 3.7～图 3.10 所示。

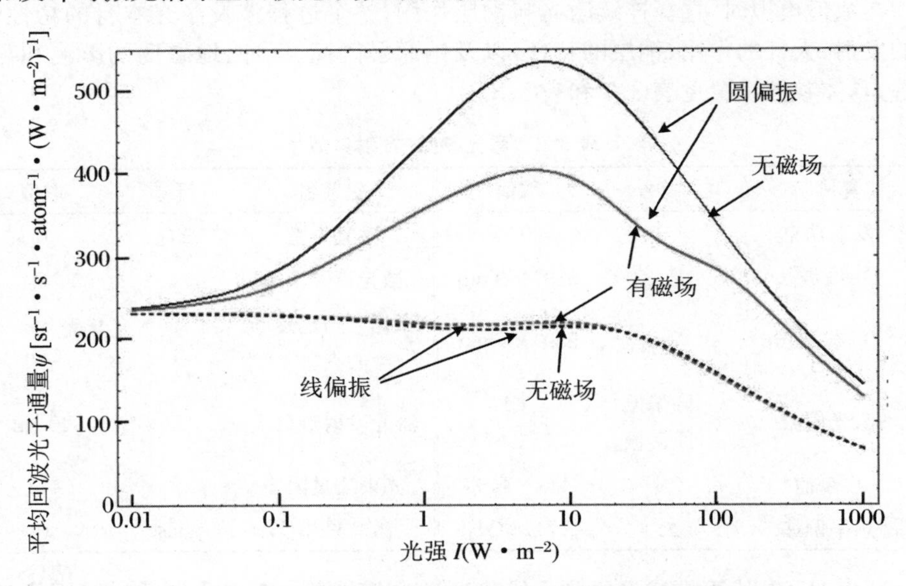

图 3.7　地磁场对激光钠导星平均回波光子通量的影响

图3.7表明了地磁场对激光钠导星平均回波光子通量的影响(光强 I 为非均匀坐标值,下同)。地磁场的强度为0.228 Gs,地磁场的天顶角为$\frac{\pi}{6}$,再泵浦能量百分比为12%。对于圆偏振光,地磁场的影响较线偏振光大很多。在有地磁场时,当圆偏振光光强$I=6.36\ \mathrm{W\cdot m^{-2}}$时,平均回波光子通量达到峰值405 $\mathrm{sr^{-1}\cdot s^{-1}\cdot atom^{-1}\cdot(W\cdot m^{-2})^{-1}}$;在无地磁场时,$I=7.05\ \mathrm{W\cdot m^{-2}}$对应的平均回波光子通量的峰值为534 $\mathrm{sr^{-1}\cdot s^{-1}\cdot atom^{-1}\cdot(W\cdot m^{-2})^{-1}}$,两者相差129 $\mathrm{sr^{-1}\cdot s^{-1}\cdot atom^{-1}\cdot(W\cdot m^{-2})^{-1}}$;但是当光强很小或很大时,这种影响相应变得很小。对于线偏振光,地磁场对它几乎没有影响,从图中看到两条虚线几乎重叠在一起,这也证明了德拉蒙德等人的观点。

图3.8进一步模拟了地磁场的天顶角对激光钠导星平均回波光子通量的影响,地磁场的强度为0.51 Gs,再泵浦能量百分比为12%。从图中可以看到在圆偏振光作用下,地磁场的天顶角 θ 越大,地磁场对激光钠导星平均回波光子通量的影响就越大。当 $\theta=0$ 时,意味着激光发射与地磁场的方向一致,此时可以获得最大平均回波光子通量。当 $\theta=\frac{\pi}{2}$时,激光发射与地磁场的方向垂直,此时平均回波光子通量仅仅相当于图3.7中的线偏振光。

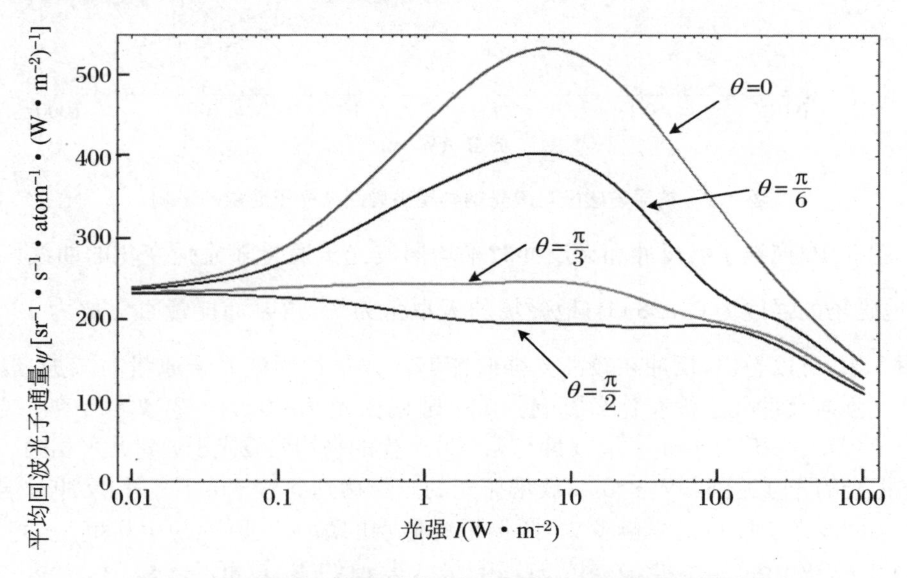

图3.8 地磁场的天顶角对激光钠导星平均回波光子通量的影响

图3.9模拟了常态碰撞,考虑了碰撞对平均回波光子通量的影响,忽略了钠原子碰撞时平均回波光子通量随光强变化的曲线。地磁场的强度为0.228 Gs,地磁场的天顶角为$\frac{\pi}{6}$,再泵浦能量百分比为12%。由图3.9可知,忽略钠原子碰撞时,在圆偏振光作用下,较小的光强可以获得较大的平均回波光子通量,但是随着光强

的增大，大约 0.7 W·m^{-2}之后，平均回波光子通量会大幅下降；对于线偏振光，在光强较小时，钠原子碰撞的作用不那么明显，但是随着光强的增大，钠原子碰撞的作用相应有所增加，在 $I=0.15$ W·m^{-2}之后，钠原子碰撞对平均回波光子通量的影响很大。总的来说，钠原子碰撞能够增加激光钠导星的平均回波光子通量，对激光钠导星回波光子数的增加有积极作用。

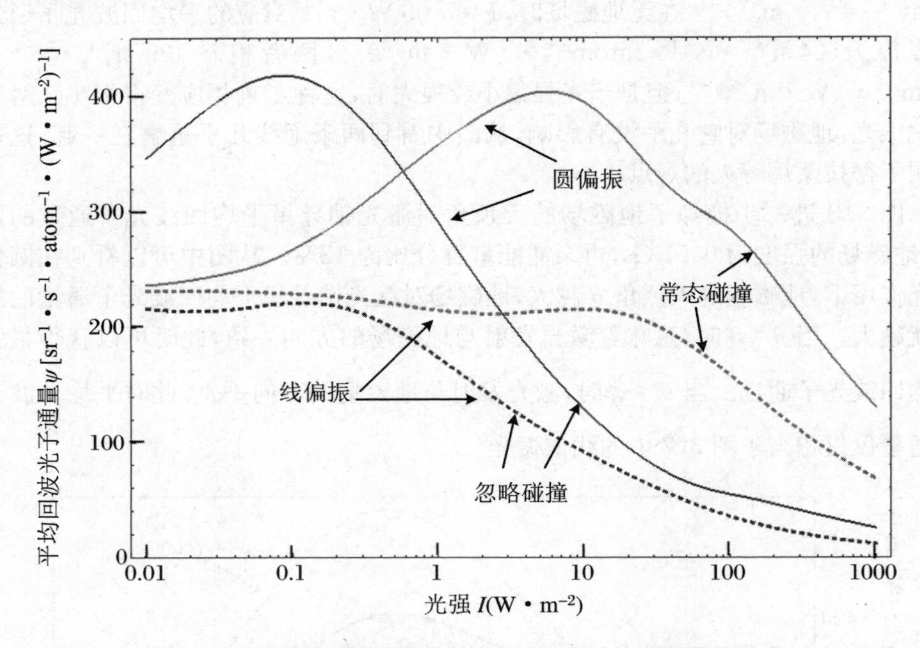

图 3.9　钠原子碰撞对激光钠导星平均回波光子通量的影响

图 3.10 模拟了有反冲和无反冲时平均回波光子通量随光强变化的曲线。其中，地磁场的强度为 0.228 Gs，地磁场的天顶角为$\frac{\pi}{6}$，再泵浦能量百分比为 12%。由图 3.10 可以看出，反冲在较高光强时能够导致平均回波光子通量的减少，但是在低光强时反冲几乎没有什么影响。对于圆偏振光 $I=0.01\sim2$ W·m^{-2}和线偏振光 $I=0.01\sim5$ W·m^{-2}，有反冲与无反冲产生的平均回波光子通量几乎相同。当圆偏振光的光强达到 2 W·m^{-2}，线偏振光的光强达到 5 W·m^{-2}之后，反冲对钠原子平均回波光子通量的影响变大，圆偏振光影响的最大差值约为 100 sr^{-1}·s^{-1}·atom^{-1}·(W·m^{-2})$^{-1}$，线偏振光的影响最大差值约为 50 sr^{-1}·s^{-1}·atom^{-1}·(W·m^{-2})$^{-1}$。

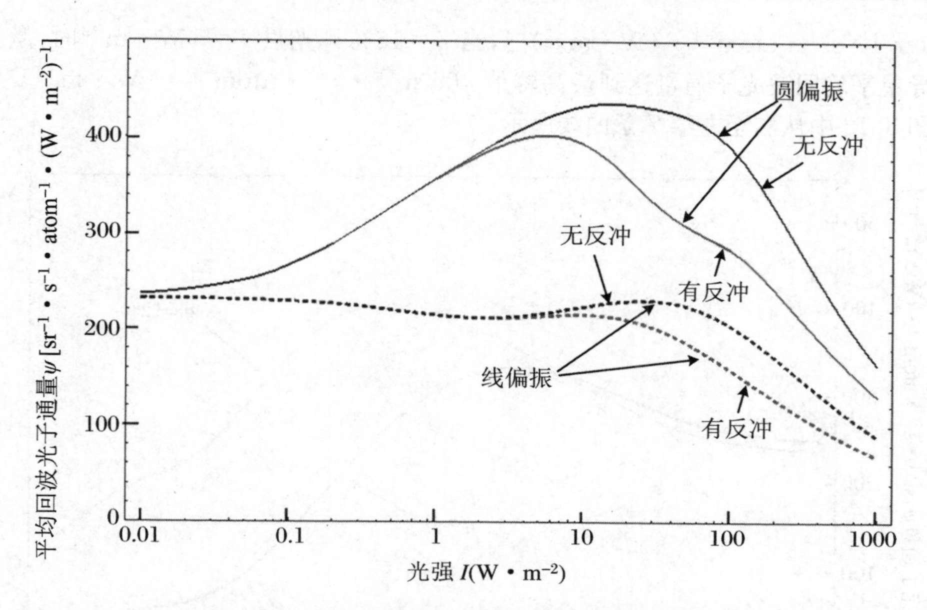

图 3.10　钠原子反冲对激光钠导星平均回波光子通量的影响

3.3.4　下泵浦和再泵浦对激光钠导星回波光子数影响的数值模拟

图 3.11 模拟了圆偏振光与钠原子作用时下泵浦与再泵浦对激光钠导星平均回波光子通量的影响。地磁场的强度为 0.51 Gs,地磁场的天顶角为$\frac{\pi}{6}$,再泵浦能量百分比为 12%。从图 3.11 中可以看出再泵浦能够增加激光钠导星平均回波光子通量,下泵浦不利于获得更多的回波光子数。但是,在光强很小的情况下,$I=0.01\sim0.6\ \mathrm{W\cdot m^{-2}}$,下泵浦对平均回波光子通量的影响小于 $10\ \mathrm{sr^{-1}\cdot s^{-1}\cdot atom^{-1}\cdot (W\cdot m^{-2})^{-1}}$。当再泵浦能量百分比 $q=0$,$I=1\ \mathrm{W\cdot m^{-2}}$时,平均回波光子通量达到 $330\ \mathrm{sr^{-1}\cdot s^{-1}\cdot atom^{-1}\cdot (W\cdot m^{-2})^{-1}}$。当再泵浦能量百分比 $q=12\%$,$I=6.02\ \mathrm{W\cdot m^{-2}}$时,平均回波光子通量达到峰值 $405\ \mathrm{sr^{-1}\cdot s^{-1}\cdot atom^{-1}\cdot (W\cdot m^{-2})^{-1}}$。这说明在没有 D_{2b}线再泵浦的情况下钠原子光泵浦比较容易达到跃迁饱和,从而限制了激光钠导星回波光子数的增加。

图 3.12 模拟了再泵浦的能量百分比对激光钠导星平均回波光子通量的影响。地磁场的强度为 0.510 Gs,地磁场的天顶角为$\frac{\pi}{6}$。图 3.12 模拟再泵浦的能量百分比为 4%～44%,共 21 条线的平均回波光子通量随光强变化的曲线。从图 3.12 中可以看出:激光钠导星平均回波光子通量除了随光强变化有峰值存在,还与再泵浦能量百分比有关。图 3.12 中,$q=10\%\sim20\%$时平均回波光子通量的峰值为 399～

406 $sr^{-1} \cdot s^{-1} \cdot atom^{-1} \cdot (W \cdot m^{-2})^{-1}$，当 $q = 16\%$ 且光强 $I = 5\ W \cdot m^{-2}$ 时，激光钠导星平均回波光子通量达到最高峰值 406 $sr^{-1} \cdot s^{-1} \cdot atom^{-1} \cdot (W \cdot m^{-2})^{-1}$，如图 3.12 中从右至左第 7 条曲线所示。

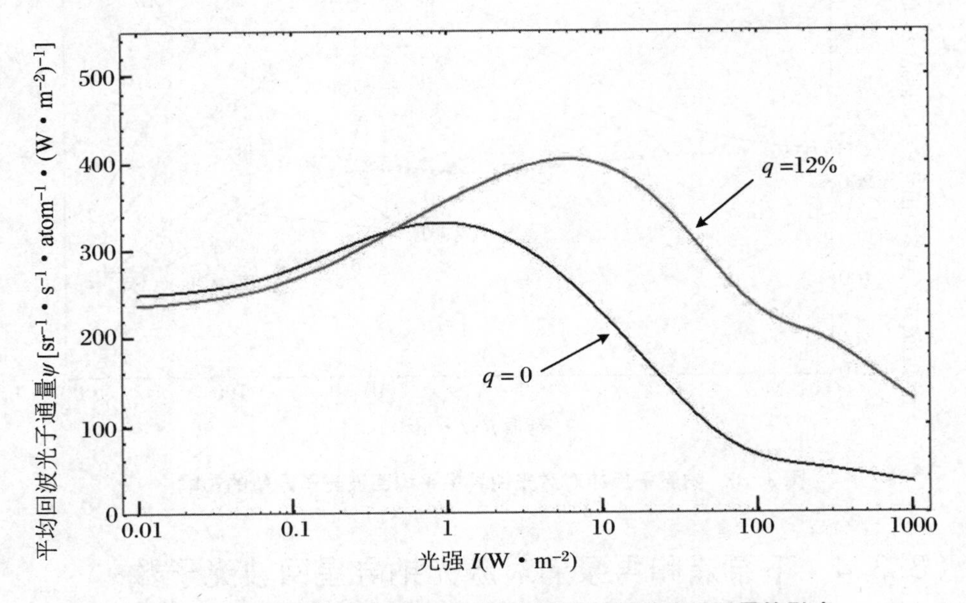

图 3.11　下泵浦与再泵浦对激光钠导星平均回波光子通量的影响

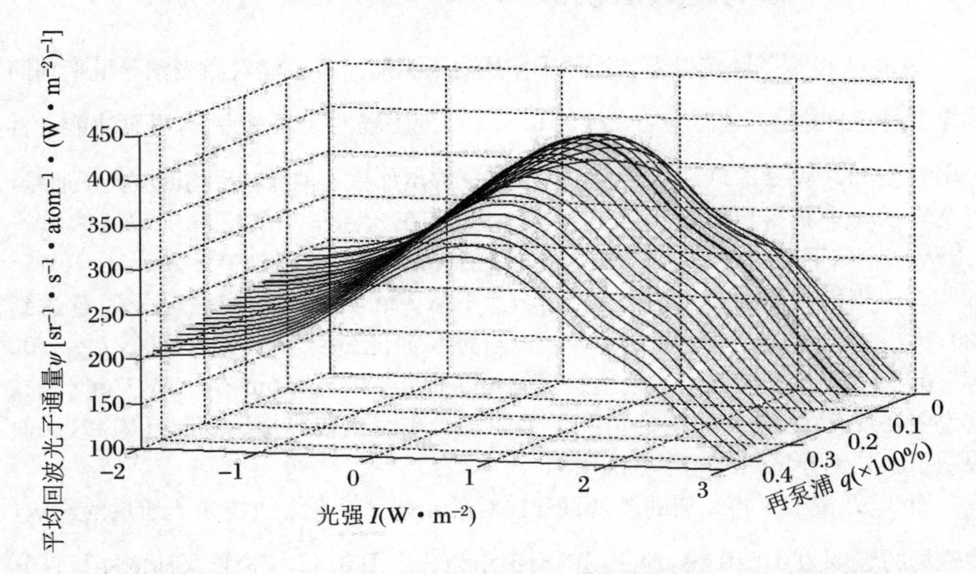

图 3.12　不同能量百分比的再泵浦对激光钠导星平均回波光子通量的影响（光强 I 取对数坐标）

3.3.5 激光钠导星回波光子数的数值模拟

图 3.13 模拟了圆偏振光再泵浦能量百分比分别为 0 和 16%的平均回波光子通量随光强变化的曲线。模拟参数中，地磁场的强度为 0.228 Gs，地磁场的天顶角为$\frac{\pi}{6}$。图 3.13 中，⊖线为 $q = 16\%$ 的数值模拟曲线，与其近似重合的实线为数值拟合曲线；⊟线为 $q = 0$ 的数值模拟曲线，与其近似重合的实线为数值拟合曲线。

为了得到平均回波光子通量随光强变化的函数关系 $\psi(I)$，我们采用 9 次方多项式数值拟合的方法得到了 $q = 16\%$ 和 $q = 0$ 的 $\psi(I)$ 函数分别如下：

$$\begin{aligned}\psi_1(I) = & 0.2273 \cdot (\lg I)^9 - 0.6175 \cdot (\lg I)^8 - 2.831 \cdot (\lg I)^7 \\ & + 5.715 \cdot (\lg I)^6 + 16.64 \cdot (\lg I)^5 - 14.47 \cdot (\lg I)^4 \\ & - 61.03 \cdot (\lg I)^3 - 19.95 \cdot (\lg I)^2 + 112.1 \cdot (\lg I) + 357.6 \\ & (q = 16\%, I \in [0.01, 1000](\mathrm{W \cdot m^{-2}}))\end{aligned} \tag{3.19}$$

式(3.19)的拟合均方根为 3.009，拟合相关系数为 0.9987。

$$\begin{aligned}\psi_2(I) = & 0.09191 \cdot (\lg I)^9 + 0.01142 \cdot (\lg I)^8 - 1.663 \cdot (\lg I)^7 \\ & - 1.938 \cdot (\lg I)^6 + 11.85 \cdot (\lg I)^5 + 23.46 \cdot (\lg I)^4 \\ & - 35.33 \cdot (\lg I)^3 - 104.2 \cdot (\lg I)^2 - 5.239 \cdot (\lg I) + 332.1 \\ & (q = 0, I \in [0.01, 1000](\mathrm{W \cdot m^{-2}}))\end{aligned} \tag{3.20}$$

式(3.20)的拟合均方根为 1.99，拟合相关系数为 0.9997。

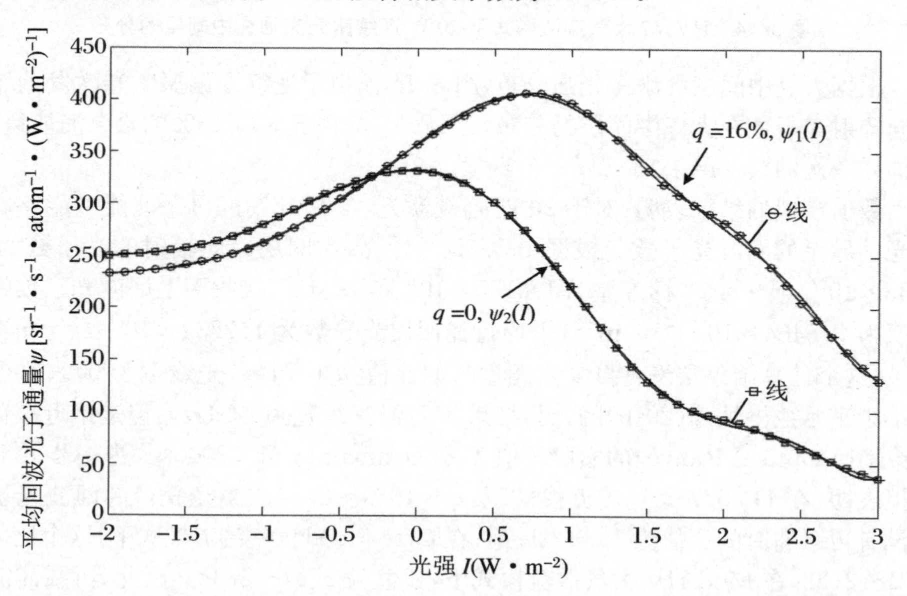

图 3.13　再泵浦对激光钠导星平均回波光子通量的数值拟合(光强 I 取对数坐标)

为了模拟大气中间层和接收面上的激光钠导星回波光子数，首先模拟激光经大气传输到达大气中间层的光强分布。这里选择 HV5/7 模式作为大气湍流模式：

$$C_n^2(h) = 8.2\times10^{-26}w^2h^{10}\mathrm{e}^{-h} + 2.7\times10^{-16}\mathrm{e}^{-\frac{h}{1.5}} + a\mathrm{e}^{-10h},$$
$$(w = 21\ \mathrm{m\cdot s^{-1}}, a = 1.7\times10^{-14}\ \mathrm{m}^{-\frac{2}{3}}) \tag{3.21}$$

式中，h 指高度，大气相干长度 $r_0 = 6$ cm，对应的波长 $\lambda = 589$ nm。根据表 3.2 和表 3.3 的相关参数，模拟准直激光到达大气中间层的光强分布如图 3.14 所示（随机抽样一次的模拟结果）。

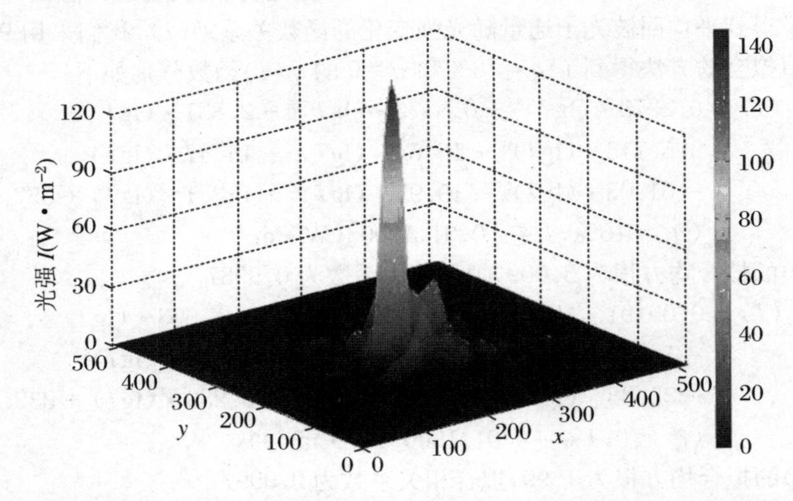

图 3.14　HV5/7 大气湍流模式下 20 W 连续激光光强在中间层的分布

根据大气中间层的激光光强分布，图 3.15 模拟了连续圆偏振激光激发钠导星后向辐射光子数在大气中间层的分布。图 3.15 的情况对应 16%的再泵浦能量（随机抽样一次的模拟结果）。

数值模拟的结果表明：对于 20 W 连续激光，含有 16%的再泵浦能量能够增加激光钠导星的回波光子数。根据图 3.15 的计算，中间层后向辐射的光子数为 $3.5735\times10^{17}\ \mathrm{s^{-1}\cdot sr^{-1}}$，标准差为 $1.0155\times10^{16}\ \mathrm{s^{-1}\cdot sr^{-1}}$，接收面上回波光子数的平均值为 $3.5464\times10^{7}\ \mathrm{s^{-1}\cdot m^{-2}}$，平均每瓦回波光子数为 $1.7732\times10^{6}\ \mathrm{s^{-1}\cdot m^{-2}\cdot W^{-1}}$，这个计算结果与没有再泵浦能量时的比值为 1.74（激光线宽为 0）。这个比值小于霍尔兹洛纳等（2010）的计算结果 3.7（激光线宽为 2 GHz），但是接近星靶场（Starfire Optical Range）的实验比值 1.6（Denman et al.，2006）。进一步的数值模拟表明：在 HV5/7 大气湍流模式下，$q = 10\%\sim20\%$ 的激光获得的回波光子数与没有再泵浦时的比值为 1.73～1.74；在 Greenwood 大气湍流模式下，这个比值为 2.21～2.22；在 Mod-HV 大气湍流模式下，比值为 2.37～2.38。因此，再泵浦能够显著提高激光钠导星的回波光子数。

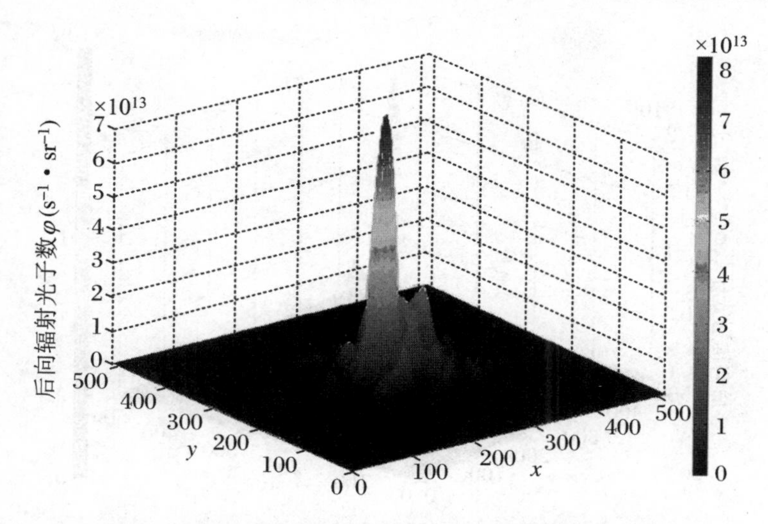

图 3.15 有 16%再泵浦能量的 20 W 连续圆偏振激光激发钠导星后向辐射光子数在中间层的分布

采用与图 3.14 相同的光强分布，图 3.17 模拟了没有再泵浦能量时大气中间层激光钠导星的后向辐射光子数(随机抽样一次的模拟结果)，计算结果为：中间层激光钠导星后向辐射光子数为 $2.0550\times10^{17}\ s^{-1}\cdot sr^{-1}$，标准差为 $1.2972\times10^{16}\ s^{-1}\cdot sr^{-1}$；接收面上回波光子数的平均值为 $2.0395\times10^{7}\ s^{-1}\cdot m^{-2}$，平均每瓦回波光子数为 $1.0197\times10^{6}\ s^{-1}\cdot m^{-2}\cdot W^{-1}$。如果采用特勒等(2006)的钠层柱密度计算接收面上回波光子数，计算值会比测量值多出 3%～10%的光子数，考虑误差等因素，这样的计算结果具有一定的实际意义。

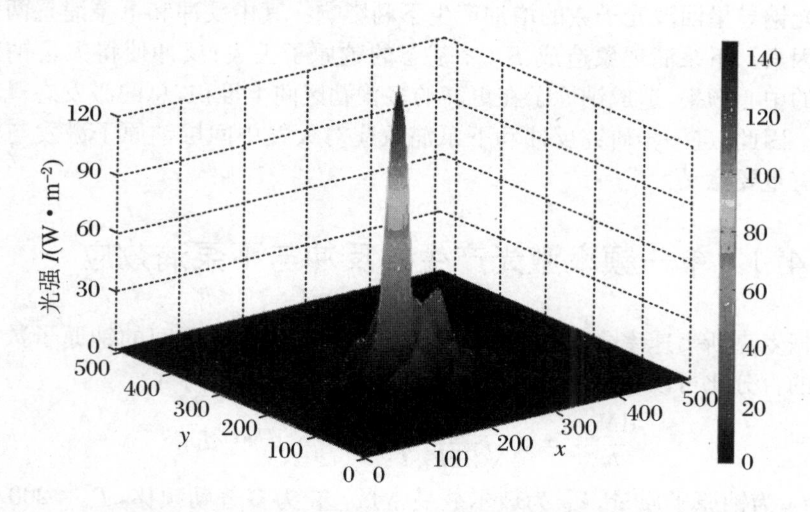

图 3.16 在 HV5/7 大气湍流模式下 20 W 连续激光光强在中间层的分布

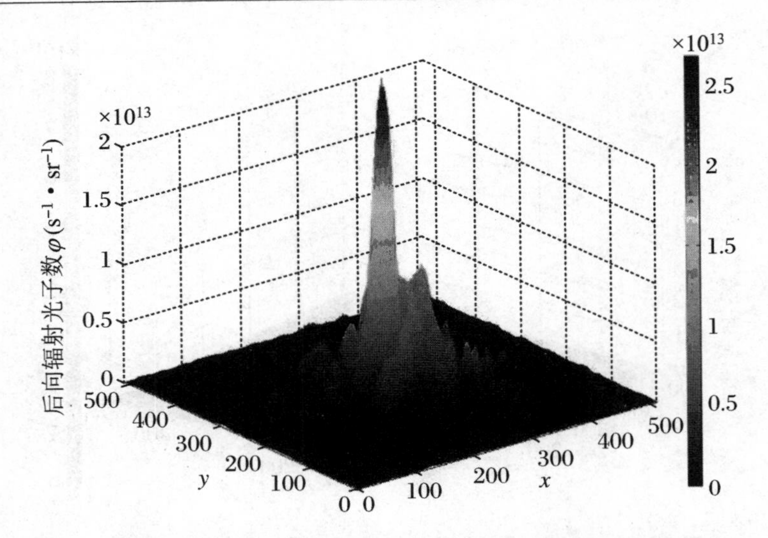

图 3.17 没有再泵浦能量的 20 W 连续激光激发钠导星后向辐射光子数在中间层的分布

3.4 反冲和下泵浦效应对大气中间层钠原子激发与辐射的影响

在圆偏振激光与大气中间层钠原子作用的过程中,地磁场、反冲和下泵浦等效应对激光钠导星回波光子数的增加产生不利影响。其中反冲和下泵浦是两个重要的影响因素。下泵浦现象造成 $F=2$ 基态的钠原子丢失;反冲使得大量钠原子远离激光的中心频率,造成钠原子在更高的多普勒区间上堆积,总的激发态概率也随之下降。因此,进一步研究反冲和下泵浦效应对大气中间层钠原子激发与辐射的影响具有重要意义。

3.4.1 单一频率激光产生的反冲与下泵浦效应

根据麦克斯韦速率分布律,在热平衡状态下一定频率区间的钠原子数占钠原子总数的百分比可以表示为

$$\frac{\mathrm{d}N_{\nu_D}}{N_t}=\lambda\sqrt{\frac{m_{\mathrm{Na}}}{2\pi k_B T}}\mathrm{e}^{-m_{\mathrm{Na}}(\lambda\nu_D)^2/2k_B T_k}d\nu_D \tag{3.22}$$

式中,m_{Na} 为钠原子质量,k_B 为玻尔兹曼常量,ν_D 为多普勒频移,$T_k=200$ K 为钠层温度,N_t 为一定范围内总的钠原子数。对式(3.22)积分,可以得到归一化钠原子数随多普勒频移变化的关系式:

$$N_{\nu_D} = \int \frac{dN_{\nu_D}}{N_t} = \int \frac{(4\ln 2/\pi)^{\frac{1}{2}}}{\delta\nu_D} e^{-4\ln 2\nu_D^2/\delta\nu_D^2} d\nu_D \tag{3.23}$$

如果以 ν_D 为中心频率，一定速率区间或速率群的钠原子所占的百分比表示为

$$N_{\nu_D}(\Delta\nu_D) = \frac{(4\ln 2/\pi)^{\frac{1}{2}}}{\delta\nu_D} e^{-4\ln 2\nu_D^2/\delta\nu_D^2} \Delta\nu_D \tag{3.24}$$

式中，多普勒宽度 $\delta\nu_D = 1$ GHz，$\Delta\nu_D$ 为一定速率区间或速率群的多普勒频移变化区间。图 3.18 中的曲线表示热平衡态下 $\Delta\nu_D = 10$ kHz，归一化钠原子数随多普勒频移的变化。

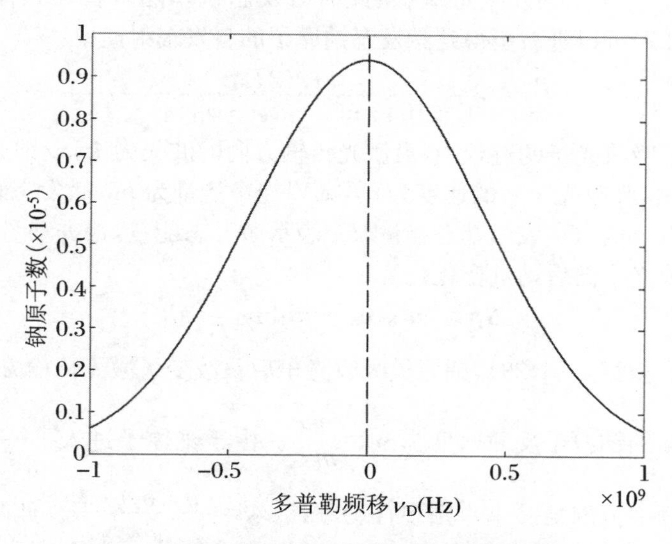

图 3.18　归一化钠原子数随多普勒频移的变化

考虑圆偏振长脉冲或连续激光与钠原子作用的共振，激发态概率的变化达到恒定，可以得到二能级原子自发辐射的速率方程(Hillman et el.，2008)：

$$\frac{dp_2}{dt} = -\frac{p_2}{\tau} + \frac{I\sigma}{h\nu}(p_1 - p_2) = 0 \tag{3.25}$$

式中，p_2 表示激发态概率，p_1 表示基态概率，$p_1 + p_2 = 1$，I 为入射光强，τ 为激发态自发辐射时间 16 ns，h 为普朗克常量，ν 为入射激光频率，σ 为散射截面。考虑散射截面的洛伦兹(Lorentz)分布以及钠原子的多普勒频移，可以得到以下关系式：

$$\sigma = \frac{\sigma_0(\delta\nu/2)^2}{(\nu - \nu_0 - \nu_D)^2 + (\delta\nu/2)^2} \tag{3.26}$$

式中，σ_0 为共振截面，$\sigma_0 = \frac{3\lambda^2}{2\pi}$，$\lambda$ 为入射光波长，ν_0 为二能级原子跃迁的频率，$\nu_D = \frac{\upsilon k}{2\pi}$，$\upsilon$ 为钠原子沿激光传输方向的速度，k 为沿激光传输方向的波矢，$\delta\nu$ 为自

然线宽，$\delta\nu=\dfrac{1}{2\pi\tau}$。结合 $p_1+p_2=1$，联立求解式(3.25)和式(3.26)，可以得到钠原子的激发态概率：

$$p_2=\frac{I/(2I_{\text{sat}})}{1+16[\pi\tau(\nu-\nu_0-\nu_D)]^2+I/I_{\text{sat}}} \tag{3.27}$$

式中，I_{sat} 为饱和光强，$I_{\text{sat}}=\dfrac{\pi h\nu}{3\lambda^2\tau}$。由式(3.27)可知：对于单一频率激光的发射要求 $\nu=\nu_0$，以实现激光与 $\nu_D=0$ 速率钠原子的共振，此时激发态概率最高；对于 $\nu_D\neq 0$ 的钠原子，只能与光场发生近共振，此时激发态概率随多普勒频移的增大而减小。由式(3.27)可以进一步得到激发态钠原子的自发辐射速率：

$$R=\frac{p_2}{\tau}=\frac{I/(2I_{\text{sat}}\tau)}{1+16[\pi\tau(\nu-\nu_0-\nu_D)]^2+I/I_{\text{sat}}} \tag{3.28}$$

在钠原子吸收光子的过程中，沿激光传输方向的波矢为 $\boldsymbol{k}$，设钠原子吸收光子前的速度为 υ_1，吸收光子后的速度为 υ_2，入射光子能量为 $h\nu$，激发态衰减辐射的能量为 $h\nu_0'=E_2-E_1$，E_1 表示基态能量，E_2 表示激发态能量，根据动量守恒，可以得到钠原子吸收光子前后动量变化：

$$\Delta\boldsymbol{p}=m_{\text{Na}}\boldsymbol{\upsilon}_2-m_{\text{Na}}\boldsymbol{\upsilon}_1=\hbar\boldsymbol{k} \tag{3.29}$$

这里 $\hbar=\dfrac{h}{2\pi}$。根据式(3.29)，钠原子吸收光子后只改变了激光传输方向的动量，因此质量为 m_{Na} 的钠原子反冲速度为 $\boldsymbol{\upsilon}_r=\dfrac{\hbar\boldsymbol{k}}{m_{\text{Na}}}$。由于钠原子进入下一个速率群(假设速率群的频率范围足够小)，则多普勒频移 $\nu_D'=\dfrac{(\boldsymbol{\upsilon}+\boldsymbol{\upsilon}_r)\cdot\boldsymbol{k}}{2\pi}$。此时激光与钠原子的共振频率 $\nu=\nu_0'+\nu_D'$，因此能够得到

$$\nu-\nu_0'=\pm\nu_D+\frac{\hbar}{\lambda^2 m_{\text{Na}}}=\pm\nu_D+50\ \text{kHz} \tag{3.30}$$

式中，激光传输与钠原子运动同向时取“+”，反向时取“-”。由式(3.30)可知：由于反冲效应，当钠原子吸收一个光子之后，其多普勒频移会增加 50 kHz。这里没有考虑钠原子自发辐射产生的动量改变，因为在钠原子自发辐射的过程中，其辐射方向具有任意性，经过钠原子吸收和辐射光子的多次循环后，钠原子自发辐射产生的动量改变量为 0(Milonni，Fearn，1999)。

已知钠原子激发态自发辐射时间 $\tau=16$ ns，在激光光场的作用下，10 μs 时间内自发辐射 625 次，参与作用的钠原子将会由图 3.18 中的低频向高频移动，从而破坏热平衡态钠原子的归一化分布。随着时间的持续，钠原子的激发态概率和自发辐射速率将会逐渐减小。根据以上单一频率激光与钠层作用的分析，图 3.19 模拟了不同光强 $I=30\ \text{W}\cdot\text{m}^{-2}$、$63\ \text{W}\cdot\text{m}^{-2}$、$150\ \text{W}\cdot\text{m}^{-2}$ 作用下，经过时间 $t=10\ \mu$s、20 μs、30 μs、40 μs、50 μs 后的钠原子数的归一化分布。

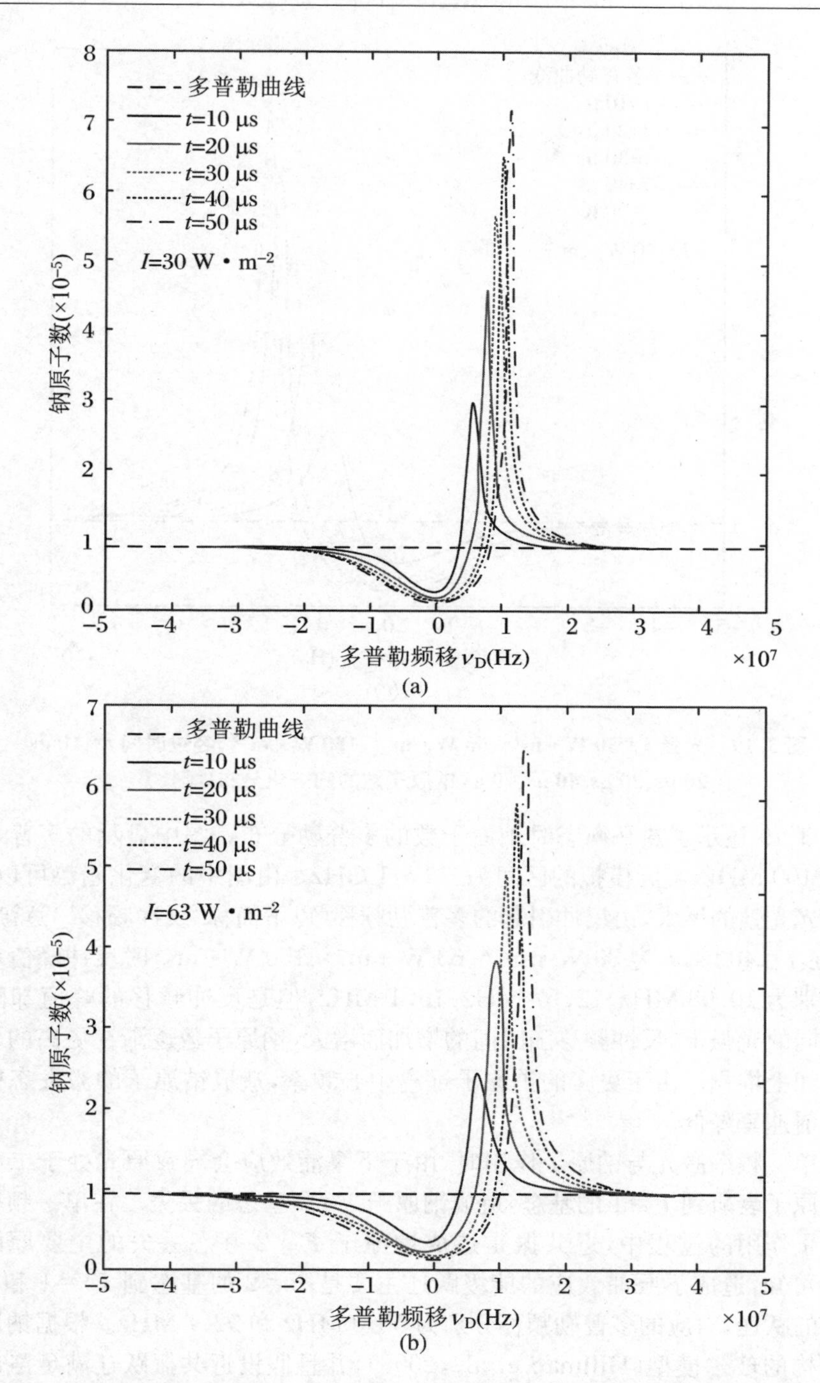

图 3.19　光强 $I = 30\ \mathrm{W \cdot m^{-2}}$、$63\ \mathrm{W \cdot m^{-2}}$、$150\ \mathrm{W \cdot m^{-2}}$，经过时间 $t = 10\ \mu s$、$20\ \mu s$、$30\ \mu s$、$40\ \mu s$、$50\ \mu s$ 钠原子数的归一化分布

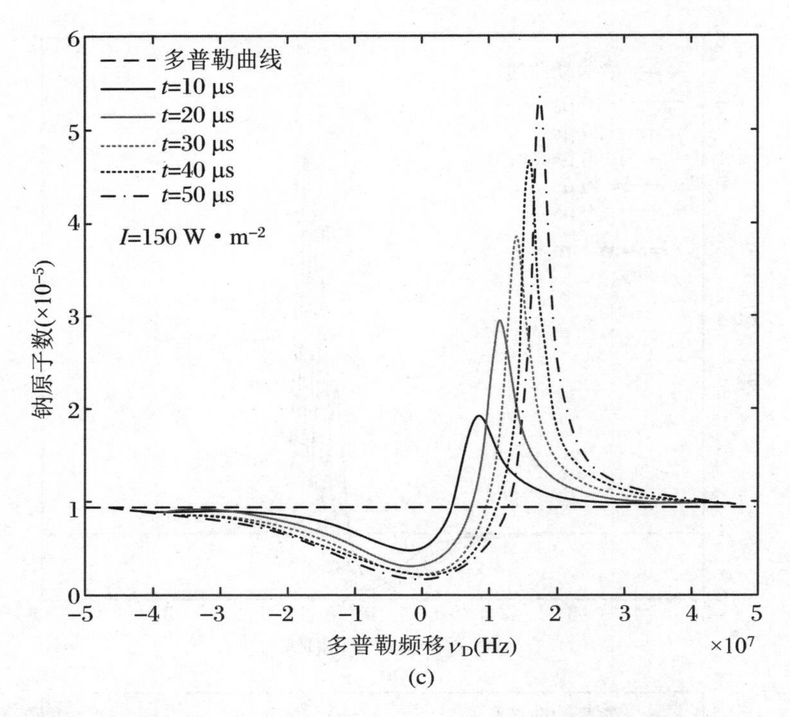

图 3.19　光强 $I=30\ \mathrm{W\cdot m^{-2}}$、$63\ \mathrm{W\cdot m^{-2}}$、$150\ \mathrm{W\cdot m^{-2}}$，经过时间 $t=10\ \mu\mathrm{s}$、$20\ \mu\mathrm{s}$、$30\ \mu\mathrm{s}$、$40\ \mu\mathrm{s}$、$50\ \mu\mathrm{s}$ 钠原子数的归一化分布(续)

图 3.19 显示了热平衡态时钠原子数的多普勒分布。图中显示的多普勒频移区间为 100 MHz，实际模拟的区间为 −1～1 GHz。由图中的变化趋势可以看出，随着激光光强的增大，由反冲引起的多普勒频移(以下简称“反冲频移”)逐渐增大，例如，在 $t=40\ \mu\mathrm{s}$，I 为 $30\ \mathrm{W\cdot m^{-2}}$、$63\ \mathrm{W\cdot m^{-2}}$、$150\ \mathrm{W\cdot m^{-2}}$时反冲峰值对应的频移分别为 10.08 MHz、12.57 MHz、16.1 MHz，但是反冲频移的峰值却随之减小。相同的光强下，反冲频移随时间的增加而增大，钠原子数逐渐在更高的多普勒频移区间上堆积。由于更多的钠原子远离中心频率，造成钠原子的激发态概率和自发辐射速率降低。

当单一频率激光与钠原子作用时，由于下泵浦效应会导致原先处于二能级振荡的钠原子衰减到 $F=1$ 的基态，造成钠原子 $F=2$ 基态的丢失。在单一频率激光与钠原子作用的过程中，近共振是造成钠原子 $F=2$ 基态丢失的主要原因。由图 3.6 可知，造成下泵浦效应的能级跃迁主要是 $F=2$ 的基态到 $F'=1$ 和 $F'=2$ 激发态的跃迁，对应的多普勒频移分别为 58.3 MHz 和 92.7 MHz。根据钠原子超精细结构的玻尔模型(Hillman et al.，2008)，并且假设近共振跃迁满足洛伦兹线形，则下泵浦能级跃迁对应的激发态概率可以表示为

$$\begin{cases} P_{F=2\to F'=2} = \dfrac{I/(2I_{\text{sat}})}{1+16[\pi\tau(58.3\times10^6)]^2+I/(I_{\text{sat}})} \otimes \dfrac{I/(2I_{\text{sat}})}{1+16[\pi\tau(58.3\times10^6-\nu_D)]^2+I/(I_{\text{sat}})} \\ P_{F=2\to F'=1} = \dfrac{I/(2I_{\text{sat}})}{1+16[\pi\tau(92.7\times10^6)]^2+I/(I_{\text{sat}})} \otimes \dfrac{I/(2I_{\text{sat}})}{1+16[\pi\tau(92.7\times10^6-\nu_D)]^2+I/(I_{\text{sat}})} \end{cases} \tag{3.31}$$

式中，符号⊗表示对后一项进行最大值归一化后与前一项相乘。图 3.20 给出了光强 $I=63\ \text{W}\cdot\text{m}^{-2}$时多普勒频移分别为 0 MHz、58.3 MHz 和 92.7 MHz 的钠原子激发态概率。

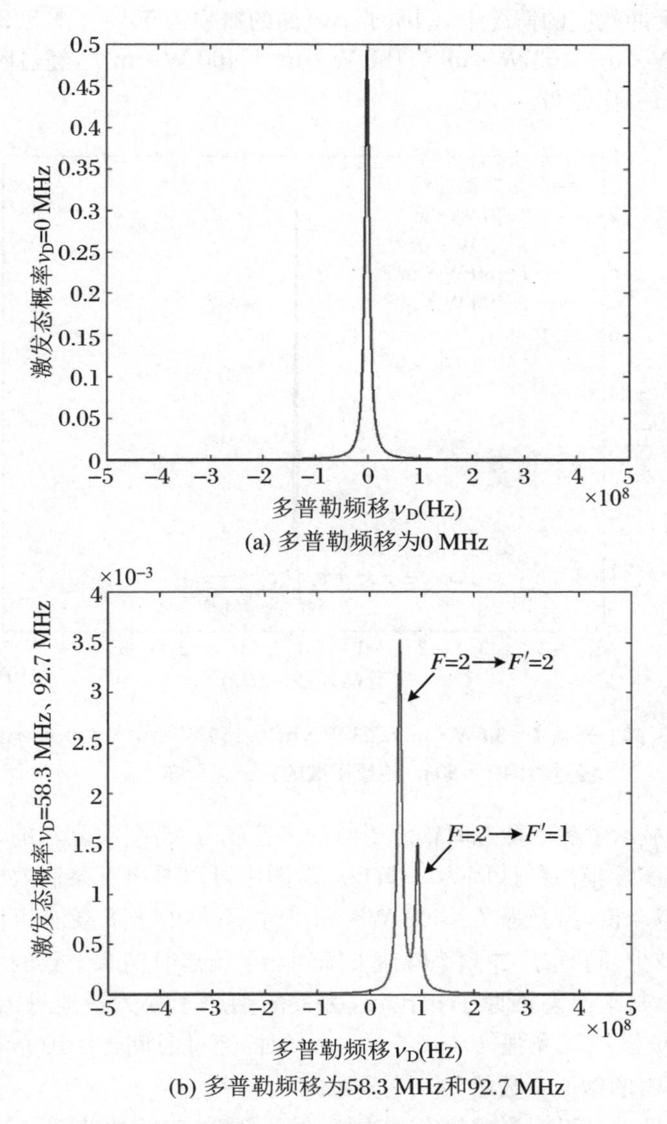

(a) 多普勒频移为0 MHz

(b) 多普勒频移为58.3 MHz和92.7 MHz

图 3.20　光强 $I=63\ \text{W}\cdot\text{m}^{-2}$时的激发态概率

由图 3.20 可知,$F=2$ 基态到 $F'=1$ 和 $F'=2$ 激发态的跃迁概率仅占总激发态概率的 1%,但是,处于 $F'=1$ 和 $F'=2$ 激发态的钠原子衰减进入 $F=1$ 基态后,将不会再次被光场激发,随着时间的持续,原先与激发态 $F'=3$ 共振的钠原子将越来越少。在没有光场激发 $F=1$ 基态的情况下,钠原子通过碰撞能够再次部分地使 $F=1$ 基态回到 $F=2$ 基态,以维持激发态的恒定。除此之外,风吹动空气的运动以及激光光斑的漂移能够使新的钠原子进入激光照射范围内,对维持激发态的恒定也有一定的作用。

在考虑反冲效应的情况下,钠原子下泵浦的概率为 50%。图 3.21 模拟了不同光强 $I=30\ \mathrm{W\cdot m^{-2}}$、$63\ \mathrm{W\cdot m^{-2}}$、$150\ \mathrm{W\cdot m^{-2}}$、$400\ \mathrm{W\cdot m^{-2}}$,经过时间 $t=50\ \mu\mathrm{s}$,钠原子数的归一化分布。

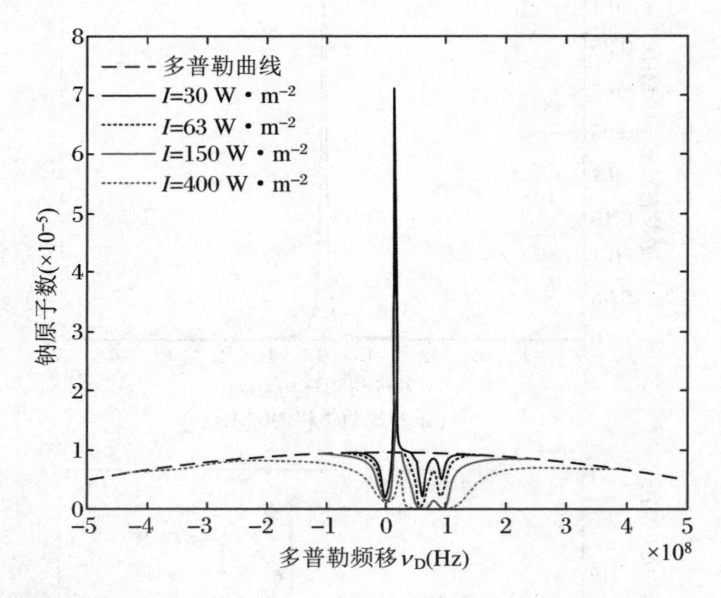

图 3.21　光强 $I=30\ \mathrm{W\cdot m^{-2}}$、$63\ \mathrm{W\cdot m^{-2}}$、$150\ \mathrm{W\cdot m^{-2}}$、$400\ \mathrm{W\cdot m^{-2}}$,经过时间 $t=50\ \mu\mathrm{s}$ 钠原子数的归一化分布

图 3.21 显示了热平衡态时钠原子数的多普勒分布,图中显示的多普勒频移区间为 1 GHz,实际模拟的区间为 2 GHz。从图中可以看出下泵浦效应随光强的增大变得越来越严重,当光强 $I=400\ \mathrm{W\cdot m^{-2}}$ 时,不仅处于下泵浦频移范围内的钠原子数大为减少,同时,反冲频率峰值下降到热平衡态时钠原子数的多普勒分布曲线以下,这时,与平衡态钠原子相比较,丢失的钠原子数大量地进入 $F=1$ 基态。图 3.22进一步模拟了光强 $I=150\ \mathrm{W\cdot m^{-2}}$ 时,经过时间 $t=10\ \mu\mathrm{s}$、$20\ \mu\mathrm{s}$、$30\ \mu\mathrm{s}$、$40\ \mu\mathrm{s}$、$100\ \mu\mathrm{s}$ 时的钠原子数的归一化分布。

图 3.22 显示由于下泵浦效应,相同光强下,随着时间的持续,陷入 $F=1$ 基态的钠原子数逐渐增加。此时,由于可被激发的钠原子数越来越少,造成钠原子的激

发态概率和自发辐射速率降低。

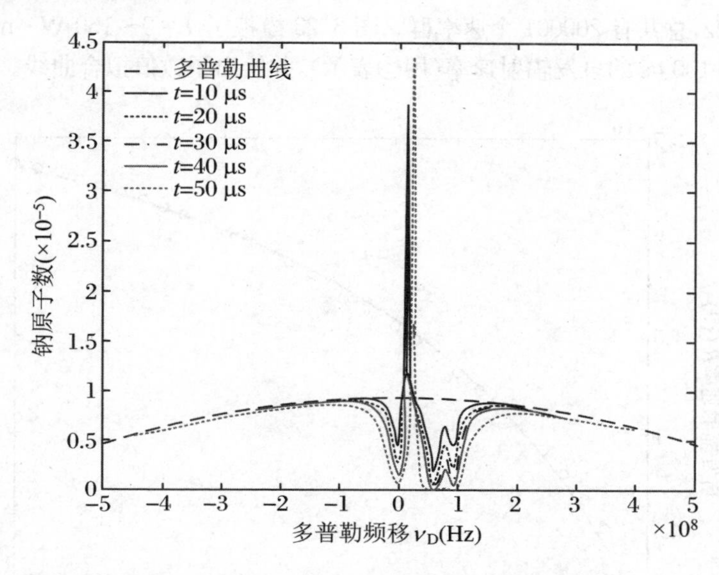

图3.22　光强 $I=150\ \mathrm{W\cdot m^{-2}}$ 时，经过时间 $t=10\ \mu s$、$20\ \mu s$、$30\ \mu s$、$40\ \mu s$、$100\ \mu s$ 钠原子数的归一化分布

3.4.2　单一频率激光对钠原子自发辐射速率的影响

式(3.28)表示钠原子在16 ns内的自发辐射速率，经过一段时间后由于反冲和下泵浦效应，钠原子的自发辐射速率会发生变化。为了研究反冲和下泵浦效应对钠原子自发辐射速率的影响，采用数值计算的方法，先求出不同光强下被激发的钠原子数总和(这里采用百分数表示)，然后除以总时间。由于钠原子碰撞能够改变钠原子的速率分布，并能够维持下泵浦在一定的水平上，根据米隆尼和费恩(Fearn)的估算，钠原子的碰撞周期为100 μs，因此总时间取100 μs，则单位原子自发辐射速率表示为如下形式：

$$R=\frac{\frac{5}{8}\sum_{j=1}^{n}\left(\sum_{i=1}^{\Gamma}N_{\nu_D}i(\Delta\nu_D)\cdot\left[p_{2i}-0.5(p_{iF=2\to F'=2}+p_{iF=2\to F'=1})\right]\right)_j}{n\tau} \tag{3.32}$$

式中，Γ为速率群数，n为自发辐射的次数，$N_{\nu_D}i(\Delta\nu_D)$表示第i个速率群的钠原子数所占的百分比，p_{2i}表示第i个速率群的激发态概率，$p_{iF=2\to F'=2}$和$p_{iF=2\to F'=1}$分别表示第i个速率群钠原子下泵浦能级跃迁对应的激发态概率，$n\tau=100\ \mu s$。这里没有考虑钠原子激发态向$F=1$基态的跃迁所辐射的光子数。根据希尔曼等人的分析，钠原子由激发态向$F=1$基态跃迁辐射的光子数很少(对应图3.6中的

D_{2b}线),可以忽略不计。为了简化计算,数值计算的多普勒频移范围取 -1～1 GHz,$\Delta\nu_D = 10^4$ Hz,总共有 200001 个速率群。图 3.23 模拟了 $I = 0$～150 W·m^{-2},单位原子经过时间 100 μs 的自发辐射速率(用○表示),并给出了数值拟合曲线。

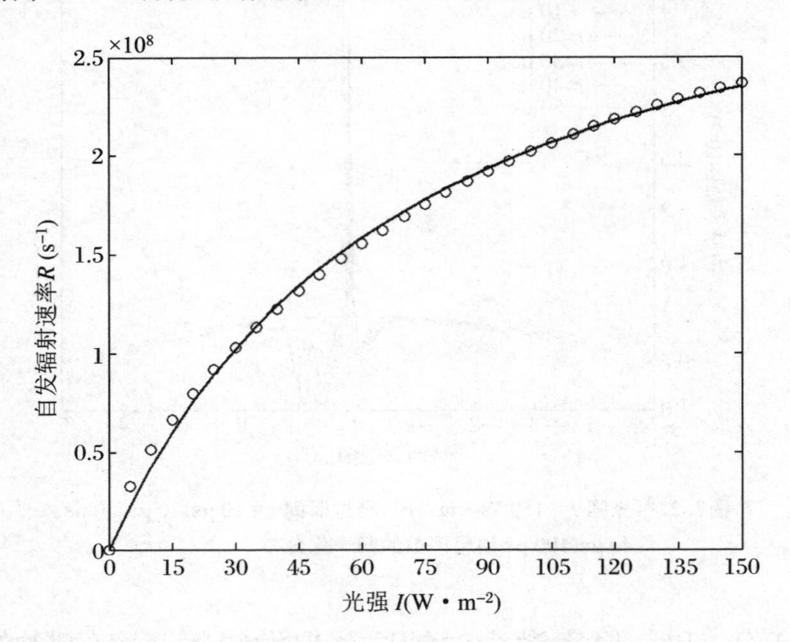

图 3.23　光强 $I = 0$～150 W·m^{-2},经过 100 μs,钠原子的自发辐射速率和数值拟合曲线

通过数值计算和图 3.23 曲线拟合的结果,可以得到单位钠原子自发辐射速率为

$$R = 3.85 \times 10^3 \frac{I}{1 + I/87} \tag{3.33}$$

应用式(3.33),再考虑由于地磁场造成的钠原子激发态概率减少的影响因子 $f = 1 - 0.6552\sin\theta$(Drummond et al.,2007),θ 为激光传输方向与地磁场方向的夹角。在 HV5/7 大气湍流模式下,取 $\theta = \frac{\pi}{6}$,计算 20 W 连续激光垂直方向、准直发射,得到接收面上激光钠导星回波光子数的平均值为 1.6985×10^7 s^{-1}·m^{-2}。采用 LGSB 软件,通过拟合激光钠导星平均回波光子通量函数 $\psi(I)$,相同条件下得到接收面上激光钠导星回波光子数的平均值为 2.0395×10^7 s^{-1}·m^{-2}。

两个值相比较,存在 16.5%的差值,产生差值的原因有 3 个:一是以上计算中没有考虑钠原子碰撞对钠原子激发的积极作用。二是钠原子的平均碰撞时间取值较大,这里采用了米隆尼等人的估算值,而霍尔兹洛纳等人的估算值为 35 μs。实际上,钠原子的平均碰撞时间与钠层的特性有着密切的关系,包括钠层的丰度分布、质心的位置,以及 N_2 和 O_2 的粒子数密度等。三是计算中把地磁场的影响作为独立影响因子,地磁场的影响因子可能略大。因此综合考虑多种影响因素,式(3.33)的自发辐射速率具有合理性。

3.4.3　宽带激光的反冲与下泵浦效应

与单一频率激光相比较,为了实现激光与所有不同运动速率的钠原子共振,宽带激光(单模)的光强分布随多普勒频移变化,呈现高斯分布:

$$I(\nu_{\mathrm{D}}) = I_0 \frac{(4\ln 2/\pi)^{\frac{1}{2}}}{\delta\nu_{\mathrm{D}}^{l}} \exp\left[-\frac{4\ln 2\nu_{\mathrm{D}}^{2}}{(\delta\nu_{\mathrm{D}}^{l})^{2}}\right] \tag{3.34}$$

式中,I_0 为总入射光强,$\delta\nu_{\mathrm{D}}^{l}$ 为光强分布对应的带宽,则宽带激光与钠原子相互作用并达到稳态(恒定)时的共振激发态概率为

$$p_2(\nu_{\mathrm{D}}) = \frac{I(\nu_{\mathrm{D}})/(2I_{\mathrm{sat}})}{1+16\left[\pi\tau(\nu_{\mathrm{D}}'-\nu_{\mathrm{D}})\right]^2 + I(\nu_{\mathrm{D}})/I_{\mathrm{sat}}} \tag{3.35}$$

式中,ν_{D}'是相对于 ν_{D} 的多普勒频移。

取 $I_0 = 63\ \mathrm{W\cdot m^{-2}}$,带宽 $\delta\nu_{\mathrm{D}}^{l} = 500$ MHz,多普勒频移区间取 −1～1 GHz。图3.24模拟了宽带激光与钠原子作用钠原子激发态概率的分布(下方曲线),纵坐标为对数取值,图中上方曲线为单一频率激光与钠原子作用产生的钠原子激发态概率。

由图3.24可以看出在光强同为 $I_0 = 63\ \mathrm{W\cdot m^{-2}}$时,宽带 $\delta\nu_{\mathrm{D}}^{l} = 500$ MHz 激光作用下的激发态概率要比单一频率激光小约 10^7 倍。因此在低光强下,宽带激光激发钠原子的效率很低,减小带宽可以增大激发态概率。

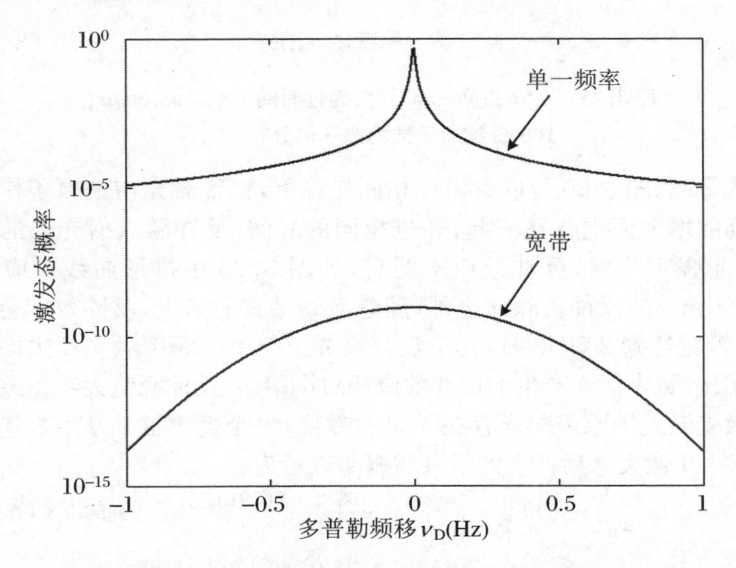

图3.24　宽带与单一频率激光产生的钠原子激发态概率

当宽带激光与钠原子作用时,由于钠原子要吸收光子而产生反冲效应,每一个钠原子的反冲频移仍然约为 50 kHz。对于一定频率宽度的速率群,其共振激发态概率为

$$\begin{cases} P_{F=2\to F'=2} = \dfrac{I(58.3\times 10^6)/(2I_{sat})}{I+I(58.3\times 10^6)/I_{sat}} \otimes \dfrac{I(58.3\times 10^6)/(2I_{sat})}{1+16[\pi\tau(\nu'_D-58.3\times 10^6)]^2+I(58.3\times 10^6)/I_{sat}} \\ P_{F=2\to F'=1} = \dfrac{I(92.7\times 10^6)/(2I_{sat})}{I+I(92.7\times 10^6)/I_{sat}} \otimes \dfrac{I(58.3\times 10^6)/(2I_{sat})}{1+16[\pi\tau(\nu'_D-58.3\times 10^6)]^2+I(58.3\times 10^6)/I_{sat}} \end{cases} \tag{3.36}$$

下面取光强的分布带宽 $\delta\nu_D^I = 40$ MHz,多普勒频移区间为 $-1\sim1$ GHz,$\Delta\nu_D = 10^4$ Hz,共有 200001 个速率群。反冲效应造成的钠原子数归一化分布如图 3.25 和图 3.26 所示。

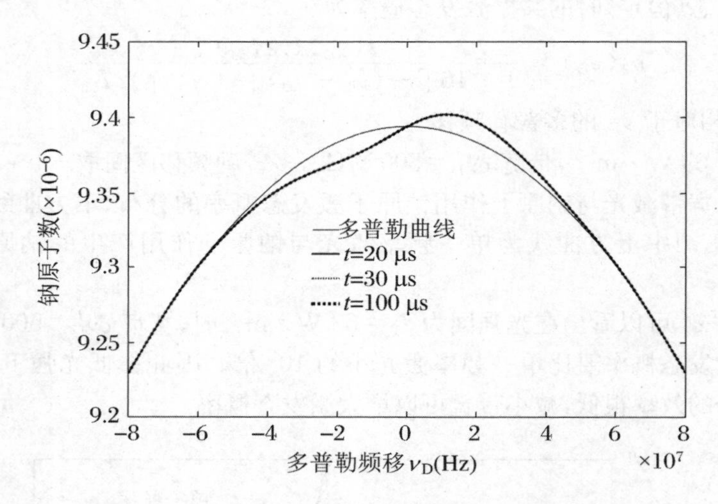

图 3.25　$I = 630$ W · m^{-2} 时,经过时间 $t = 20$ μs、30 μs、100 μs 钠原子数的归一化分布

由图 3.25 和图 3.26 可以看出在相同光强下,宽带激光与钠原子作用产生的反冲随时间的增大而重叠在一起;经过相同的时间,反冲随入射光强的增大而增大。但是,光强很小时,反冲效应不明显,如图 3.26 中拱形曲线对应饱和光强 $I_{sat} = 63$ W · m^{-2} 的反冲。除此之外,随着激光带宽的增大,反冲效应会越来越微弱,当激光带宽达到 2 GHz 时,几乎没有反冲。与单一频率激光产生的反冲效应(图3.19)相比,宽带激光产生的反冲效应相对小很多,反冲峰值大约相差数倍。

宽带激光激发钠原子同样存在下泵浦效应,每个速率群从 $F=2$ 基态跃迁到 $F'=2$ 和 $F'=1$ 激发态后产生的下泵浦概率表示为

$$\begin{cases} P_{F=2\to F'=2}(\Delta\nu_D) = \int_{\Delta\nu_D} p_2(\nu_D)d\nu_D = \int_{\nu1}^{\nu_1+\Delta\nu_D}\left[\dfrac{I(58.3\times 10^6)/(2I_{sat})}{1+I(58.3\times 10^6)/I_{sat}} \otimes p_2(58.3\times 10^6-\nu_D)d\nu_D\right] \\ P_{F=2\to F'=1}(\Delta\nu_D) = \int_{\Delta\nu_D} p_2(\nu_D)d\nu_D = \int_{\nu1}^{\nu_1+\Delta\nu_D}\left[\dfrac{I(92.7\times 10^6)/(2I_{sat})}{1+I(92.7\times 10^6)/I_{sat}} \otimes p_2(92.7\times 10^6-\nu_D)d\nu_D\right] \end{cases} \tag{3.37}$$

式中，符号⊗表示对后一项进行最大值归一化后与前一项相乘。在考虑反冲效应的同时，图 3.27 模拟了 3 种宽带 $\delta\nu_D^l = 40$ MHz、100 MHz、1 GHz，在不同光强下经过时间 $t = 100\ \mu s$ 产生的下泵浦效应。

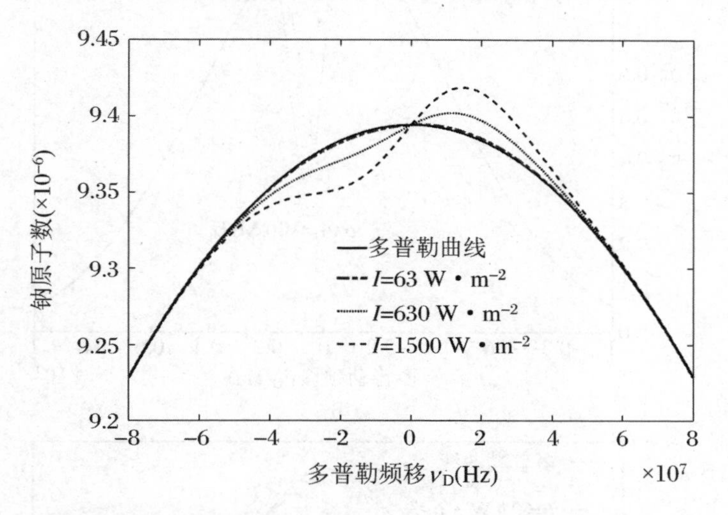

图 3.26　经过时间 $t = 100\ \mu s$，$I = 63\ W \cdot m^{-2}$、$630\ W \cdot m^{-2}$、$1500\ W \cdot m^{-2}$ 钠原子数的归一化分布

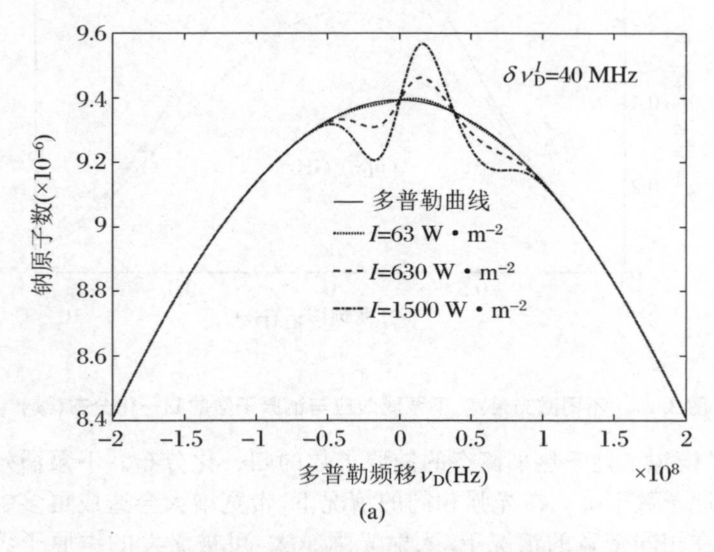

图 3.27　不同激光带宽，下泵浦效应与钠原子数的归一化分布

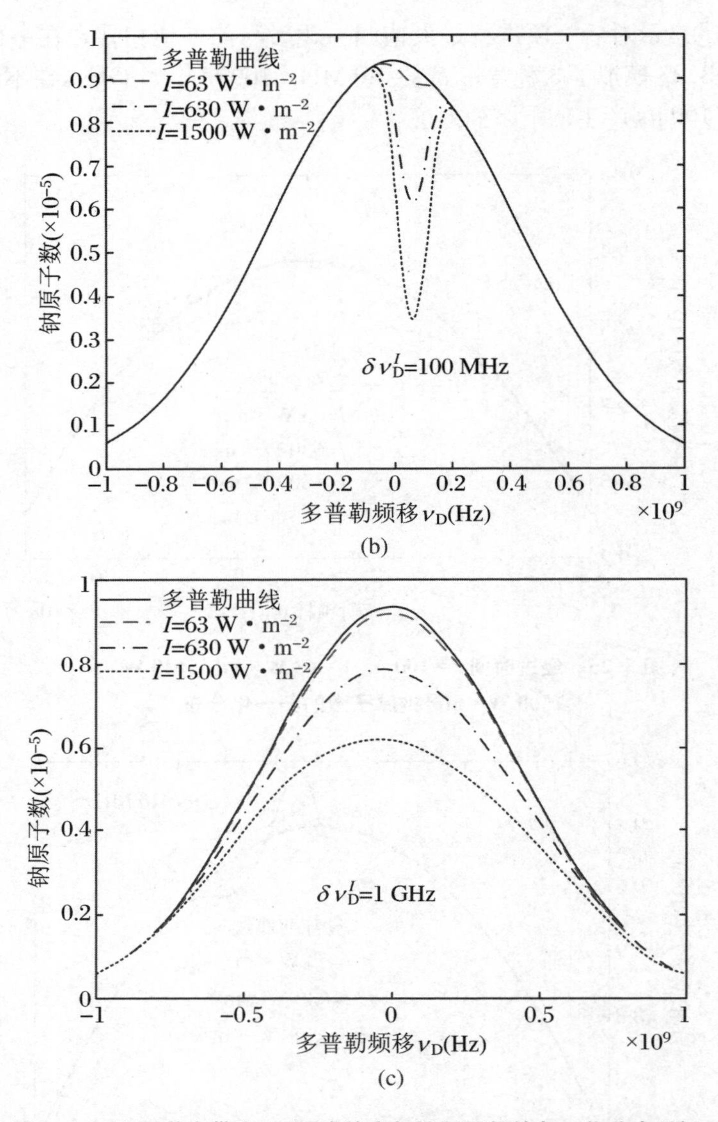

图 3.27　不同激光带宽,下泵浦效应与钠原子数的归一化分布(续)

图 3.27 模拟了处于热平衡态的钠原子数的归一化分布。下泵浦效应造成可被激发的钠原子数下降。在光强相同的情况下,带宽增大会造成更多钠原子陷入 $F=1$ 基态;在相同带宽的情况下,入射光强越大,可被激发的钠原子数丢失也越多。因此,反冲和下泵浦效应降低了钠原子的激发态概率,减小了钠原子激发态的自发辐射速率。

从以上分析来看,扩展激光带宽的同时,加入再泵浦能量,把陷入 $F=1$ 基态的钠原子激发到 $F=2$ 基态,有利于降低反冲效应,提高钠原子的激发态概率和自发辐射速率(Liu X,2021)。

3.5　长脉冲圆偏振激光激发钠导星回波光子数的计算与分析

采用长脉冲圆偏振激光激发钠导星有利于获得较高的激光发射峰值功率，能够有效避免低层大气的瑞利散射，几微秒的长脉冲有利于减小激光钠导星光斑的拉长，因此钠导星-自适应光学系统选择长脉冲激光激发钠导星是有益的。但是长脉冲在与钠层作用的过程中必须考虑反冲、下泵浦及地磁场的不利影响，除此之外，还要考虑不同脉冲格式与光谱结构对激发钠导星回波光子数的影响。霍尔兹洛纳等人在这一方面进行过较多研究。但是他们的研究都忽略了激光光强在大气中间层的随机分布和大气湍流强度对回波光子数的影响。

3.5.1　长脉冲圆偏振激光与钠原子作用的理论分析

相关的理论和实验研究都表明采用单一频率的圆偏振光与钠原子作用，能够使多能级跃迁转变为二能级跃迁，因此能够用二能级光学布洛赫(Bloch)方程求解钠原子的激发态概率。进一步研究表明在钠原子泵浦与衰减过程中，在共振激发的同时存在近共振，造成下泵浦效应。由于在激光与钠原子作用的过程中，钠原子吸收光子产生反冲效应，造成钠原子的多普勒频移会增加 50 kHz。地磁场能够造成钠原子的拉莫尔进动，削弱了激光与钠原子作用激发态概率的增长。

根据以上结论，当激光入射到大气的中间层时，会照亮钠层的一定区域。考虑激光由地面入射到大气的中间层，激光会受到大气的吸收和散射以及大气湍流的影响，激光光强在大气的中间层呈现随机分布的特征(饶瑞中，2012)，此时，中间层激光钠导星单位立体角的后向辐射光子数为

$$\varphi = \beta' C_{\mathrm{Na}} R_p \sum_i \Delta S_i (\tau_p + \tau)(1 - 0.6552\sin\theta)\frac{R}{4\pi} \tag{3.38}$$

式中，β'为后向回波系数，对于圆偏振光取 1.5，ΔS_i 表示激光照射钠层的微小面积，C_{Na}为钠层柱密度，τ_p 为长脉冲的宽度，R_p 为长脉冲的重复率，R 是钠原子自发辐射速率。假设激光垂直地面发射，则望远镜接收面上单位时间、单位面积内的回波光子数为

$$\Phi = \frac{T_0 \varphi}{L^2} \tag{3.39}$$

式中，T_0 为垂直方向大气透过率，L 为接收面到钠层中心的高度。如果只关心每个脉冲激光激发钠导星的回波光子数，则面积为 A_a 的望远镜接收面上获得的回波光子数为

$$\Phi_A = T_0\beta' C_{\mathrm{Na}} A_a \sum_i \Delta S_i(\tau_p + \tau)(1 - 0.6552\sin\theta)\frac{R}{4\pi L^2} \tag{3.40}$$

式中,$A_a = \pi r^2$,r 为望远镜的半径。实际应用激光钠导星时,激光常常沿倾斜方向传输,此时的天顶角为 ζ,在激光入射点位置钠层柱密度为 $C_{\mathrm{Na}}\sec\zeta$,激光照射的很小面积为 $\Delta S_i \sec\zeta$,激光传输的距离为 $L\sec\zeta$,大气透过率为 $T = T_0^{\sec\zeta}$,因此激光斜程传输时望远镜接收面上单位时间、单位面积得到的激光钠导星回波光子数为

$$\Phi = T_0^{\sec\zeta}\beta' C_{\mathrm{Na}} R_p \sum_i \Delta S_i(\tau_p + \tau)(1 - 0.6552\sin\theta)\frac{R}{4\pi L^2} \tag{3.41}$$

如果只计算单脉冲激光激发的回波光子数,则计算式为

$$\Phi = T_0^{\sec\zeta}\beta' C_{\mathrm{Na}} \sum_i \Delta S_i(\tau_p + \tau)(1 - 0.6552\sin\theta)\frac{R}{4\pi L^2} \tag{3.42}$$

由式(3.41)和式(3.42)可知,当激光斜程传输时,激光大气传输的大气透过率和钠层柱密度发生了变化,其中,C_{Na} 为激光入射点处钠层沿垂直方向的柱密度,θ 也会随 ζ 的改变而改变。自发辐射速率 R 实际上与激光照射钠层的光强及钠层的特性有关。

3.5.2 单一频率长脉冲激光激发钠导星回波光子数的数值模拟

单一频率激光的带宽可以看作 0 MHz,根据式(3.39)和式(3.41),计算单一频率激光激发钠导星的回波光子数,需要知道激光与钠原子作用的自发辐射速率 R。但是自发辐射速率的数值计算与长脉冲的宽度有关,对于脉冲宽度 $\tau_p \geqslant 100\ \mu\mathrm{s}$ 的长脉冲,取 $n\tau = 100\ \mu\mathrm{s}$。根据式(3.32),采用数值计算与数值拟合的方法能够得到单位钠原子自发辐射速率。假设多普勒频移范围取 $-1\sim1$ GHz,$\Delta\nu_{\mathrm{D}} = 10^4$ Hz,总共有 200001 个速率群。图 3.28 模拟了 $I = 0\sim150\ \mathrm{W\cdot m^{-2}}$,单位钠原子经过时间 100 μs 的自发辐射速率(用○表示),并给出了数值拟合曲线。

通过数值计算和图 3.28 曲线拟合的结果,可以得到 $n\tau = 100\ \mu\mathrm{s}$ 时单位钠原子自发辐射速率:

$$R = 3.82 \times 10^3 \frac{I}{1 + I/88} \tag{3.43}$$

尽管特勒等(2008)应用单一频率连续激光激发钠导星获得了良好的实验结果,但是单模单一频率长脉冲激光的实际应用尚未见公开报道。罗切斯特(Rochester)等人研究过一种 TIPC(Technical Institute of Physics and Chemistry)激光器,其脉冲宽度为 120 μs,但实际上它是一种单一频率多模激光器。为了便于比较,这里取罗切斯特等人研究激光钠导星回波光子数的参数,假设激光为单一频率来进行计算,具体见表 3.4。

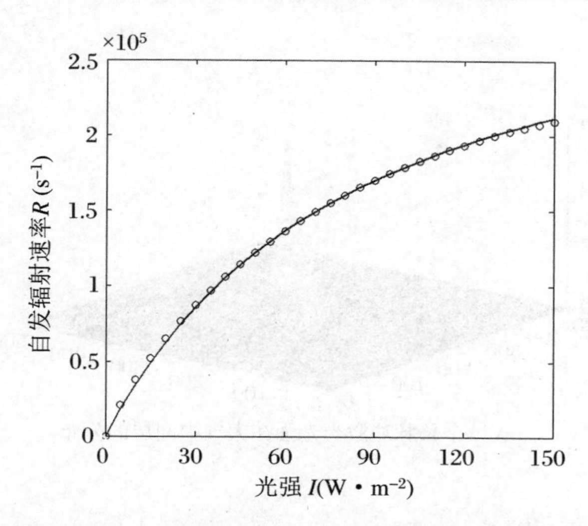

图 3.28　光强 $I=0\sim150\ \mathrm{W\cdot m^{-2}}$，经过 100 μs 的单位钠原子的自发辐射速率和数值拟合曲线

表 3.4　罗切斯特等人的研究参数

变量名	符号	取值	变量名	符号	取值
发射功率	P	20 W	脉冲宽度	τ_p	120 μs
激光中心波长	λ	589.159 nm	钠层中心高度	L	92 km
重复频率	R_p	800 Hz	激光束天顶角	ζ	0°/30°
地球磁场天顶角	θ	126°18′	光束质量因子	β	1.2
激光偏振	Circular	+1	发射直径	D	40 cm
大气透过率	T_0	0.84	钠层柱密度	C_{Na}	$4\times10^9\ \mathrm{cm^{-2}}$
地磁场	B	0.334 Gs	后向散射系数	β'	1.5

应用表 3.4 中的数据，假设长脉冲为方波线形，计算一个长脉冲的平均发射功率 $\bar{P}=\dfrac{P}{R_p\tau_p}=208$ W。以此为入射到大气的功率，应用安光所的 CLAP 软件模拟高斯光束垂直地面、准直发射到达大气中间层钠层中心的光强分布，选择 3 种大气湍流模式，分别为 HV5/7 模式、Greenwood 模式和 Mod-HV 模式，作为已知条件，然后根据式(3.38)模拟大气中间层激光钠导星后向辐射光子数的分布，$\zeta=0°$，如图 3.29～图 3.31 所示(随机抽样一次的模拟结果)。

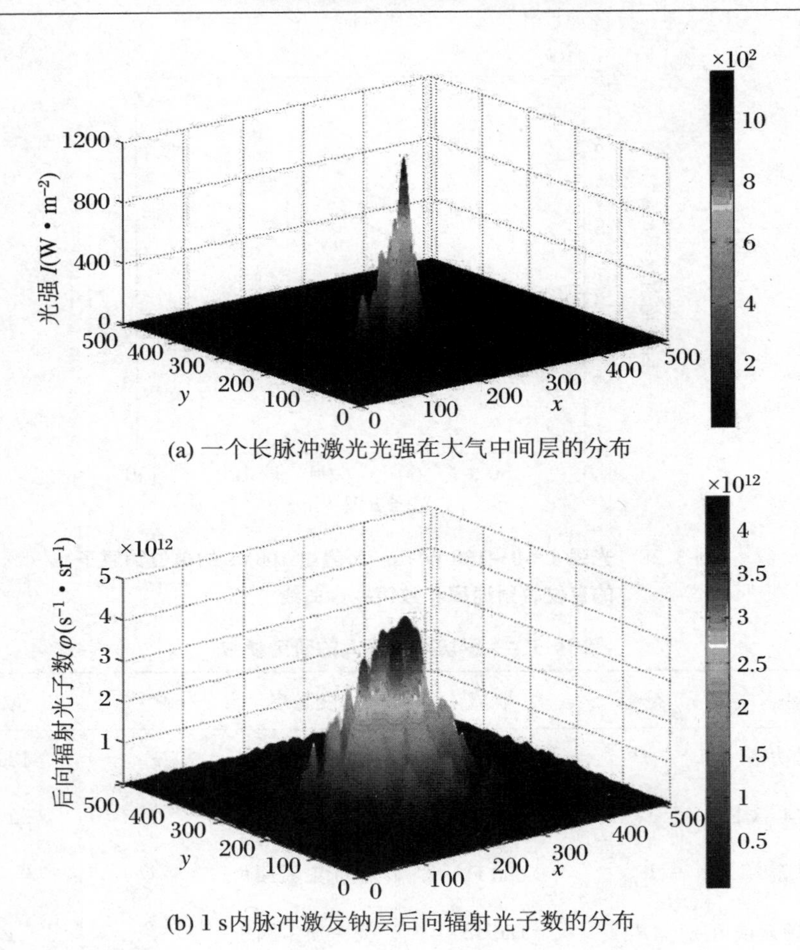

(a) 一个长脉冲激光光强在大气中间层的分布

(b) 1 s内脉冲激发钠层后向辐射光子数的分布

图 3.29　HV5/7 大气湍流模式下

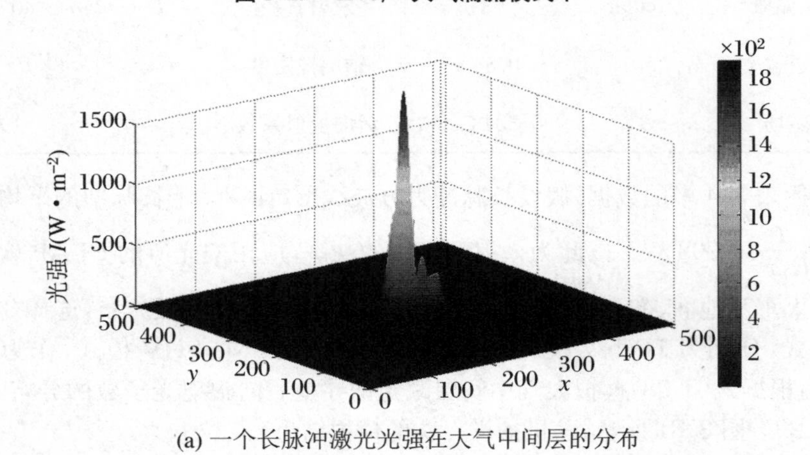

(a) 一个长脉冲激光光强在大气中间层的分布

图 3.30　Greenwood 大气湍流模式下

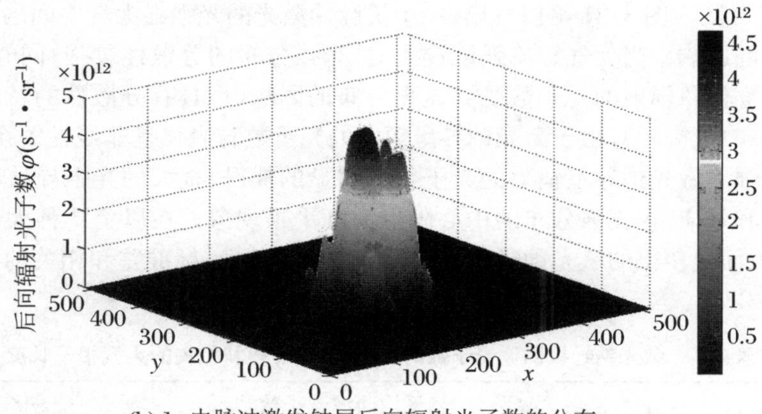

(b) 1 s内脉冲激发钠层后向辐射光子数的分布

图 3.30　Greenwood 大气湍流模式下(续)

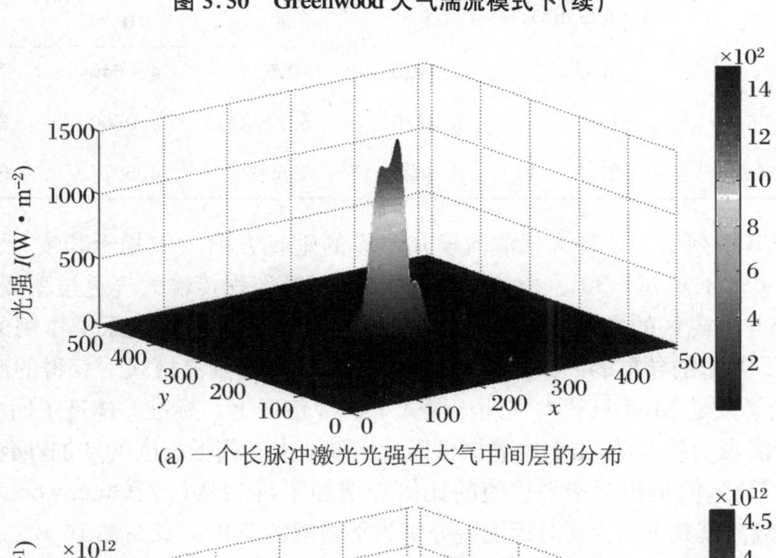

(a) 一个长脉冲激光光强在大气中间层的分布

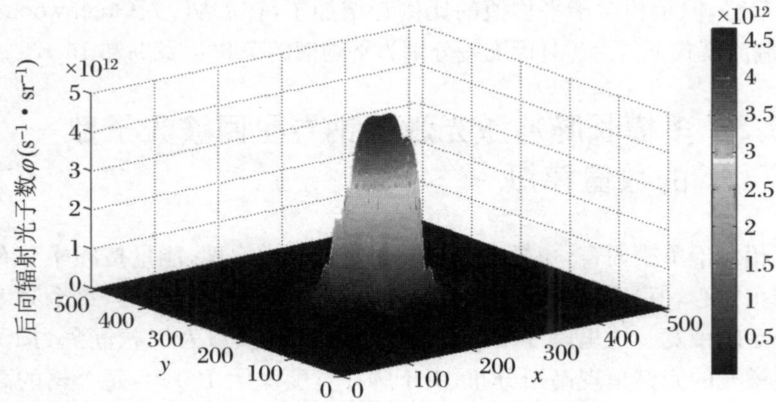

(b) 1 s内脉冲激发钠层后向辐射光子数的分布

图 3.31　Mod-HV 大气湍流模式下

由图3.29～图3.31可以看出，一个长脉冲激光的光强在大气中间层的分布受大气湍流的影响。当大气湍流强度较大时，光强分布的分散性较强；同时，激光钠导星单位立体角辐射的光子数受到光强分布的影响，也具有分散性的特征。根据式(3.38)和式(3.42)，由于激光钠导星辐射的光子数与光强呈非线性关系，因此在较低的光强下激光钠导星辐射的光子数有明显的提升；很大的光强导致辐射光子数出现饱和效应，在光强分布的中心附近出现平顶现象。在以上3种大气湍流模式下，接收面上获得的激光钠导星回波光子数的平均值、标准差和相关的大气相干长度见表3.5。

表3.5 激光钠导星回波光子数的平均值、标准差和相关的大气相干长度

大气湍流模式	大气相干长度 r_0(cm) ($\lambda=589$ nm)	平均回波光子数 $\overline{\Phi}\times10^6(\mathrm{s^{-1}\cdot m^{-2}})$		标准差 $\sigma_\Phi\times10^5(\mathrm{s^{-1}\cdot m^{-2}})$	
		0°	30°	0°	30°
HV5/7	6.0	6.1425	10.654	4.7645	7.1258
Greenwood	15.5	3.2720	5.7490	3.9300	6.4097
Mod-HV	21.8	2.6825	4.5909	4.5076	5.6938

表3.5中列出了3种大气湍流模式对应的垂直方向大气相干长度，当$\zeta=30^\circ$时，$\theta=180^\circ-126.3^\circ-30^\circ$。由表中数据可知，尽管斜程传输大气透过率变小了，但是激光束与地磁场的夹角θ也变小了，总体上减小了激光与钠原子作用的不利影响，增加了激光钠导星的回波光子数。在HV5/7大气湍流模式下获得的激光钠导星回波光子数是Mod-HV大气湍流模式下的2倍以上。标准差体现了回波光子数受大气湍流影响的波动，由表中数据可以看出随着大气相干长度的增加，回波光子数有减小的趋势，但是相对于平均值的比例却增加了，在HV5/7、Greenwood和Mod-HV大气湍流模式下，$\zeta=0^\circ$时标准差分别为平均值的7.8%、12%和16.8%。

3.5.3 多模长脉冲激光激发钠导星回波光子数的数值模拟

多模相对于单模而言，单模激光具有一定的光谱宽度，能量按频率分布只有一个频率分布中心，但是多模激光的能量分布有多个频率分布中心，每个频率分布中心对应一定的带宽。这里以TIPC激光器为例，已知模数为3，模间隔为150 MHz，假设多模激光的光谱呈现高斯分布，由于脉冲宽度$\tau_p=120\ \mu\mathrm{s}$，每个模的高斯线形半宽度为$\delta\nu_0=\dfrac{2\ln 2}{\pi\tau_p}=3.7\ \mathrm{kHz}$。假设激光光谱包络为高斯线形，包络的峰值半宽度为$\delta\nu_b=1\ \mathrm{GHz}$，则激光能量按照频率分布(Gagné，2013)为

$$P(\nu) = P(0)\exp\left[-4\ln 2\left(\frac{\nu}{\delta\nu_b}\right)^2\right]\sum_{j=-k}^{+k}\exp\left[\frac{-4\ln 2(\nu - j\nu_1)^2}{\delta\nu_0^2}\right] \quad (3.44)$$

式中，j 代表模，k 取整数，ν_1 为模间距，$\nu_1 = 150$ MHz。令 $\nu = \nu_D$，当 $k = 1$ 时，满足罗切斯特等人研究的激光能量分布，如图3.32所示。

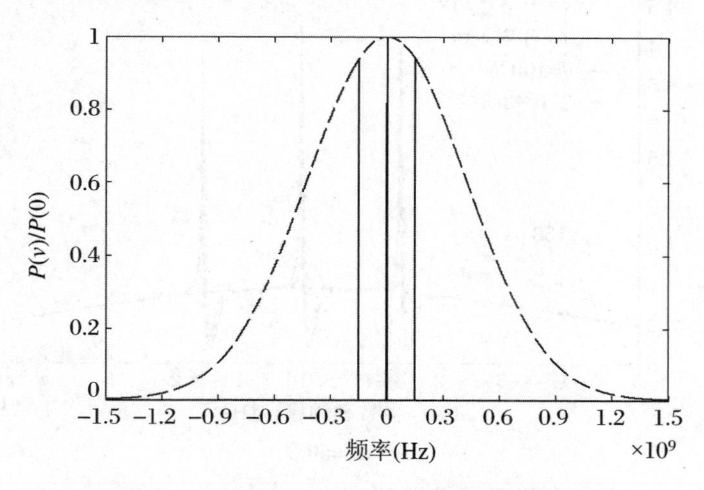

图3.32　$\delta\nu_0 = 3.7$ kHz 时激光能量按频率分布

图3.32中的虚线为包络线。由于每个模的半宽度很小，所以看起来模的宽度像一条线，属于窄带。根据式(3.44)，能够进一步得到激光照射的一定区域内光强的频谱分布为

$$I(\nu) = I(0)\exp\left[-4\ln 2\left(\frac{\nu}{\delta\nu_b}\right)^2\right]\sum_{j=-k}^{+k}\exp\left[\frac{-4\ln 2(\nu - j\nu_1)^2}{\delta\nu_0^2}\right] \quad (3.45)$$

根据式(3.45)的包络线形 $I(\nu) = I(0)\exp\left[-4\ln 2\left(\frac{\nu}{\delta\nu_b}\right)^2\right]$，得到图3.32中3个模对应的光强峰值之比 $I_f(-\nu_1):I_f(0):I_f(\nu_1) = 1:1.0638:1$，求得3个模所占的总光强的比值 $I_{\text{sum}}(-\nu_1):I_{\text{sum}}(0):I_{\text{sum}}(\nu_1) = 32.6\%:34.8\%:32.6\%$。

在知道三模光强频率分布的情况下，把每条光谱线看作单一频率激光，应用式(3.30)～式(3.32)能够分析激光与钠原子作用的反冲与下泵浦效应。图3.33模拟了不同入射光强下，经过不同的时间，钠原子数随多普勒频移的归一化分布。

由图3.33可知，在一定的光强下，反冲造成钠原子数频移随时间的增加而增大；经过相同的时间，反冲造成钠原子数频移随着光强的增加而增大，结果造成更多的钠原子在更高的多普勒频移区间上堆积。

在考虑反冲的情况下，根据式(3.31)以及热平衡态下钠原子数的多普勒分布曲线，图3.34模拟了不同光强下，经过100 μs，钠原子在丢失 $F = 2$ 基态的情况下钠原子数的分布。

图3.34(a)的多普勒区间为-1～1 GHz，图3.34(b)是图3.34(a)的部分放大。图中显示了热平衡态时钠原子的归一化分布，$F = 2$ 基态钠原子在平衡态时的

分布，以及 $F=2$ 基态丢失情况下的钠原子数变化曲线。由图 3.34 可以看出，反冲和下泵浦效应造成钠原子基态丢失随光强的增大而增加。

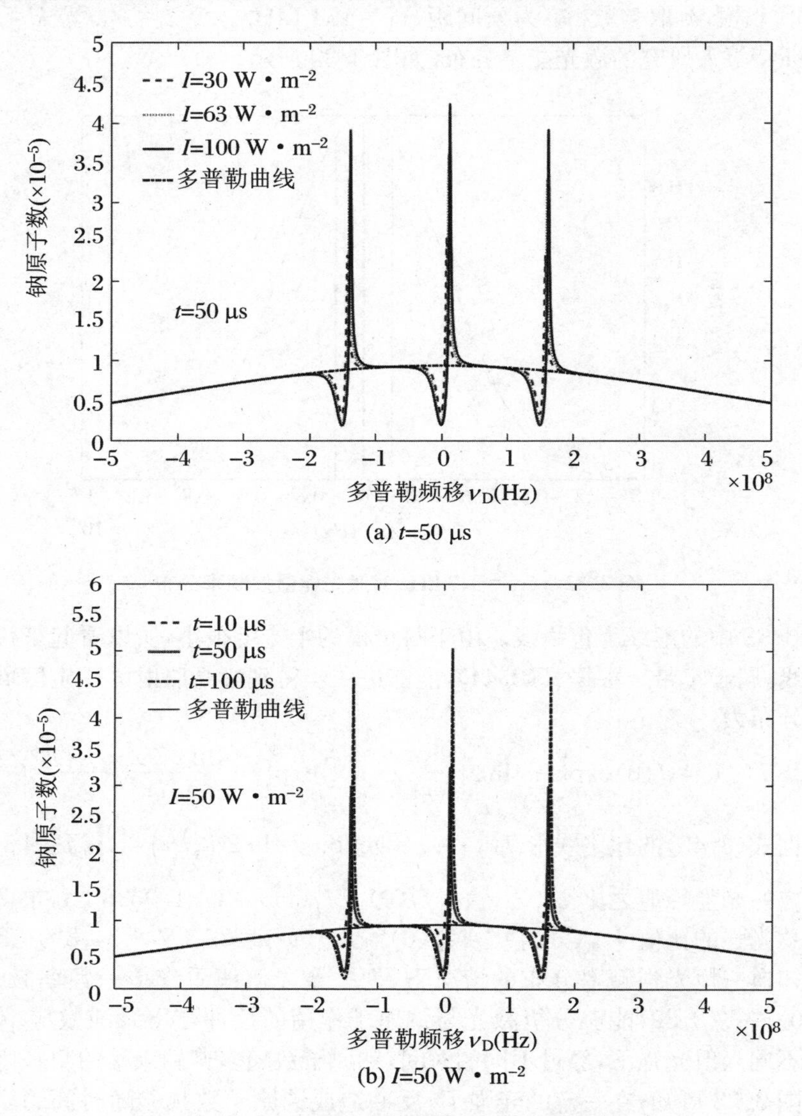

图 3.33　钠原子数随多普勒频移的变化

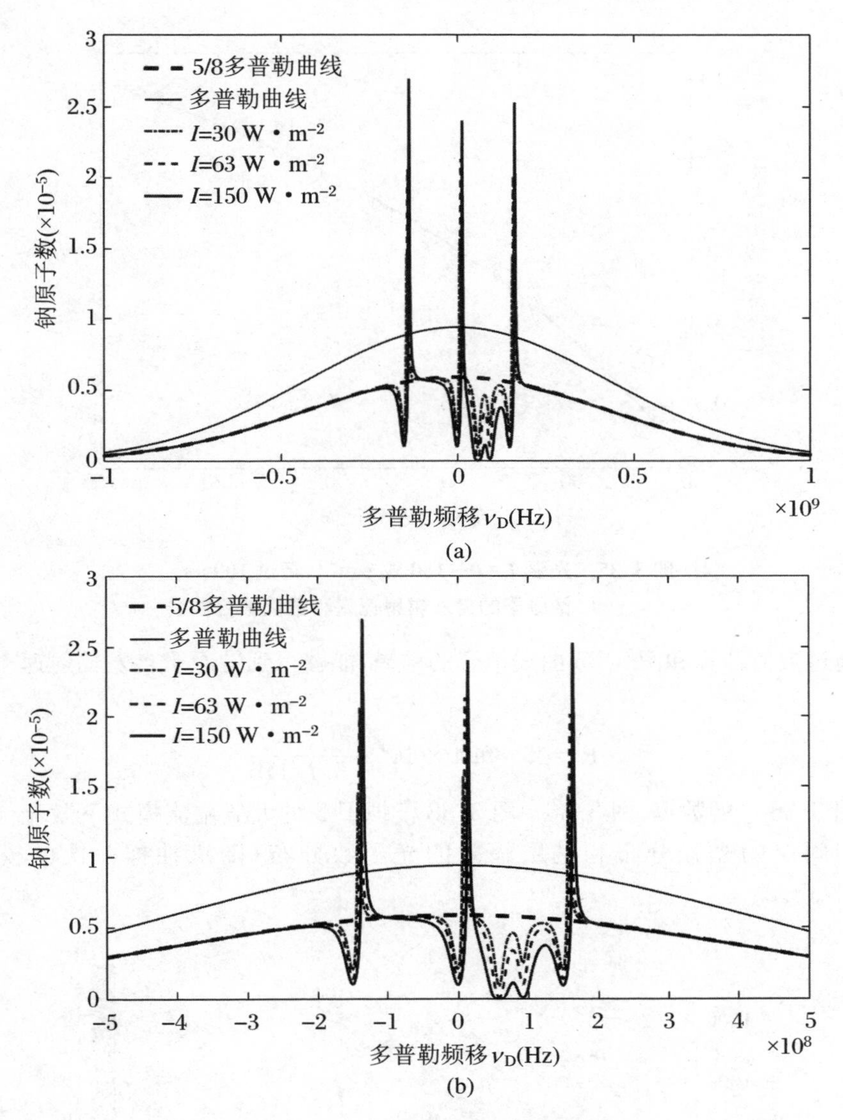

图 3.34　$t=100\ \mu s$ 时不同光强下钠原子数归一化分布随多普勒频移的变化

根据式(3.32),采用与上述钠原子自发辐射速率相同的计算方法,图 3.35 模拟了三模长脉冲激光激发单位钠原子的自发辐射速率。

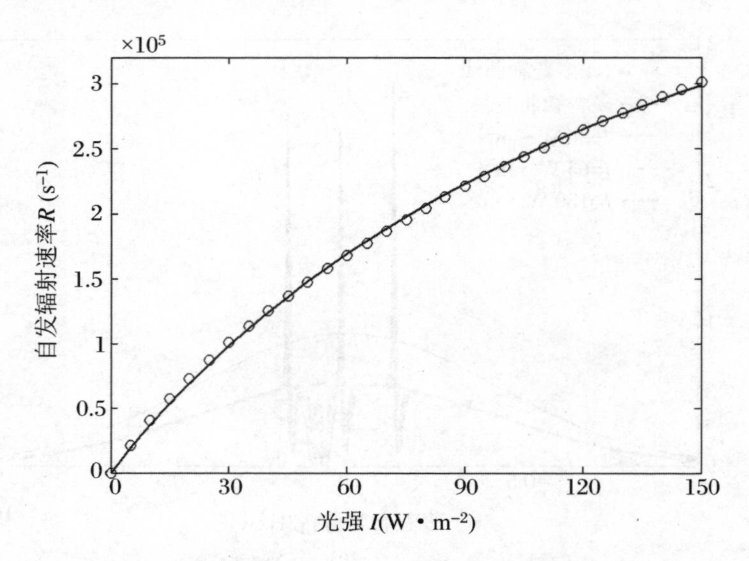

图 3.35　光强 $I=0\sim150\ \mathrm{W\cdot m^{-2}}$,经过 100 μs,钠原子的自发辐射速率和数值拟合曲线

通过数值计算和图 3.35 曲线拟合的结果,能够得到钠原子自发辐射速率的表达式:

$$R = 3.8994 \times 10^3 \frac{I}{1 + I/176} \tag{3.46}$$

应用图 3.35 中的数据,图 3.36～图 3.38 模拟了 3 种大气湍流模式下激光传输到大气中间层的光强分布和钠层辐射的光子数分布(随机抽样一次的模拟结果),$\zeta=0^\circ$。

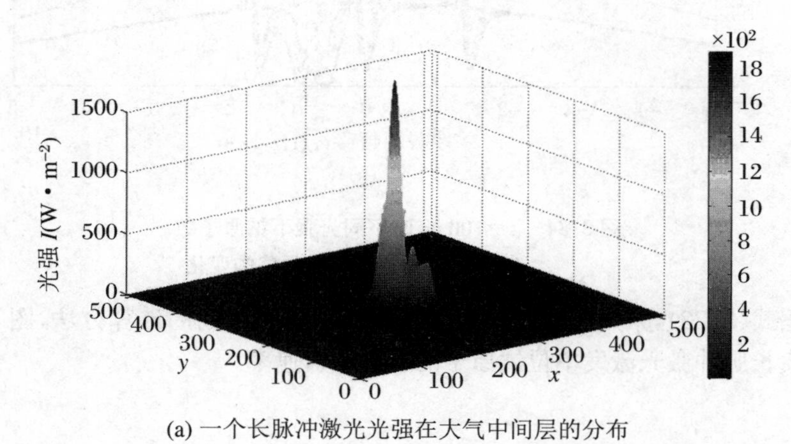

(a) 一个长脉冲激光光强在大气中间层的分布

图 3.36　HV5/7 大气湍流模式下

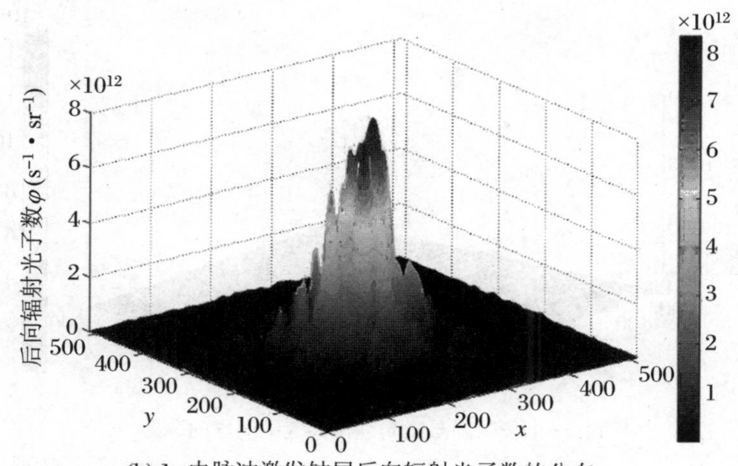

(b) 1 s内脉冲激发钠层后向辐射光子数的分布

图 3.36　HV5/7 大气湍流模式下(续)

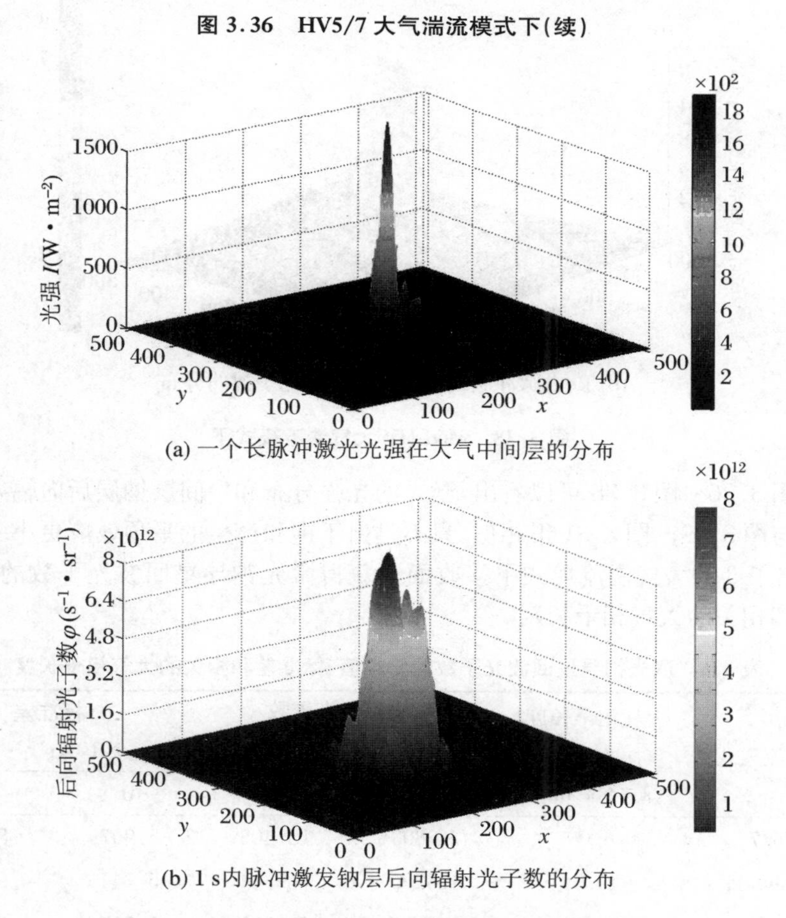

(a) 一个长脉冲激光光强在大气中间层的分布

(b) 1 s内脉冲激发钠层后向辐射光子数的分布

图 3.37　Greenwood 大气湍流模式下

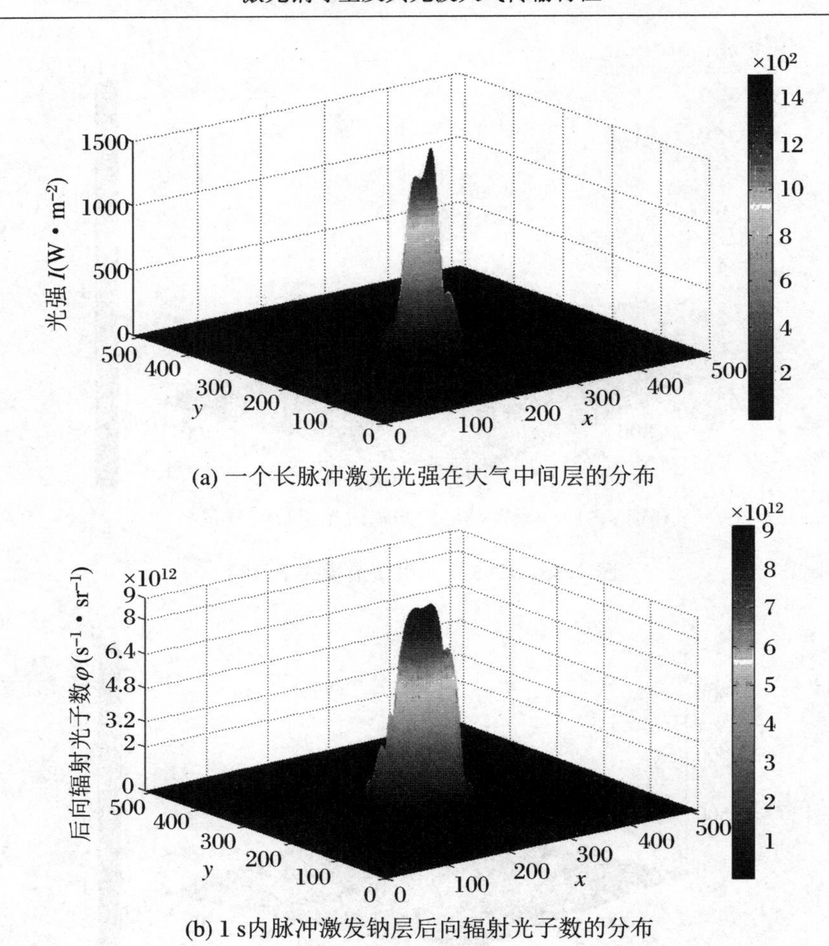

(a) 一个长脉冲激光光强在大气中间层的分布

(b) 1 s内脉冲激发钠层后向辐射光子数的分布

图 3.38　Mod-HV 大气湍流模式下

由图 3.36～图 3.38 可以看出，激光的光强分布和中间层钠层后向辐射光子数的分布与图 3.29～图 3.31 很相似，只不过由于饱和产生的平顶效应更小一些。表 3.6 给出了 3 种大气湍流模式下接收面上获得激光钠导星回波光子数的平均值、标准差和相关的大气相干长度。

表 3.6　激光钠导星回波光子数的平均值、标准差和相关的大气相干长度

大气湍流模式	大气相干长度 r_0(cm) ($\lambda = 589$ nm)	平均回波光子数 $\overline{\Phi}\times10^6(\mathrm{s^{-1}\cdot m^{-2}})$		标准差 $\sigma_\Phi\times10^5(\mathrm{s^{-1}\cdot m^{-2}})$	
		0°	30°	0°	30°
HV5/7	6.0	7.9803	13.405	5.9079	8.0425
Greenwood	15.5	4.6205	7.9344	5.7445	9.2771
Mod-HV	21.8	3.8064	6.5516	5.5654	8.6433

在模拟数据相同的情况下，表 3.6 与表 3.5 比较，激光钠导星回波光子数的平均值在三模光谱激光情况下较高，标准差也较大。这与激光的光谱结构有关并且三模的间隔为 150 MHz，较好地削弱了下泵浦效应。在 $\zeta=0^{\circ}$ 的情况下，在 HV5/7、Greenwood 和 Mod-HV 大气湍流模式下，标准差分别为平均值的 7.4%、12.4% 和 14.6%。除此之外，能够看到地磁场对激光钠导星回波光子数产生了很大的影响。另外，以上计算没有考虑钠原子碰撞产生的积极影响(刘向远等，2013b)。

通过以上数值计算和分析可以看出，除了地磁场、反冲和下泵浦之外，激光的光谱结构也能够影响激光钠导星回波光子数。从以上计算数据来看，这里研究的三模光谱结构的激光激发钠导星比单模单一频率激光能够增加约 30% 回波光子数。

3.6　宏-微脉冲激光激发钠导星回波光子数的数值模拟

激光钠导星应用于自适应光学系统必须有足够多的后向回波光子数，而激光钠导星回波光子数的激发与激光脉冲格式有着密切的关系。在诸多脉冲激光中，宏-微脉冲激光能够有效地激发大气中间层的钠原子，获得较多的回波光子(Holzlöhner et al.，2012)。在这一方面进行过较多研究的有米隆尼等人，但这些研究都忽视了激光光强在大气中间层的随机分布特征，没有考虑大气湍流等因素对激光钠导星回波光子数的影响。

3.6.1　宏-微脉冲激光与钠原子作用的理论分析

宏-微脉冲激光由宏脉冲和微脉冲组成，宏脉冲包含几千至上万个微脉冲，微脉冲一般为高斯线形。宏脉冲既有高斯线形的，也有方波线形的。微脉冲的半峰值全宽 τ_p 一般小于或等于 1 ns，光谱宽度约为 3 GHz。微脉冲间隔 t_r 小于 16 ns。采用中心波长为 589.159 nm 的圆偏振激光与钠原子作用，这个过程可以用二能级光学 Bloch 方程来描述(Stephen，2010)。

当宏-微脉冲激光与钠原子相互作用时，其作用的物理过程可以用密度矩阵运动方程来描述。布拉德利(Bradly)应用 24 能级密度矩阵方程研究了宏-微脉冲激光激发钠原子激发态概率的时间演变，发现经过相位调制的右旋圆偏振激光能够快速有效地把钠原子泵浦到 $3^2P_{3/2}(3,3)$ 态，而处于其他态的钠原子随之快速减少。莫里斯研究脉冲宽度 30 ns～0.9 μs 的右旋圆偏振激光与钠原子的作用，结果表明经过相位调制的宽带激光能够维持钠原子在 $3^2S_{1/2}(2,2)$ 与 $3^2P_{3/2}(3,3)$ 态之间的跃迁，并且几乎能够泵浦所有的钠原子进入 $3^2P_{3/2}(3,3)$ 态。米隆尼和托德认为，比

1 ns 短的脉冲激光与钠原子作用，可以忽略钠原子的超精细结构，此时二能级模型是一个很好的近似。因此，应用二能级光学 Bloch 方程描述宏-微脉冲圆偏振激光与钠原子的相互作用是合适的，其表达式如下：

$$\begin{aligned}\dot{u} &= -(\bar{\omega}-\omega)\upsilon-\frac{\gamma u}{2}\\ \dot{\upsilon} &= (\bar{\omega}-\omega)u+\frac{\mu E_0}{h}w-\frac{\gamma\upsilon}{2}\\ \dot{w} &= -\frac{\mu E_0}{h}\upsilon-(w-w_0)\gamma\end{aligned}\tag{3.47}$$

式中，u、υ 为密度矩阵非对称矩阵元，E_0 表示光场，μ 为电偶极矩，γ、$\frac{\gamma}{2}$分别为纵向、横向衰减系数，$\gamma=\frac{1}{\tau}=\frac{1}{16}$ ns，τ 为钠原子激发态寿命，$\bar{\omega}$ 为辐射光的圆频率，ω 为入射光场的圆频率，$w=p_2-p_1$，$w_0=-1$，p_2 是激发态概率，p_1 为基态概率。当宏-微脉冲激光与钠原子作用时，激光光场与钠原子作用产生共振，则 $\bar{\omega}-\omega=0$。在钠原子吸收光子的激发阶段，忽略衰减，能够得到以下方程：

$$\dot{u}=0,\quad \dot{\upsilon}=\frac{\mu E_0}{h}w,\quad \dot{w}=-\frac{\mu E_0}{h}\upsilon\tag{3.48}$$

求解方程(3.48)，当 $0\leqslant t\leqslant\tau_p$ 时，能够得到(Temkin，1993)

$$\begin{aligned}u &= u(t)\\ \upsilon &= \upsilon(t)\cos(\Omega t)+2p_2(t)\sin(\Omega t)-\sin(\Omega t)\\ p_2 &= -0.5\upsilon(t)\sin(\Omega t)+p_2(t)\cos(\Omega t)+0.5[1-\cos(\Omega t)]\end{aligned}\tag{3.49}$$

式中，Ω 为拉比频率，$\Omega=\frac{\mu E_0}{h}$，$\mu=\left(\frac{3\lambda^3\hbar\tau_p^2}{32\pi^3}\right)^{\frac{1}{2}}$，$\lambda$ 为入射光波长，$\hbar$ 为普朗克常量 h 与 2π 的比值。当 $t=0$ 时，$u(0)=0$，$\upsilon(0)=0$，$p_2(0)=0$。对于高斯微脉冲，$E_0=E_p\exp\left(\frac{-2\ln 2t^2}{\tau_p}\right)$，则 $\Omega t=\int_{-\infty}^{-\infty}\frac{\mu E_0}{h\mathrm{d}t}$。又因为 $E_p=\left(\frac{8\pi I_p}{c}\right)^{\frac{1}{2}}$，$I_p$ 为微脉冲激光的峰值光强，因此在微脉冲激光泵浦期间，能够得到

$$\Omega t=\frac{3\lambda^3A\tau_p}{8\pi hc\ln 2}I_p\tag{3.50}$$

当微脉冲激光处于间歇期，此时光场 $E_0=0$，被激发的钠原子衰减，因此

$$\dot{u}=-\frac{u\gamma}{2},\quad \dot{\upsilon}=-\frac{\upsilon\gamma}{2},\quad \dot{p}_2=-\gamma p_2\tag{3.51}$$

求解方程(3.51)，当 $\tau_p\leqslant t\leqslant t_r$ 时，得到

$$\begin{aligned}u(t) &= \exp\left(\frac{-\gamma t}{2}\right)u\\ \upsilon(t) &= \exp\left(\frac{-\gamma t}{2}\right)\upsilon\\ p_2(t) &= \exp(-\gamma t)p_2\end{aligned}\tag{3.52}$$

在宏-微脉冲激光激发钠导星回波光子数的实验中，捷洛内克等人的实验是很成功的。实验中，宏脉冲激光半峰值全宽(FWHM) $\tau_m \approx 48\ \mu s$，微脉冲激光半峰值全宽 $\tau_p \approx 350$ ps。令 I_0 为宏脉冲激光的峰值光强，由于宏脉冲激光是高斯线形的，则微脉冲激光的峰值光强为

$$I_p = I_0 \exp\left[-\frac{2\ln 2(kt_r)}{\tau_m^2}\right] \tag{3.53}$$

式中，k 为微脉冲数，取19201个微脉冲，t_r 为微脉冲之间的间隔，取 $t_r = 10$ ns。I_0 取值为10～100 W·m^{-2}，能够得到宏脉冲激光峰值光强取不同值时激光激发钠原子的激发态概率随微脉冲个数的变化，如图3.39所示。

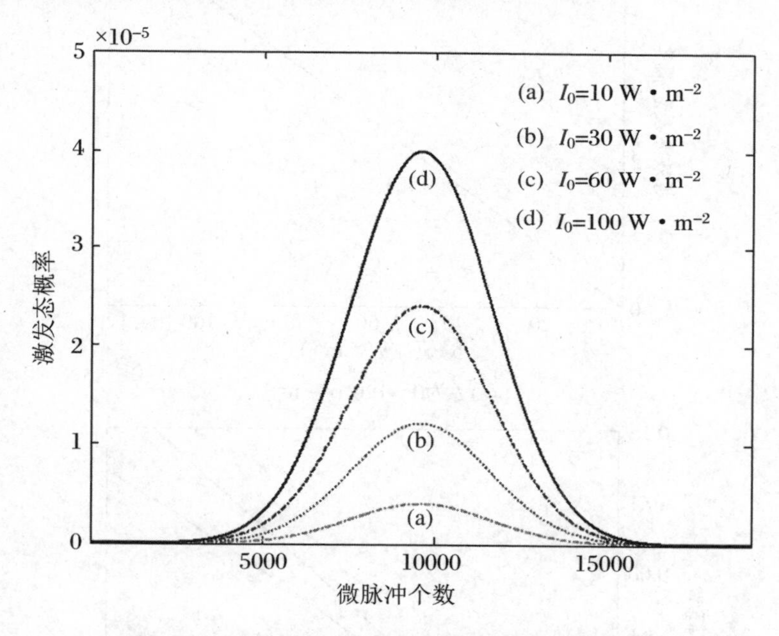

图3.39　宏脉冲激光峰值光强取不同值时激光激发钠原子的激发态概率随微脉冲个数的变化

由图3.39可知，当微脉冲激光峰值光强满足高斯分布时，激光激发钠原子的激发态概率随微脉冲数目的变化也满足高斯分布。因此，在一个宏脉冲激光激发钠导星期间，钠原子的激发态概率不会达到稳态。为了计算一个宏脉冲激光激发钠导星的回波光子数，引入等效激发态概率 p_e，考虑到一个宏脉冲时间内钠原子激发态概率的变化具有时间连续性，则

$$p_e \tau_m = \sum_k p_2(k) \cdot t_r \tag{3.54}$$

式中，$\sum_k p_2(k)$ 代表一个宏脉冲期间所有微脉冲激光激发钠原子的激发态概率之和。应用式(3.54)，图3.40计算了不同宏脉冲激光峰值光强时钠原子的等效激发态概率。

图3.40(a)的计算结果表明,在峰值光强 I_0 为0～120 W·m^{-2}时,钠原子的等效激发态概率与峰值光强近似呈正比例关系,即 $p_e = 4.26\times10^{-5} I_0$。在图3.40(b)中,实线对应峰值光强 I_0 为100～3000 W·m^{-2},虚线为过起点的切线。由图3.40(b)可以看出,随着峰值光强的增大,等效激发态概率随峰值光强的变化呈非线性关系,大于3000 W·m^{-2}的峰值光强会导致钠原子的激发趋于饱和。

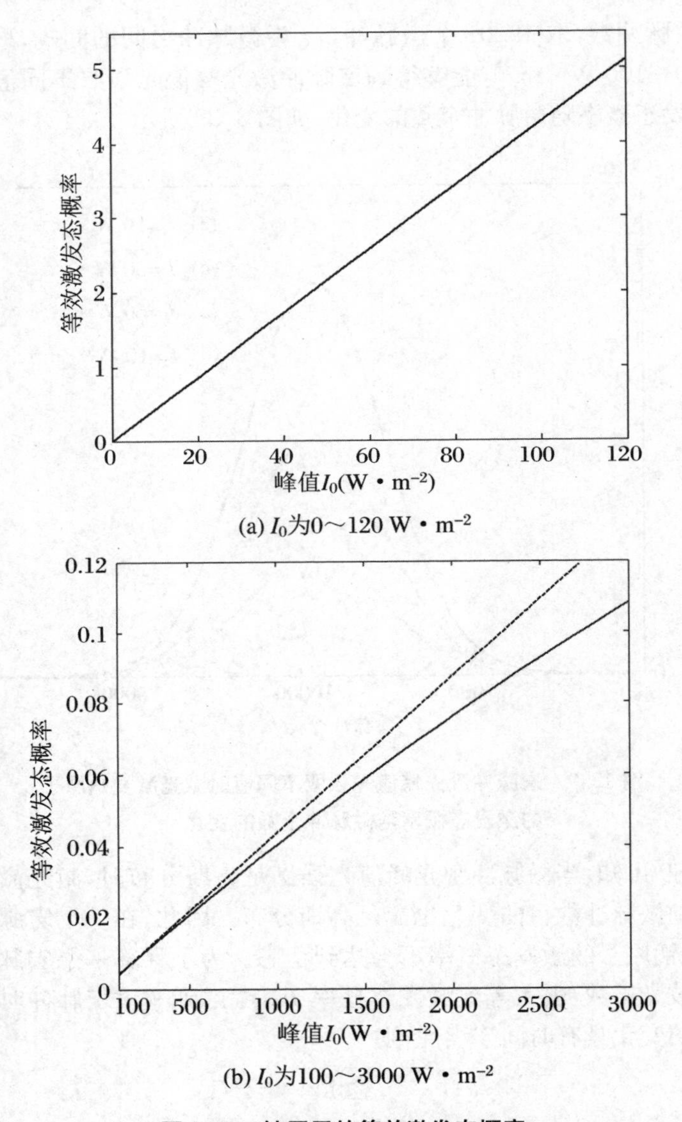

图3.40 钠原子的等效激发态概率

发射高斯光束的脉冲激光传输到大气的中间层,假设激光照亮钠层的面积为 S,钠层柱密度为 C_{Na},在钠原子激发达到稳态的情况下,宏-微脉冲激光与钠原子

的作用可以看成长脉冲激光与钠原子的作用，则一个宏脉冲激光激发大气中间层钠原子单位立体角的后向辐射光子数为

$$\varphi = \frac{\beta' S C_{\mathrm{Na}} p_{\mathrm{e}}(\tau_m + \tau)}{4\pi\tau} \tag{3.55}$$

然而，激光在上行传输的过程中，会受到大气的吸收和散射以及大气湍流的影响，激光光强在大气的中间层呈现随机分布的特征(Rao，2012)。在进行数值计算时，一个宏脉冲激光激发中间层钠原子单位立体角的后向辐射光子数表示为离散的形式：

$$\varphi = \frac{\beta' C_{\mathrm{Na}} \sum_i \Delta S_i p_{\mathrm{e}}(i)(\tau_m + \tau)}{4\pi\tau} \tag{3.56}$$

式中，β'为后向散射系数，ΔS_i 表示激光照射的微小面积，$p_{\mathrm{e}}(i)$为激光照射钠层每一点的等效激发态概率。如果激光垂直地面发射，根据式(3.56)，能够得到宏脉冲激光激发钠导星在接收面上单位面积的回波光子数为

$$\Phi_{\mathrm{macro}} = \frac{T_0 \varphi}{L^2} \tag{3.57}$$

式中，T_0 为大气透过率，L 为接收面到钠层中心的垂直高度。如果望远镜接收面的半径为 r，$A = \pi r^2$，则整个望远镜接收面上的激光钠导星回波光子数为

$$\Phi_{\mathrm{macro}} = \frac{T_0 \varphi A}{L^2} \tag{3.58}$$

如果已知宏脉冲的重频率为 R_{M}，可以计算望远镜单位时间内、单位面积上激光钠导星的回波光子数为

$$\Phi = \frac{T_0 \varphi R_{\mathrm{M}}}{L^2} \tag{3.59}$$

3.6.2　数值计算方法与结果

3.6.2.1　高斯宏脉冲的计算

根据式(3.53)～式(3.59)可知，激光钠导星回波光子数与宏脉冲激光的峰值光强密切相关。但是，在模拟激光到达大气中间层的光强分布时，模拟出来的光强分布是空间某一点一段时间内的平均值，而钠原子的等效激发态概率由宏脉冲激光的峰值光强决定。因此，这里需要知道宏脉冲激光的峰值光强与大气中间层光强分布的对应关系。考虑单一宏脉冲激光的时间高斯分布，应用正态分布的概率理论来分析，当时间宽度达到 $4\tau_m$，即脉冲时间持续在 $-2\tau_m$～$2\tau_m$ 时，所包含的能量约占脉冲总能量的95%，则激光到达空间某一点的平均功率为

$$\bar{P} = \frac{Q}{4\tau_m} \tag{3.60}$$

式中，Q 为一个宏脉冲的能量。按照实际测量，脉冲的峰值功率 $P_f=\dfrac{Q}{\tau_m}$，则峰值功率为平均功率的 4 倍，相应空间某一点的光强 $I(i)=\dfrac{I_0(i)}{4}$，$I_0(i)$表示激光入射到空间某一点按照时间高斯分布的峰值光强。

除此之外，还要考虑大气中间层钠原子的激发受到钠原子运动产生的多普勒效应的影响。根据米隆尼和托德的计算方法，经过多普勒平均，能够得到钠原子的激发态概率为

$$\bar{p}_2=\frac{1}{\pi\tau_p}\int N(\nu_D)p_e(\nu_D)d\nu_D \tag{3.61}$$

式中，$N(\nu_D)$表示大气中间层钠原子数的多普勒分布，这里采用归一化百分比表示：

$$N(\nu_D)=\frac{(4\ln 2/\pi)^{\frac{1}{2}}}{\delta\nu_D}\exp\left(-\frac{4\ln 2\nu_D^2}{\delta\nu_D^2}\right) \tag{3.62}$$

假设激光光强满足多普勒分布，即 $I_0(\nu_D)=I_0(i)\dfrac{(4\ln 2/\pi)^{\frac{1}{2}}}{\delta\nu_D^l}e^{-4\ln 2\nu_D^2/(\delta\nu_D^l)^2}$，则

$$p_e(\nu_D)=1.704\times 10^{-4}I(i)\frac{(4\ln 2/\pi)^{\frac{1}{2}}}{\delta\nu_D^l}\exp\left[-\frac{4\ln 2\nu_D^2}{(\delta\nu_D^l)^2}\right] \tag{3.63}$$

式中，ν_D 为多普勒频移，$\delta\nu_D$ 为多普勒宽度，取 $\delta\nu_D=1$ GHz；$\delta\nu_D^l$ 为激光的光谱宽度，取 $\delta\nu_D^l=3.5$ GHz，计算结果为 $\bar{p}_2(i)=3.9996\times 10^{-5}I(i)$。根据式(3.60)～式(3.63)，得到激光钠导星回波光子数的计算式为

$$\Phi_{\text{macro}}=T_0A\beta' C_{\text{Na}}\sum_i\Delta S_i\bar{p}_2(i)\frac{\tau_m+\tau}{4\pi\tau L^2} \tag{3.64}$$

应用式(3.64)和表 3.7 的相关实验参数，能够计算捷洛内克等人的实验中的激光钠导星回波光子数。

表 3.7　捷洛内克等人的实验参数

变量名称	符号	取值	变量名称	符号	取值
激光发射功率	P	9 W	激光光谱宽度	$\delta\nu_D^l$	3.5 GHz
激光中心波长	λ	589 nm	钠层中心垂直高度	L	93 km
宏脉冲 FWHM	τ_M	0～48 μs	激光束天顶角	ζ	0
微脉冲 FWHM	τ_p	0～350 ps	宏脉冲重频率	R_M	840 Hz
微脉冲重频率	R_p	100 MHz	宏脉冲能量	J	10.7 mJ
圆偏振激光	Circular	+1	激光发射口径	D	5 cm
大气透过率	T_0	0.6	钠层柱密度	C_{Na}	2.5×10^9 cm^{-2}
望远镜接收面半径	r	0.75 m	后向散射系数	β'	1.5

根据表 3.7 中的数据，计算一个宏脉冲激光的峰值功率 $\bar{P}_f=10.7$ mJ/48 μs=

223 W，以此为入射到大气中的初始功率。在计算激光钠导星回波光子数时，还需要知道激光发射的光束质量因子，但是捷洛内克等人的实验中没有给出这个参数。这里，根据相关文献（Telle，1998；Humphreys，1992），设置激光发射的光束质量因子为 2。

首先，应用 CLAP 软件模拟激光垂直地面传输到大气中间层的光强分布，传输距离为 92 km。选择 3 种大气湍流模式作为已知条件，分别为 HV5/7、Greenwood 和 Mod-HV 大气湍流模式，在不同的大气湍流模式下分别模拟激光在大气中间层的 100 次光强分布，设置网格数为 512×512，初始网格间距为 8 mm。

然后，模拟每种大气湍流模式下多个光强对应的激光钠导星后向辐射光子数，再应用式(3.64)计算激光钠导星回波光子数，最后得到 100 次模拟的平均值和标准差。图 3.41～图 3.43 是一个宏脉冲激光的光强分布和激光钠导星后向辐射光子数的分布（后向观察的二维平面图），都是随机抽样一次的模拟结果。

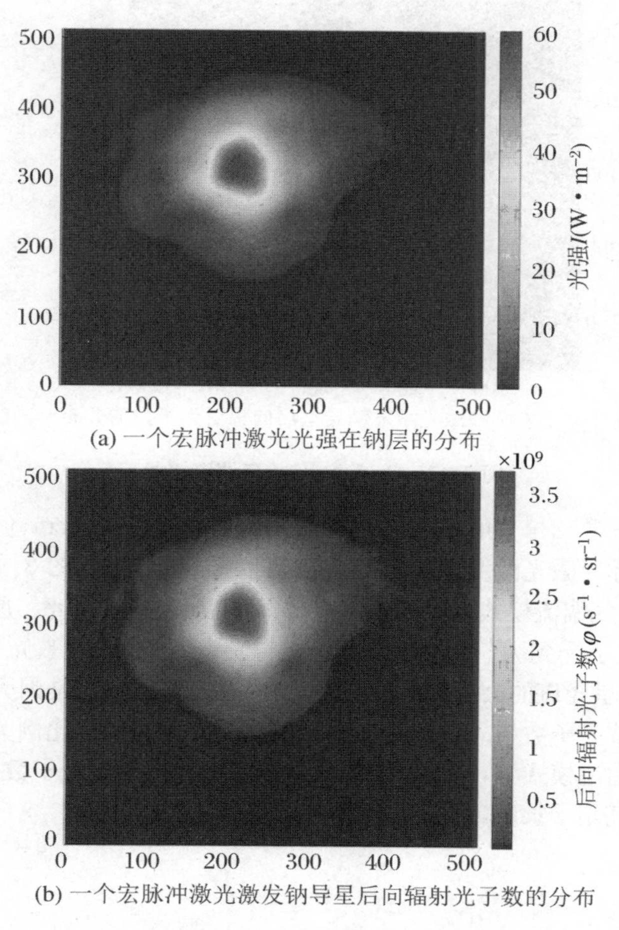

(a) 一个宏脉冲激光光强在钠层的分布

(b) 一个宏脉冲激光激发钠导星后向辐射光子数的分布

图 3.41　HV5/7 大气湍流模式下

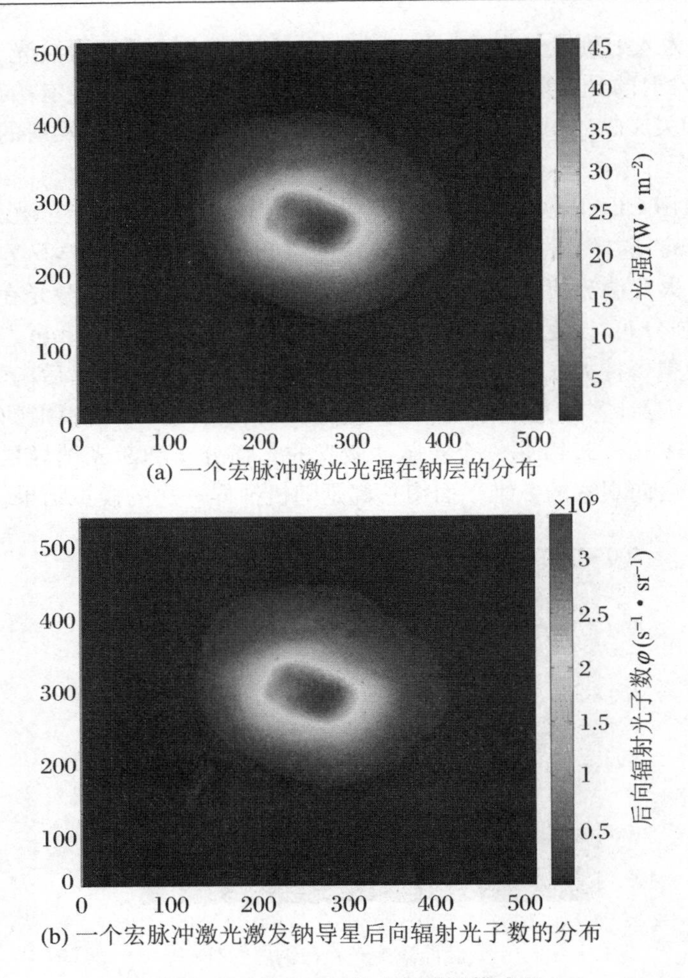

(a) 一个宏脉冲激光光强在钠层的分布

(b) 一个宏脉冲激光激发钠导星后向辐射光子数的分布

图 3.42　Greenwood 大气湍流模式下

由图 3.41～图 3.43 可以看出，尽管激光发射口径仅为 5 cm，但是激光光斑很大。由一个宏脉冲激光激发钠导星的后向辐射光子数分布[图 3.41(b)]，可以估算在 HV5/7 大气湍流模式下激光钠导星的 FWHM 约为 1.4 m。原因在于激光经过大气传输，除了受到大气湍流的影响，还与光束质量因子、激光发射口径有关。另外，激光钠导星光斑的大小和形状与激光光斑非常一致，这是因为在低光强下激光钠导星的回波光子数与入射到大气中间层的激光光强呈正比例关系。表 3.8 给出了 3 种大气湍流模式下，一个宏脉冲激光激发钠导星回波光子数的平均值、标准差和相应的大气相干长度(波长为 550 nm)。

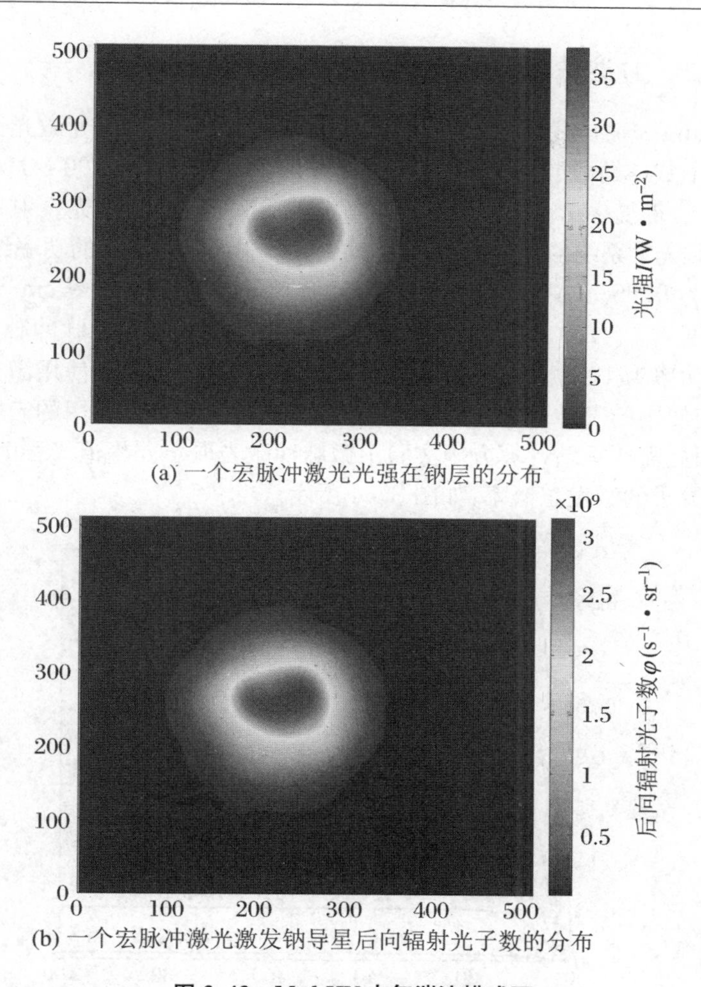

(a) 一个宏脉冲激光光强在钠层的分布

(b) 一个宏脉冲激光激发钠导星后向辐射光子数的分布

图 3.43　Mod-HV 大气湍流模式下

表 3.8　激光钠导星回波光子数的平均值、标准差和相应的大气相干长度

大气湍流模式	大气相干长度 r_0(cm)	平均回波光子数 $\overline{\Phi}(\mathrm{s^{-1}\cdot m^{-2}})$	标准差 $\sigma_\Phi\times10^5(\mathrm{s^{-1}\cdot m^{-2}})$
HV5/7	6.0	5.875×10^3	0.0028
Greenwood	15.5	5.875×10^3	0.0026
Mod-HV	21.8	5.875×10^3	0.0024

由表 3.8 可以看出，在 HV5/7、Greenwood 和 Mod-HV 大气湍流模式下获得的平均回波光子数相等，且回波光子数无起伏。这与激光在大气中间层的光强分布和光斑大小有关。表中激光钠导星回波光子数的计算结果与实验测量值很接近。

3.6.2.2 方波宏脉冲的计算

方施(Fang Shi)应用圆偏振宏-微脉冲激光激发钠导星，研究激光钠导星的大小和回波光子数，微脉冲 FWHM 为 $\tau_p = 600$ ps，重复率 $R_p = 100$ MHz；宏脉冲宽度 $\tau_M = 170$ μs，重复率 $R_M = 400$ Hz。聚焦发射 5 W 的激光，激光发射口径略小于 76 cm，考虑到光学系统的光传输效率，传输到大气中间层时激光的功率约为 1.1 W，大气透过率为 0.85。实验中获得的最大回波光子数为 131 $s^{-1} \cdot cm^{-2}$，与之对应的钠层柱密度 $C_{Na} = 7.0 \times 10^9$ cm^{-2}。根据以上数据计算一个宏脉冲激光入射到空气中的初始功率为 19 W。与捷洛内克等人的实验相比较，两者使用激光最大的区别在于：方施使用的宏脉冲激光为方波线形，而捷洛内克等人使用的宏脉冲激光为高斯线形，因此需要重新计算方施实验中微脉冲激光取不同峰值光强时宏-微脉冲激光激发钠原子的激发态概率，如图 3.44 所示。

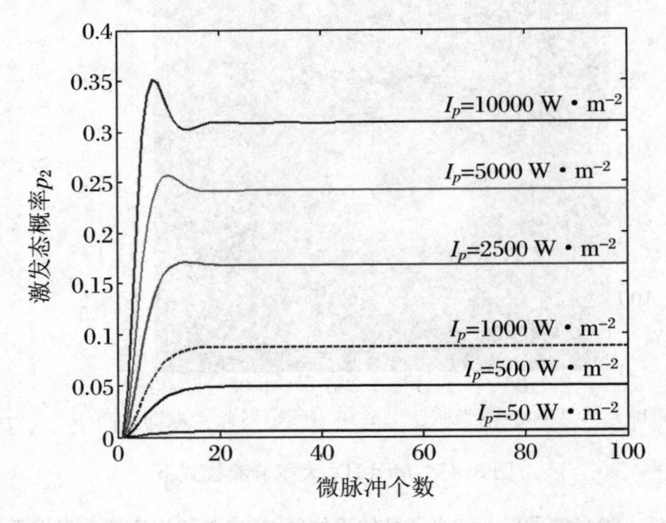

图 3.44 微脉冲激光取不同峰值光强时宏-微脉冲激光激发钠原子的激发态概率

由图 3.44 可知，微脉冲激光取不同峰值光强时，宏-微脉冲激光与钠原子作用在微脉冲个数达到 20 个以后，钠原子的激发态概率达到稳态。稳态时的激发态概率随着峰值光强的增大而增大。当峰值光强 I_p 为 0～300 $W \cdot m^{-2}$时，取钠原子激发达到稳态时的概率，得到微脉冲激光取不同峰值光强 I_p 与钠原子激发态概率的关系曲线，如图 3.45 所示。

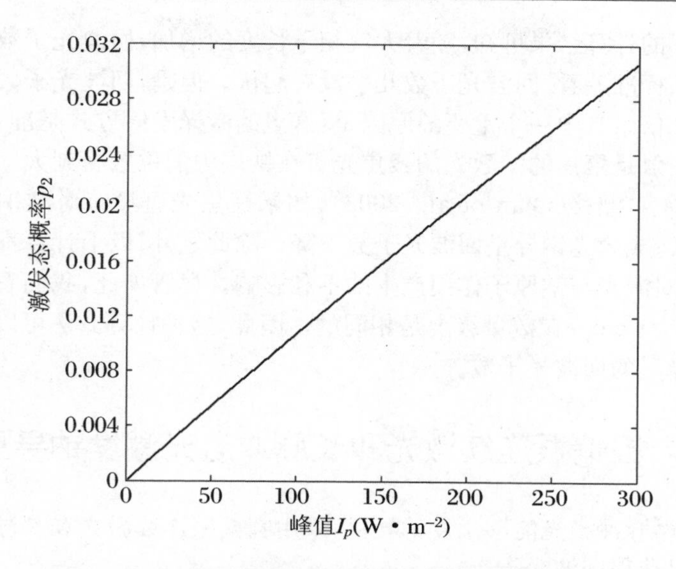

图3.45　微脉冲激光峰值光强与钠原子的激发态概率

由图3.45的计算结果，能够得到激光入射峰值光强 I_p 为 0～300 W・m^{-2}时钠原子的激发态概率 $p_2 = 1.065 \times 10^{-4} I_p$。将峰值光强变换为空间某一点光强分布的平均值，即 $I_p(i) = 4I(i)$，则空间某一点钠原子的激发态概率为

$$p_2(i) = 4.258 \times 10^{-4} I(i) \tag{3.65}$$

根据式(3.63)、式(3.65)，以及激光峰值光强分布 $I_p(\nu_D) = I_0(i)\frac{(4\ln 2/\pi)^{\frac{1}{2}}}{\delta\nu_D^I} \cdot \exp\left[-\frac{4\ln 2\nu_D^2}{(\delta\nu_D^I)^2}\right]$，可以计算多普勒平均后钠原子的激发态概率为

$$\bar{p}_2(i) = \frac{1}{\pi\tau_p}\int N(\nu_D)p_2(\nu_D)\mathrm{d}\nu_D = 6.7108 \times 10^{-5} I(i) \tag{3.66}$$

方施的实验中激光的光束质量特别好，因此设置光束质量因子为1.2，假设激光准直发射，按照3.6.2.1小节的方法模拟3种大气湍流模式下激光到达大气中间层的光强分布，再根据式(3.64)计算望远镜接收面上单位时间、单位面积上的激光钠导星回波光子数 Φ。最后得到3种大气湍流模式下激光钠导星回波光子数的平均值、标准差和相应的大气相干长度，见表3.9。

表3.9　激光钠导星回波光子数的平均值、标准差和相应的大气相干长度(λ = 589 nm)

大气湍流模式	大气相干长度 r_0(cm)	平均回波光子数 $\bar{\Phi}$(s^{-1}・cm^{-2})	标准差 $\sigma_\Phi \times 10^5$(s^{-1}・m^{-2})
HV5/7	6.0	378	0.3770
Greenwood	15.5	378	0.3167
Mod-HV	21.8	378	0.3720

由表 3.9 的计算结果可知，随着大气相干长度的增加，回波光子数的平均值并没有变化。从标准差看，回波光子数几乎没有起伏。但是，回波光子数的计算值是实验值的 2.9 倍。其中一个重要的原因是：这里的激光发射方式是准直的，而方施实验的激光发射是聚焦的。激光的聚焦光斑在钠层中的位置受到大气湍流的影响会不断上下、左右漂移(Qian et al.，2008)，如果聚焦光斑没有对准钠层柱密度的峰值，可能会造成激光钠导星回波光子数下降。除此之外，以上计算都没有考虑反冲、下泵浦等对激光与钠原子作用产生的不利影响。尽管如此，我们看到计算值与实验值 131 $s^{-1}\cdot cm^{-2}$ 在数量级上是相同的。因此，这种计算方法可以用来粗略地估计激光钠导星的回波光子数。

3.6.3 圆偏振连续激光和长脉冲激光激发钠导星

除了宏-微脉冲激光能够激发钠导星，采用圆偏振连续激光和长脉冲激光也能够激发钠导星获得回波光子。

圆偏振连续激光激发钠导星的后向辐射光子数为

$$\varphi(i)=\beta' C_{\mathrm{Na}}\sum_i \Delta S_i(1-0.6552\sin\theta)\frac{R}{4\pi} \tag{3.67}$$

圆偏振长脉冲激光激发钠导星的后向辐射光子数为

$$\varphi(i)=\beta' C_{\mathrm{Na}} R_p'\sum_i \Delta S_i(\tau_p'+\tau)(1-0.6552\sin\theta)\frac{R}{4\pi} \tag{3.68}$$

以上两式中，R 表示钠原子的自发辐射速率，θ 表示激光束与地磁场方向的最小夹角，R_p'为长脉冲的重复率，τ_p'为长脉冲的宽度。钠原子的自发辐射速率受到钠原子反冲和下泵浦的影响，地磁场也能够减小钠原子的激发态概率。

霍尔兹洛纳等人研究圆偏振单模单一频率连续激光激发钠导星，取激光发射功率 20 W，激光发射口径 40 cm，钠层柱密度 4×10^9 cm^{-2}，大气透过率 0.84。在考虑反冲和下泵浦效应的情况下，激光与钠原子作用的自发辐射速率为(Liu et al.，2014)

$$R=3.82\times10^3\frac{I(i)}{1+I(i)/88} \tag{3.69}$$

罗切斯特用一种三模单一频率、圆偏振的长脉冲激光激发钠导星，发射功率、激光发射口径、钠层柱密度和大气透过率与霍尔兹洛纳等人的取值相同，长脉冲宽度为 120 μs，脉冲重复率为 800 Hz。为了便于比较，以下计算激光束与地磁场的夹角都取 $\theta=30^\circ$，激光的光束质量因子都取 1.1。这种激光与钠原子作用的自发辐射速率为

$$R=3.8994\times10^3\frac{I(i)}{1+I(i)/176} \tag{3.70}$$

为了比较不同激光激发钠导星的差异，引入激光垂直传输时激发钠导星的品质因数(S_{ce})(Holzlöhner，2010)，以此来衡量不同激光激发钠导星的效率。

$$S_{ce} = \frac{\Phi' L^2}{P T_0^2 C_{Na}} \tag{3.71}$$

式中，Φ'表示不同激光激发钠导星的回波光子数，全部换算为望远镜接收面上单位时间、单位面积的回波光子数。以上激光均采用准直发射方式，表3.10展示了连续激光、长脉冲激光，以及捷洛内克等人和方施的实验激发钠导星的品质因数。

表3.10　连续激光、长脉冲激光激发钠导星的品质因数与捷洛内克等人和方施的实验的比较

大气湍流模式	品质因数 S_{ce}($s^{-1}\cdot W^{-1}\cdot m^2$)			
	连续激光	长脉冲激光	方施	捷洛内克等人
HV5/7	253	259	498	298
Greenwood	181	160	498	298
Mod-HV	177	132	498	298

由表3.10的数据可以看出，在特定的参数下，宏-微脉冲激光激发钠导星的品质因数比连续激光和长脉冲激光的品质因数大，并且不随大气湍流而变化。如果扣除误差等因素，应该说宏-微脉冲激光激发钠导星可以获得与连续激光、长脉冲激光激发钠导星相当的品质因数。

除此之外，式(3.67)和式(3.68)表明，圆偏振连续激光和长脉冲激光激发钠导星还会受到地磁场的影响，减小激光束与地磁场的夹角在实际使用中会受到限制，而宏-微脉冲激光的微脉冲宽度一般小于1 ns，几乎不受地磁场影响。

3.6.4　宏-微脉冲激光激发钠导星的光斑半径

在激光发射功率很低的情况下，由于宏-微脉冲激光激发钠导星的激发态概率与激光光强呈正比例关系，因此，在激光功率不超过20 W的情况下，可以认为激发钠导星的回波光子数与激光的发射功率呈正比。通过增大激光的发射功率能够显著地增加激光钠导星的回波光子数，并且其回波光子数的增加不受光束质量因子的影响。值得注意的是，增大激光的光束质量因子会导致激光光斑增大，从而导致激光钠导星光斑半径变大，激光钠导星光斑半径增大不利于自适应光学波前探测。因此，选择合适的激光功率和激光钠导星光斑半径是很重要的。

在激光发射与望远镜共轴的情况下，激光钠导星的光斑半径与激光光强分布有密切的关系，但是两者不一定大小相同。主要的原因在于激光钠导星光强分布与激光光强分布是否呈正比例关系。在短曝光条件下，激光钠导星的短曝光有效半径(Strohben，1978)为

$$R_{eff}^2 = \frac{2\iint r^2 I_b(x,y)\mathrm{d}x\mathrm{d}y}{\iint I_b(x,y)\mathrm{d}x\mathrm{d}y} \tag{3.72}$$

式中，r为激光照射点到质心的距离，$I_b(x,y)$为激光钠导星的相对光强分布，与激

光钠导星的回波光子数分布有直接关系，如果已知激光钠导星在大气中间层单位时间、单位立体角后向辐射光子数的分布 $\varphi'(x,y)=\varphi(x,y)\cdot R_{\mathrm{M}}$，则激光钠导星在大气中间层的相对光强分布可以表示为

$$I_b(x,y)=\frac{T_0\varphi'(x,y)h\nu}{L^2} \tag{3.73}$$

式中，$h\nu$ 为一个光子的功率。联系式(3.61)和式(3.66)的计算结果，能够得到激光钠导星的短曝光有效半径：

$$R_{\mathrm{eff}}^2=\frac{2\iint r^2 I(x,y)\mathrm{d}x\mathrm{d}y}{\iint I(x,y)\mathrm{d}x\mathrm{d}y} \tag{3.74}$$

式中，$I(x,y)$表示激光光强在大气中间层的分布，因此在捷洛内克等人和方施的实验中，激光钠导星的短曝光有效半径与激光光斑短曝光有效半径是一致的。为了便于数值计算，将上式写成离散的形式：

$$R_{\mathrm{eff}}^2=\frac{2\sum_i r_i^2 I(i)}{\sum_i I(i)} \tag{3.75}$$

根据式(3.75)，应用CLAP软件模拟激光传输到大气中间层的光强分布，然后计算HV5/7、Greenwood和Mod-HV 3种大气湍流模式下捷洛内克等人和方施的实验中激光钠导星的短曝光有效半径100次，取平均值，获得12个数据点，分别用◇、□、△表示，并对数据点进行插值拟合，如图3.46所示。

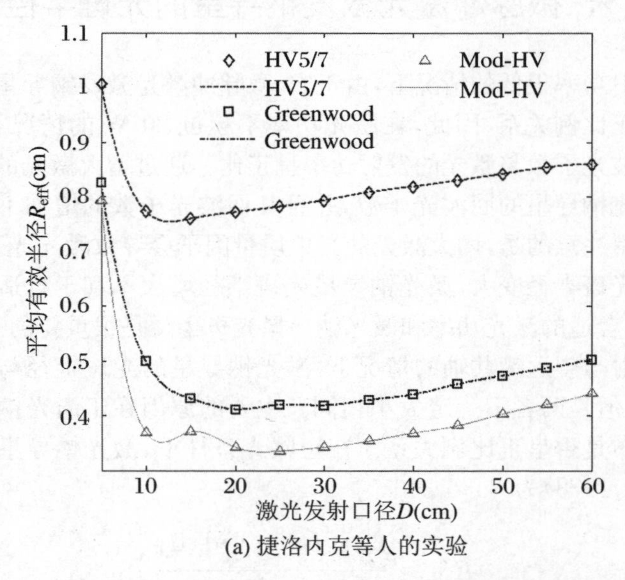

(a) 捷洛内克等人的实验

图3.46　3种大气湍流模式下激光钠导星短曝光平均有效半径随激光发射口径的变化

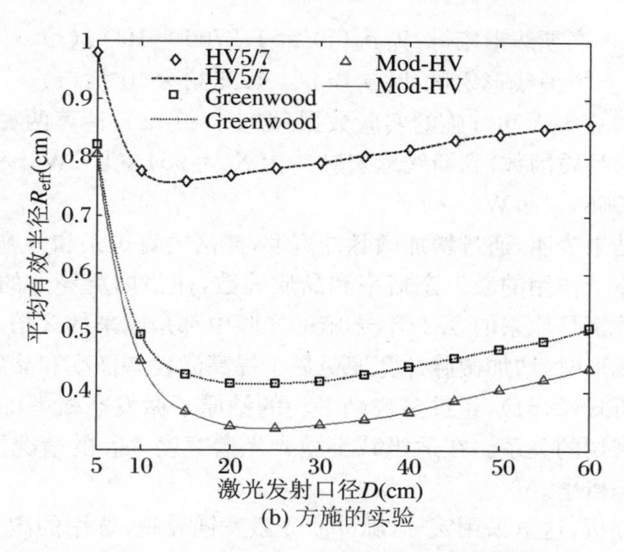

(b) 方施的实验

图 3.46　3 种大气湍流模式下激光钠导星短曝光平均有效半径随激光发射口径的变化(续)

由图 3.46 的数值计算结果可以看出，在捷洛内克等人和方施的实验中，在 3 种大气湍流模式下钠导星的短曝光平均有效半径随激光发射口径的变化都有最小值出现。在 HV5/7 大气湍流模式下，最小值出现在激光发射口径 10～15 cm；在 Greenwood 和 Mod-HV 大气湍流模式下，最小值出现在激光发射口径 20～25 cm。因此，为了获得较小的激光钠导星光斑，当大气湍流较强时选择小的口径是有利的，当大气湍流较弱时选择较大的口径是有利的。但是，由于激光发射口径受到实际使用的限制而设定为固定值，考虑大气湍流的变化处于弱湍流的情况，这里取激光发射口径为 22 cm。

3.6.5　宏-微脉冲激光激发钠导星的优化方案

宏-微脉冲激光激发钠导星时，人们希望得到的激光钠导星光斑尽可能小，并且回波光子数尽量多一些。以上讨论了激光发射口径的取值，下面将进一步讨论激光钠导星回波光子数的增加。

除了增加激光发射功率，还可以考虑增加激光的微脉冲宽度来增加钠原子的激发态概率。如果将捷洛内克等人和方施的实验中激光的微脉冲宽度 τ_p 增加到 1 ns，通过计算可以得到与高斯线形宏脉冲激光和方波线形宏脉冲激光对应的激发态概率分别为

$$p_{\mathrm{e}} = 3.88 \times 10^{-4} I_0 \tag{3.76}$$

$$p_2 = 3.58 \times 10^{-4} I_p \tag{3.77}$$

经过多普勒平均后钠原子的激发态概率分别为

$$高斯线形宏脉冲：\bar{p}_2(i) = 1.2766 \times 10^{-4} I(i) \tag{3.78}$$

$$方波线形宏脉冲：\bar{p}_2(i) = 1.3532 \times 10^{-4} I(i) \tag{3.79}$$

应用捷洛内克等人和方施的实验数据（取 $\tau_p = 1$ ns），计算两种线形宏脉冲激光激发钠导星的品质因数，高斯线形宏脉冲为 $S_{ce} = 954\ s^{-1} \cdot W^{-1} \cdot m^2$，方波线形宏脉冲为 $S_{ce} = 968\ s^{-1} \cdot W^{-1} \cdot m^2$。

以上计算结果表明，通过增加微脉冲宽度，捷洛内克等人和方施的实验都能够提高激光与钠原子作用的激发态概率和品质因数，捷洛内克等人的实验中激发态概率和品质因数都是原来的 3.2 倍，方施的实验中都是原来的 2 倍。因此，当宏脉冲激光为高斯线形时，增加微脉冲宽度更易于提高激发态概率和品质因数。

进一步分析式(3.61)，经过多普勒平均的钠原子激发态概率的大小与激光的光谱宽度有着密切的关系。在适当减小激光光谱宽度 $\delta\nu_D^l$ 的情况下，也能够增大钠原子的激发态概率。

经过以上分析，这里采用宏-微脉冲激光激发钠导星，选用的激光参数、激光发射口径等见表 3.11。

表 3.11　宏-微脉冲激光激发钠导星的参数

参数名称	符号	取值	参数名称	符号	取值
激光发射功率	P	20 W	激光光谱带宽	$\delta\nu_D^l$	3 GHz
激光中心波长	λ	589.159 nm	宏脉冲重频率	R_M	840 Hz
宏脉冲 FWHM	τ_M	120 μs	光束质量因子	β	1.1
微脉冲 FWHM	τ_p	1 ns	激光偏振态	Circular	+1
微脉冲重频率	R_p	100 MHz	激光发射口径	D	22 cm

宏脉冲激光的形状为高斯线形，激光发射采用垂直地面、准直发射。取钠层柱密度 $C_{Na} = 2.5 \times 10^9\ cm^{-2}$，大气透过率 $T_0 = 0.6$。应用表 3.11 中的数据，计算 HV5/7、Greenwood 和 Mod-HV 大气湍流模式下的回波光子数，以及激光钠导星的 FWHM 和品质因数，计算结果见表 3.12。

表 3.12　激光钠导星的平均回波光子数、FWHM 和品质因数

大气湍流模式	平均回波光子数 $\bar{\Phi}(s^{-1} \cdot m^{-2})$	钠导星 FWHM(m)	品质因数 S_{ce} $(s^{-1} \cdot W^{-1} \cdot m^2)$
HV5/7	2.2655×10^7	0.54	1088
Greenwood	2.2655×10^7	0.52	1088
Mod-HV	2.2655×10^7	0.50	1088

表 3.12 的计算结果表明在优选参数的情况下，宏-微脉冲激光激发钠导星可

以获得较高的回波光子数、品质因数和较小的钠导星 FWHM。在 HV5/7 大气湍流模式下，所获得的激光钠导星回波光子数是功率 20 W、激光发射口径 40 cm 的单一频率连续激光获得的回波光子数的 2.74 倍，而激光钠导星 FWHM 是它的 17/20，品质因数是它的 2.8 倍。如果钠层柱密度和大气透过率增加，则激光钠导星回波光子数将会进一步提高。因此，经过激光优选参数的宏-微脉冲激光激发钠导星能够获得超过单一频率连续激光激发钠导星的回波光子数以及更小的钠导星 FWHM。

在两个激光钠导星实验的基础上，计算了两种宏脉冲线形的宏-微脉冲激光激发钠导星的回波光子数，探讨了宏-微脉冲激光激发钠导星的品质因数、激光钠导星的大小、激光发射口径和发射方式。总结如下：

(1) 与低功率的连续激光和长脉冲激光相比，宏-微脉冲激光激发钠导星具有品质因数高、回波光子数无起伏的优点。

(2) 增加宏-微脉冲激光的微脉冲宽度能够明显提高钠原子的激发态概率和品质因数。高斯线形的宏脉冲激光比方波线形的宏脉冲激光更容易提高钠原子的激发态概率和品质因数。

(3) 优化宏-微脉冲激光的激光参数、激光发射口径和发射方式能够获得超过单一频率连续激光的回波光子数、品质因数和较小的激光钠导星光斑。

经过以上计算和分析，这里推荐一种优化参数的宏-微脉冲激光激发钠导星：发射功率为 20 W，宏脉冲 FWHM 大于 120 μs，微脉冲 FWHM 等于 1 ns，激光的光谱宽度 $\delta\nu_D^L$ 为 3 GHz，宏脉冲激光为高斯线形，光束质量因子小于 1.2，光束为圆偏振光束，激光发射口径为 22 cm，发射方式为准直发射。

3.6.6　有效吸收截面的算法

在忽略反冲、下泵浦等因素影响的情况下，采用有效吸收截面计算激光钠导星回波光子数是可行的。每个宏脉冲激光的能量到达大气中间层激发钠导星，在望远镜接收面上得到的回波光子数为

$$\Phi_{\text{macro}} = T_0 C_{\text{Na}} \sigma_t \frac{E}{h\nu_0} \frac{A_a}{4\pi L^2} \tag{3.80}$$

式中，σ_t 为总的散射截面，E 为一个宏脉冲激光到达钠层的能量，$h\nu_0$ 为一个光子的能量，ν_0 为回波光子的频率，$\nu_0 = \dfrac{c}{\lambda}$。总的散射截面为

$$\sigma_t = \int_{-\infty}^{\infty} \left[\frac{n(\nu_D)}{n_0}\right] \sigma_{\text{eff}}(\nu_D) \mathrm{d}\nu_D \tag{3.81}$$

式中，$\dfrac{n(\nu_D)}{n_0}$为钠原子数随多普勒频移的分布，$\sigma_{\text{eff}}(\nu_D)$为有效吸收截面，分别由以下两式表示：

$$\frac{n(\nu_D)}{n_0}=\frac{(4\ln 2/\pi)^{\frac{1}{2}}}{\delta\nu_D}\exp\left[-\frac{4\ln 2\nu_D^2}{(\delta\nu_D)^2}\right] \tag{3.82}$$

$$\sigma_{\text{eff}}(\nu_D)=\int_{-\infty}^{\infty}\sigma(\nu)g(\nu)\mathrm{d}\nu \tag{3.83}$$

式中，$g(\nu)=\dfrac{I(\nu_D)}{I_0}$，$\sigma(\nu)$为钠原子吸收截面，$\sigma(\nu)$表示为

$$\sigma(\nu)=\frac{\lambda^2 A}{8\pi}\frac{g_2}{g_1}\left[\frac{5}{8}S_1(\nu)+\frac{3}{8}S_2(\nu)\right] \tag{3.84}$$

联系式(3.2)和式(3.3)，取 $\delta\nu_D=1$ GHz，根据韦尔什(Welsh)和加德纳的近似计算，在激光光谱线宽 $\delta\nu_D^l>\delta\nu_D$ 的情况下，得到有效吸收截面为

$$\sigma_{\text{eff}}(\nu_D)\approx\frac{g(\nu_0)\sigma_0\delta\nu_D\pi}{2} \tag{3.85}$$

式中，σ_0 为钠原子的峰值吸收截面，ν_0 为激光的中心频率。取 ν_0 等于钠原子 D_{2a} 线的中心频率，则 $g(\nu_0)=\dfrac{I(\nu_D=0)}{I_0}$。由式(3.81)～式(3.85)能够得到

$$\begin{aligned}\sigma_{\text{eff}}(\nu_D)&\approx\frac{(4\ln 2/\pi)^{\frac{1}{2}}}{\delta\nu_D^l}\times\frac{5}{8}\frac{\lambda^2 A}{4\pi}\frac{1}{\delta\nu_D}\left(\frac{4\ln 2}{\pi}\right)^{\frac{1}{2}}\times\delta\nu_D\times\frac{\pi}{2}\\&=\frac{5}{16}\frac{\ln 2}{\pi}\times\frac{\lambda^2 A}{\delta\nu_D^l}\end{aligned} \tag{3.86}$$

将式(3.86)代入式(3.82)并积分(高斯积分是归一化的)，得到

$$\sigma_t\approx\sigma_{\text{eff}}(\nu_D)\approx\frac{5}{16}\frac{\ln 2}{\pi}\times\frac{\lambda^2 A}{\delta\nu_D^l} \tag{3.87}$$

取 $\delta\nu_D^l=3.5$ GHz，计算得 $\sigma_t=4.27\times10^{-16}\ \text{m}^2$。按照式(3.80)计算捷洛内克等人的实验中激光钠导星的回波光子数为 $1.98\times10^3\ \text{s}^{-1}\cdot\text{m}^{-2}$；取 $\delta\nu_D^l=3$ GHz，$\sigma_t=5\times10^{-16}\ \text{m}^2$，计算方施的实验中激光钠导星的回波光子数为 $83\ \text{s}^{-1}\cdot\text{cm}^{-2}$。因此，采用吸收截面的方法计算出来的回波光子数比以上方法小 1～3 倍。原因在于这里仅仅考虑了多普勒效应和光谱重叠，但是吸收截面是无偏振的，没有考虑激光的偏振态、光束质量因子及光强分布对钠原子激发态概率的影响。

3.7 小结

本章研究了激光钠导星的亮度特性。首先考虑到激光光强分布受大气湍流的影响，计算了 3 种大气湍流模式下连续、长脉冲和宏-微脉冲激光激发钠导星回波光子数的平均值和标准差。之后，在分析激光钠导星回波光子数的影响因素的基础上，通过数值计算，研究了反冲和下泵浦效应对大气中间层钠原子激发与辐射的影响，提出了一种计算钠原子自发辐射速率的方法，并在计算激发态钠原子自发辐

射速率的基础上，建立了长脉冲激光激发钠导星回波光子数的计算表达式。最后，采用数值模拟，计算了宏-微脉冲激光激发钠导星的回波光子数，比较了方波线形脉冲激光与高斯线形脉冲激光激发钠原子的激发态概率，计算了 3 种大气湍流模式下激光钠导星回波光子数的品质因数以及激光钠导星的光斑半径，提出了宏-微脉冲激光激发钠导星的一组优化参数。

研究结果表明：圆偏振的连续和长脉冲激光与钠层中的钠原子作用会受到地磁场、反冲和下泵浦的不利影响，为了增加激光钠导星的平均回波光子通量和回波光子数，采用再泵浦的方法能够进一步提高激光钠导星的回波光子数。计算结果表明，对于 20 W 连续激光附加 16%的再泵浦能量，在 HV5/7 大气湍流模式下得到的激光钠导星回波光子数是单一频率激光的 1.74 倍，在 Greenwood 大气湍流模式下为2.22倍。激光钠导星回波光子的激发除了与激光的脉冲格式有关，还会受到激光光谱结构的影响。研究发现光谱间隔为 150 MHz 的三模激光激发钠导星的回波光子数比单模单一频率激光增加约 30%。

对宏-微脉冲激光激发钠导星的研究表明，优化的宏-微脉冲激光激发钠导星比连续激光、长脉冲激光激发钠导星的品质因数高。最后，提出了一组宏-微脉冲激光激发钠导星的优化参数。

第4章 激光钠导星的闪烁特性与光斑特性

4.1 激光钠导星的闪烁特性

采用中心波长为589.159 nm的激光作用于大气中间层钠层,可以获得钠荧光回波光子。这些回波光子被自适应光学系统接收,通过波前探测,可以获取大气湍流引起的波前相位畸变信息。但是,激光在上行传输的过程中会受到大气湍流的影响,到达大气中间层钠层时,光强随时间和空间变化而呈现随机分布的特征,这种变化导致激光钠导星的回波光子数在望远镜接收面上出现随机起伏的现象。这种随机起伏叠加在激光钠导星下行传输时大气湍流造成的回波光子数的变化上,以至于波前探测的准确性受到影响。

4.1.1 激光大气闪烁与激光钠导星闪烁

根据激光钠导星的亮度特性研究,激光钠导星的回波光子数与钠层激光光强分布有着密切的关系。

从空间分布来看,激光发射时,能量呈高斯分布,但高斯光束的大气传输会受到大气湍流的影响,在激光到达大气中间层钠层时,光强的空间分布已不再是高斯分布而是呈现随机起伏的特征。从时间分布来看,由于大气湍流的随机运动,导致大气湍流的结构随时间而变化,激光大气传输的光强分布也会随着时间而变化。尽管泰勒(Taylor)假设认为在大气冻结时间内大气湍流的相对空间结构保持不变,但是由于横向风吹动大气湍流做整体运动,激光传播路径上的湍流结构仍在随时间缓慢变化。

如图4.1所示为在Greenwood大气湍流模式下,功率为20 W的连续激光垂直地面、准直发射时不同时刻 t_1、t_2 激光光强在大气中间层的分布。此时大气中间层激光光强呈现随机分布的状态,因此激光钠导星在单位时间、单位立体角内激发的后向辐射光子数 φ 可以表示为离散的形式:

$$\varphi = \beta' C_{\mathrm{Na}} \sum_i \Delta S_i \psi_i I_i \tag{4.1}$$

式中，ΔS_i 表示激光照射的微小面积，I_i 为微小面积内的光强，视作均匀光强，ψ_i 为平均回波光子通量。联系 3.3.2 小节有关激光钠导星回波光子数的计算，能够得到接收面上单位时间、单位面积内的回波光子数为

$$\Phi = \frac{T_0 \varphi}{L^2} \tag{4.2}$$

式中，T_0 为垂直方向大气透过率，L 为接收面到钠层中心的高度。

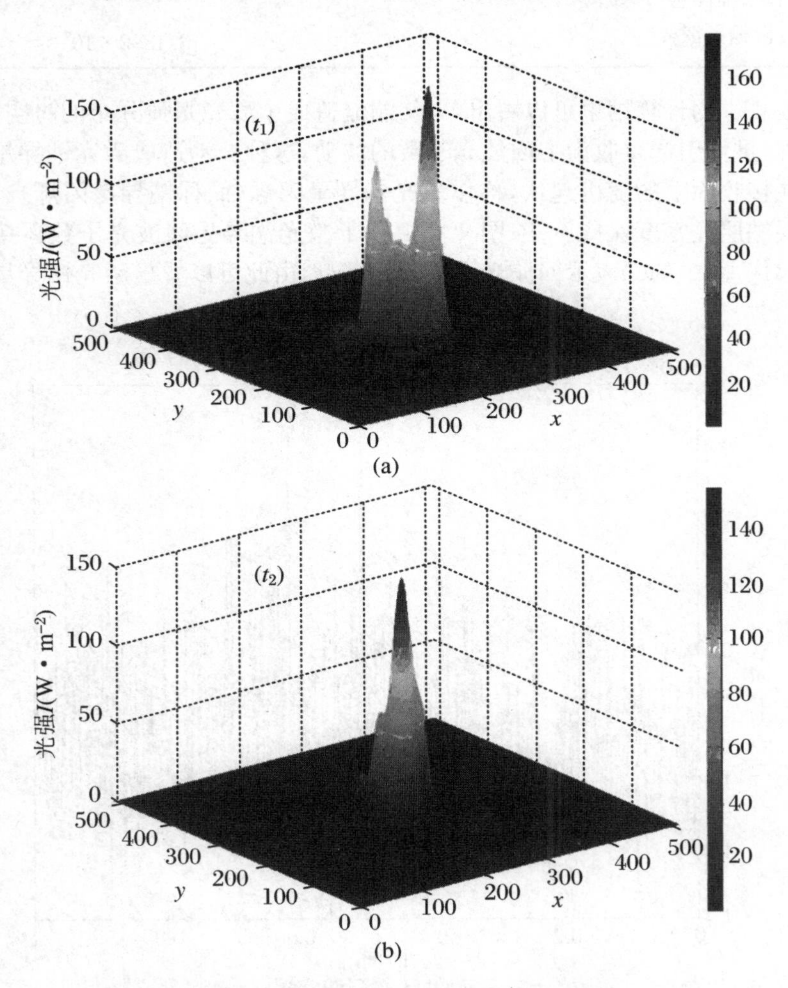

图 4.1　在 Greenwood 大气湍流模式下 t_1、t_2 时刻激光光强在大气中间层的分布

这里，平均回波光子通量的计算仍然采用式(3.20)和式(3.21)，相关参数见表 3.1、表 3.2。计算不同光强分布的情况下，t_1、t_2 时刻激光钠导星的回波光子数，见表 4.1。

表 4.1　单一频率和附加再泵浦能量圆偏振激光激发钠导星的回波光子数

激光特性	不同时刻的激光光强分布	接收面上的回波光子数
单一频率圆偏振激光	t_1	$1.4328\times10^7\ s^{-1}\cdot m^{-2}$
	t_2	$1.4038\times10^7\ s^{-1}\cdot m^{-2}$
附加再泵浦能量(16%)圆偏振激光	t_1	$3.1602\times10^7\ s^{-1}\cdot m^{-2}$
	t_2	$3.1392\times10^7\ s^{-1}\cdot m^{-2}$

由表 4.1 的计算结果可以看出,大气湍流造成了激光光强分布的时空变化,即大气闪烁,进而引起接收面上回波光子数的波动,这种波动造成激光钠导星的回波光子数在接收面上的随机起伏,称作激光钠导星闪烁(简称钠导星闪烁)。假设大气中间层钠层柱密度保持不变,图 4.2 模拟了激光钠导星回波光子数在接收面上的随机起伏,图中的○表示回波光子数的数据点,由此可以看出激光钠导星的闪烁特性。

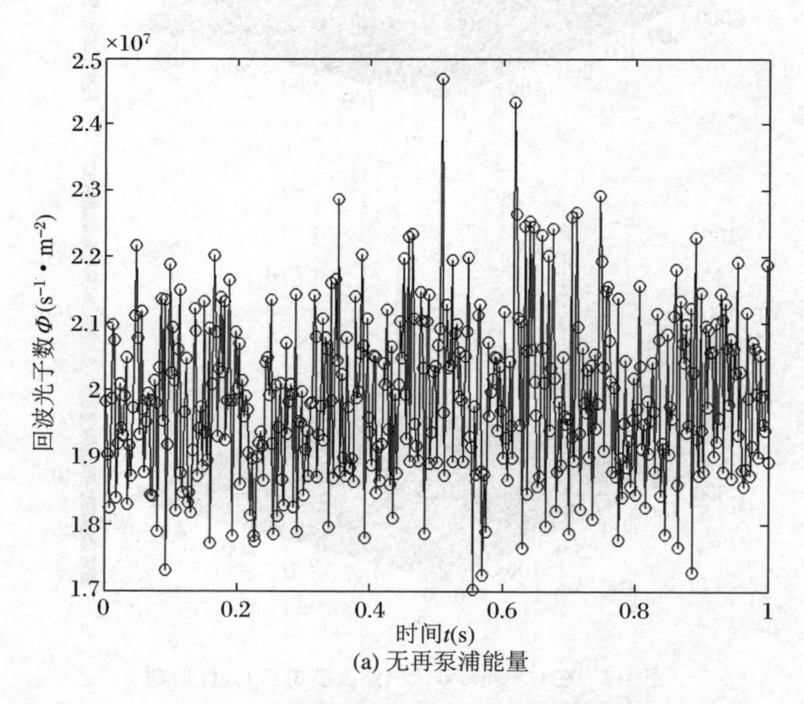

(a) 无再泵浦能量

图 4.2　激光激发钠导星回波光子数的起伏

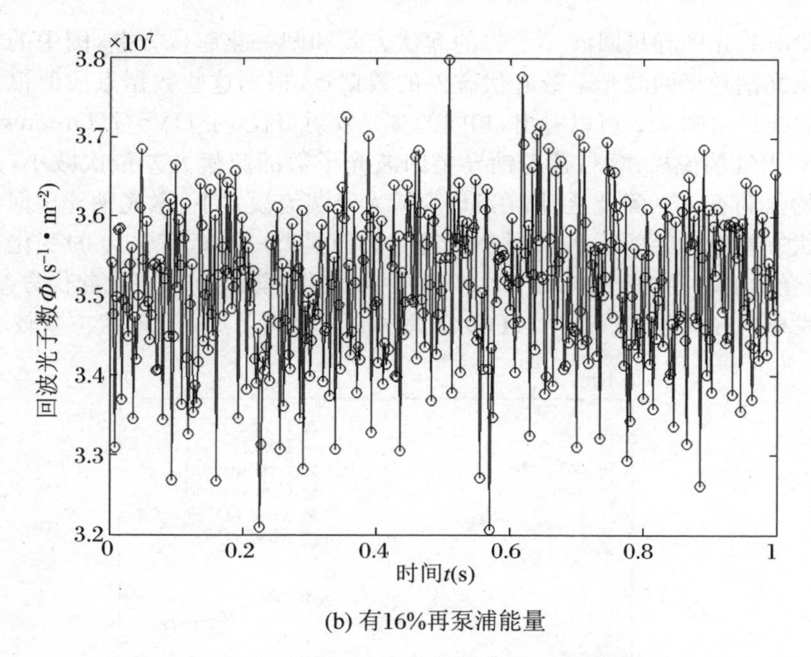

(b) 有16%再泵浦能量

图4.2　激光激发钠导星回波光子数的起伏(续)

为了表征激光钠导星回波光子数的随机起伏，这里引入一个物理量——激光钠导星回波光子数起伏方差：

$$\sigma_N^2 = \langle \Phi^2 \rangle - \langle \Phi \rangle^2 \tag{4.3}$$

式中，$\langle\rangle$表示系综平均。由式(4.3)可以得到激光钠导星回波光子数归一化起伏方差为

$$\beta_\Phi^2 = \frac{\langle \Phi^2 \rangle}{\langle \Phi \rangle^2} - 1 \tag{4.4}$$

根据式(4.3)计算时，选择每次激光光强分布对应的回波光子数 Φ 作为一个样本，$\langle \Phi \rangle$表示多个采样样本的平均值，$\langle \Phi^2 \rangle$表示多个样本回波光子数平方的平均值。另外，回波光子数起伏方差的计算需要足够的样本容量，这里根据计算过程中回波光子数起伏方差的稳定性来确定样本容量的大小，计算表明样本容量应不少于300。在计算归一化回波光子数起伏方差时，采用数值模拟的方法，应用 CLAP 软件模拟激光到达大气中间层的光强分布，根据式(4.1)～式(4.4)分别计算每次激光光强分布激发钠导星的回波光子数，然后计算出$\langle \Phi \rangle^2$ 和$\langle \Phi^2 \rangle$。

4.1.2　激光钠导星回波光子数起伏方差和归一化起伏方差

采用20 W连续激光，选择激光发射口径为10～60 cm，模拟计算11个激光发射口径的激光钠导星回波光子数起伏方差和归一化起伏方差。图4.3给出了无再

泵浦能量时激光钠导星回波光子数的起伏方差和归一化起伏方差，图中的○、△、□表示激光钠导星回波光子数起伏方差的数据点，根据这些数据点插值拟合得到光滑的曲线。由图 4.3 可以看出，相同的激光发射口径，在 HV5/7、Greenwood 和 Mod-HV 大气湍流模式下，激光钠导星回波光子数的起伏方差依次减小，这与大气湍流的强弱有关。除此之外，在 HV5/7 大气湍流模式下，激光钠导星回波光子数的起伏方差随口径的增大有减小的趋势。但是归一化起伏方差的变化有些复杂，当激光发射口径小于 30 cm 时，HV5/7 大气湍流模式下归一化起伏方差较大；当激光发射口径大于 30 cm 时，HV5/7 大气湍流模式下归一化起伏方差较小。

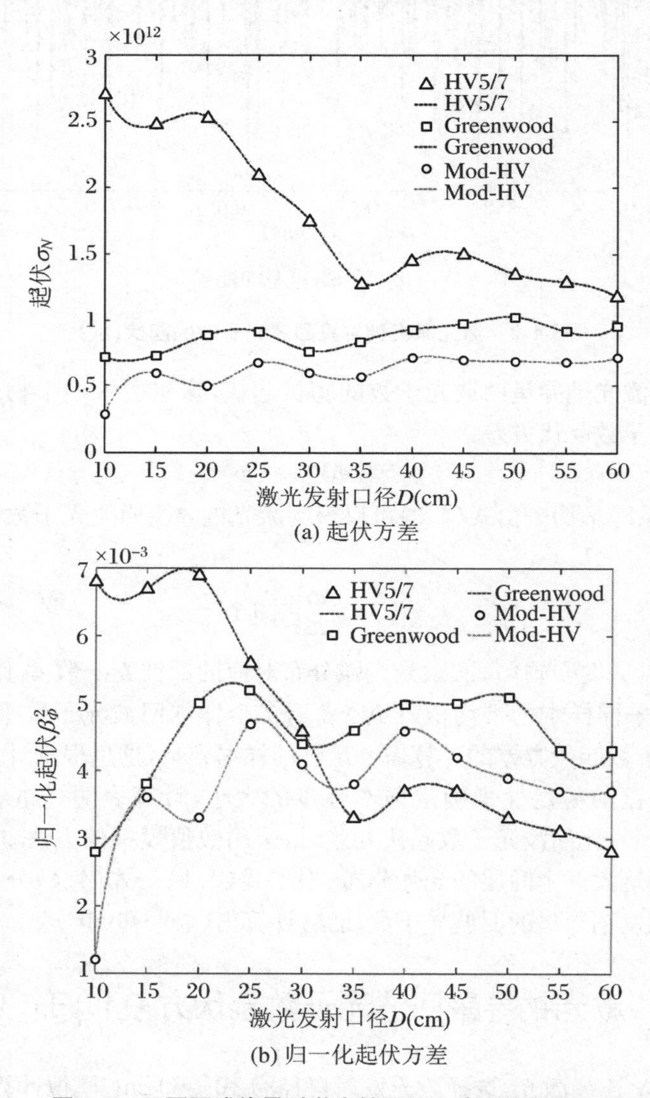

(a) 起伏方差

(b) 归一化起伏方差

图 4.3　无再泵浦能量时激光钠导星回波光子数方差

图 4.4 模拟了 3 种大气湍流模式下有再泵浦能量时回波光子数的起伏方差和归一化起伏方差。当激光发射口径小于 20 cm 时，在 HV5/7 大气湍流模式下，激光钠导星回波光子数起伏方差比 Greenwood 和 Mod-HV 大气湍流模式下大；当激光发射口径大于 25 cm 时，在 HV5/7 大气湍流模式下，激光钠导星回波光子数的起伏方差较小。归一化起伏方差也具有类似的特点。激光钠导星回波光子数的起伏方差小对自适应光学波前探测是有利的，因为小的回波光子数波动有利于减小波前探测的误差。图 4.5 进一步比较了有再泵浦能量时激光钠导星与无再泵浦能量时激光钠导星在 3 种大气湍流模式下回波光子数的归一化起伏方差。

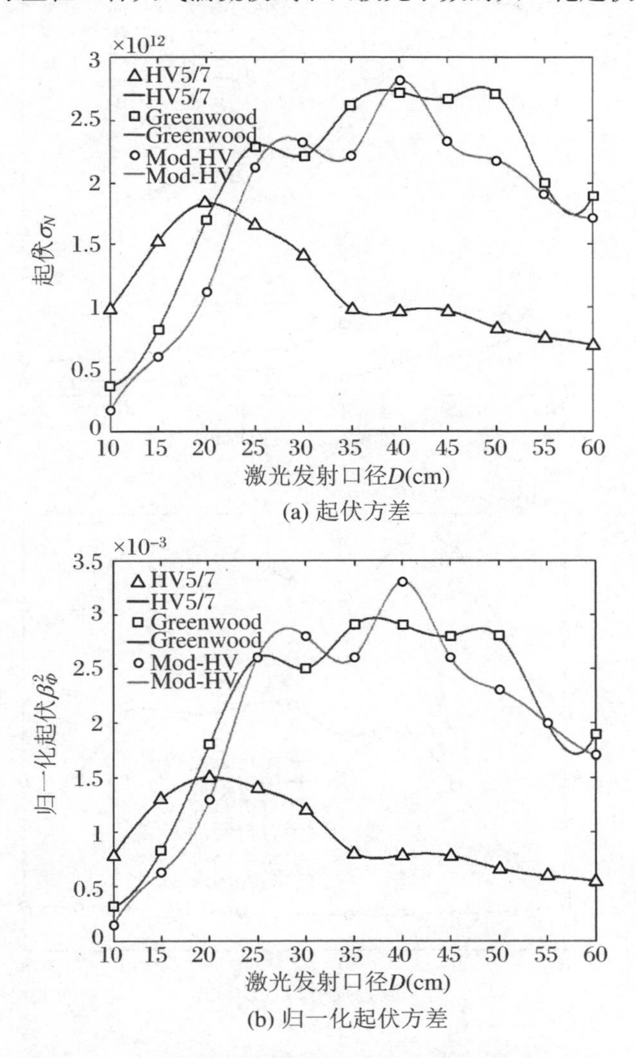

图 4.4　有再泵浦能量时激光钠导星回波光子数方差

由图 4.5 可以看出，在 3 种大气湍流模式下，有再泵浦能量时激光钠导星回波光子数的归一化起伏方差比无再泵浦能量时小得多。另外,激光光强闪烁的归一化方差与激光钠导星回波光子数的归一化方差没有相关性。以 40 cm 激光发射口径为例可以看出,在 HV5/7 大气湍流模式下,有再泵浦能量时激光钠导星的归一化起伏方差是无再泵浦能量时激光钠导星归一化起伏方差的 21/100;在 Greenwood 大气湍流模式下,此值为 58/100;在 Mod-HV 大气湍流模式下,此值为 72/100。因此,总体来说,有再泵浦能量时激光钠导星具有闪烁效应小的优点。

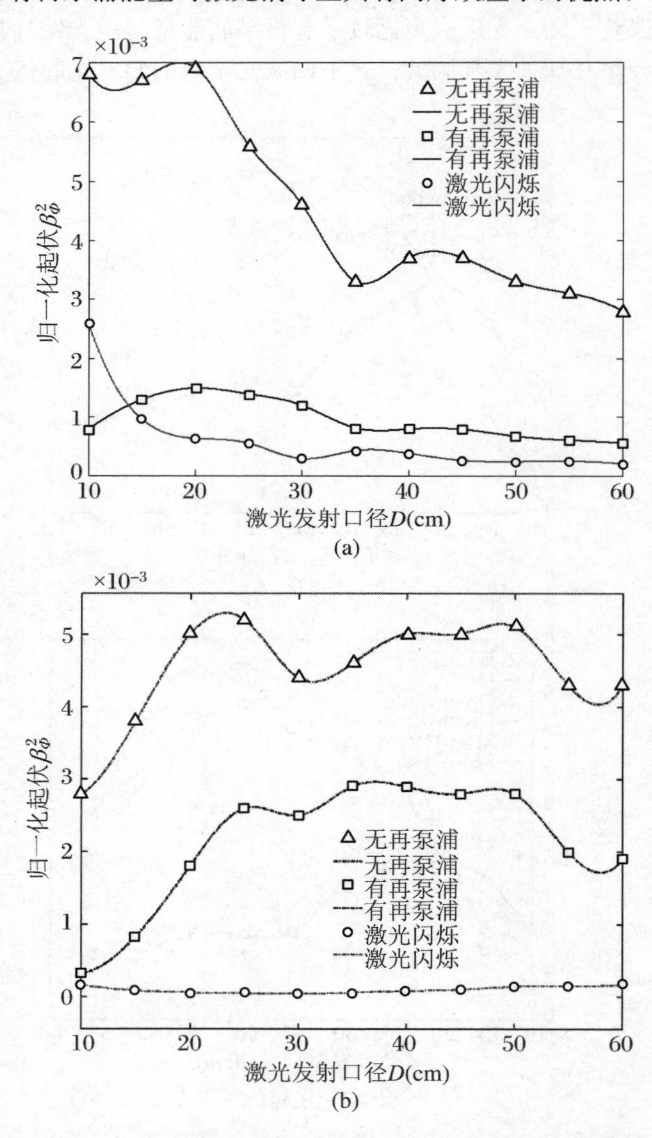

图 4.5　有再泵浦与无再泵浦能量时激光钠导星回波光子数归一化起伏方差的比较

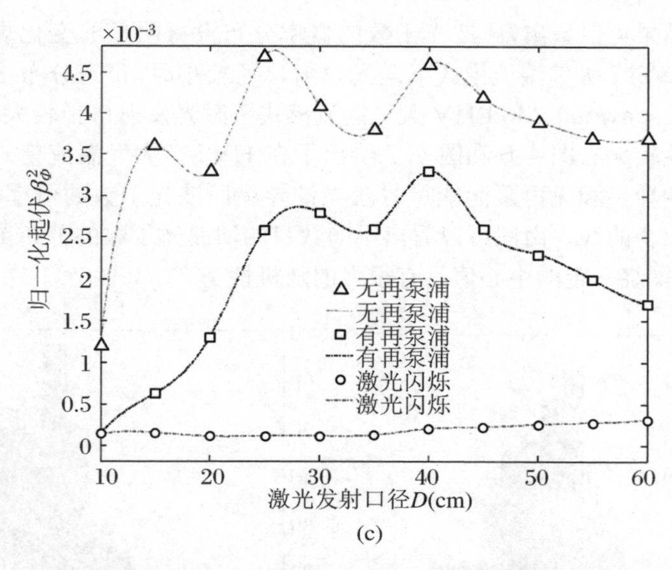

(c)

图 4.5　有再泵浦与无再泵浦能量时激光钠导星回波光子数归一化起伏方差的比较(续)

4.1.3　回波光子数的概率分布

在样本容量为 400 的情况下，对 HV5/7、Greenwood 和 Mod-HV 大气湍流模式下回波光子数的概率分布进行统计分析。统计分析的方法如下：(1) 绘制频率分布直方图，并用正态概率分布曲线拟合；(2) 对回波光子数的概率分布进行 Jarque-Bera 检验，设置显著水平为 5%，然后由计算结果判断是否服从正态分布。表 4.2 是针对 11 个激光发射口径的正态分布的统计，表中 Y 表示属于正态分布，unY 表示不属于正态分布。

表 4.2　11 个激光发射口径回波光子数概率分布的统计

激光发射口径(cm)		10	15	20	25	30	35	40	45	50	55	60
HV5/7	有再泵浦	Y	Y	Y	unY	Y	Y	unY	Y	Y	unY	unY
	无再泵浦	Y	Y	Y	Y	Y	unY	Y	unY	unY	Y	unY
Greenwood	有再泵浦	unY	Y	unY	unY	unY	Y	Y	Y	Y	unY	Y
	无再泵浦	unY	unY	unY	Y	Y	Y	Y	Y	Y	Y	Y
Mod-HV	有再泵浦	unY	unY	unY	Y	Y	Y	unY	Y	Y	Y	Y
	无再泵浦	unY	unY	unY	unY	unY	Y	Y	unY	Y	Y	Y

由统计结果可以看出，回波光子数的概率分布没有明显的变化规律。只能勉强地说，在 HV5/7 大气湍流模式下激光发射口径较小时，正态分布出现的可能性大一些；在 Greenwood、Mod-HV 大气湍流模式下激光发射口径较大时，正态分布出现的可能性较大。图 4.6 和图 4.7 给出了在 HV5/7 大气湍流模式下有再泵浦能量时激光钠导星和无再泵浦能量时激光钠导星回波光子数的概率分布图，曲线为正态分布拟合曲线。由图可以看出不同数目的回波光子数的分布范围和分布频率，这些分布围绕一定的中心值具有很强的随机性。

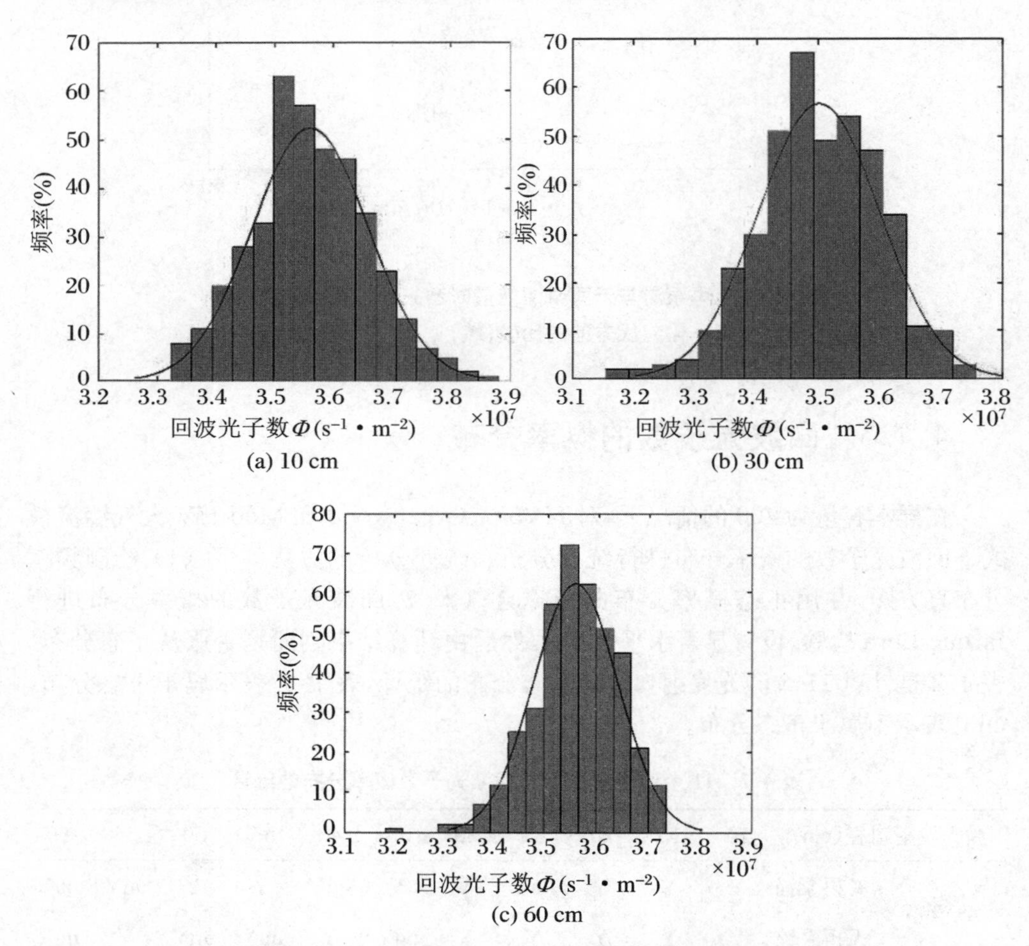

图 4.6　有再泵浦能量时激光钠导星回波光子数的概率分布

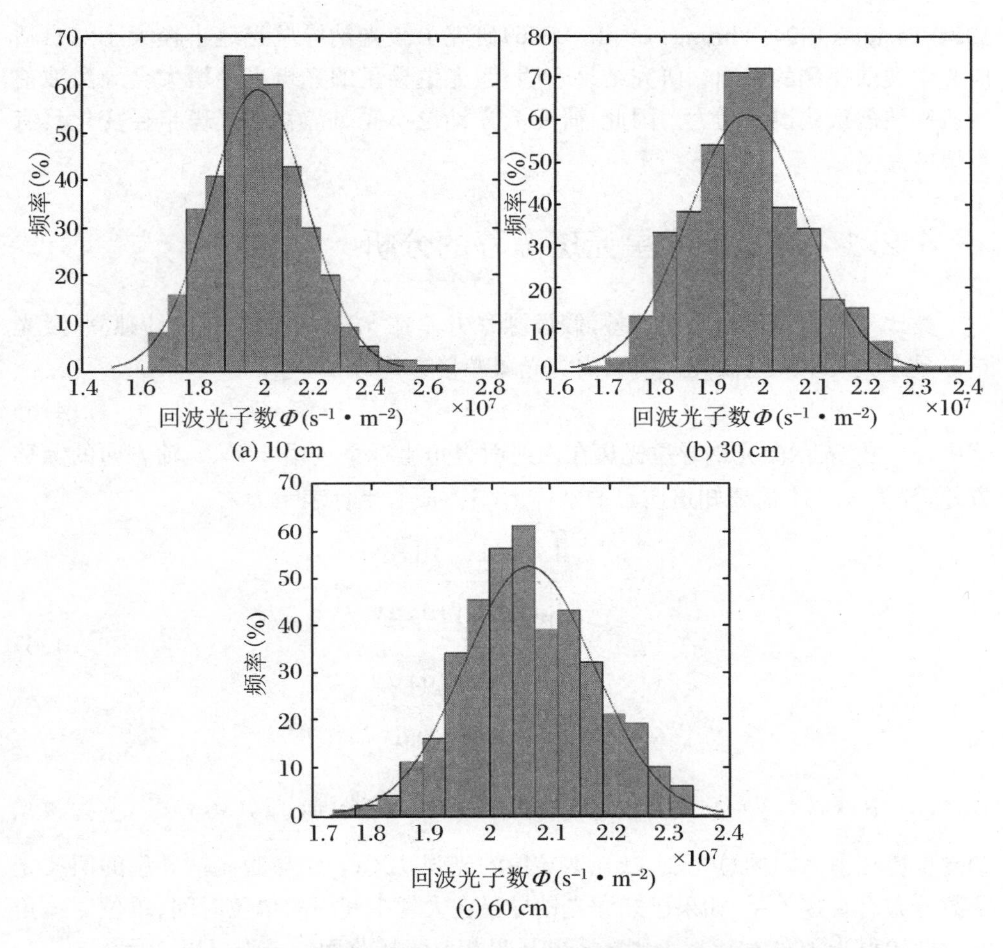

图 4.7　无再泵浦能量时激光钠导星回波光子数的概率分布

4.2　激光钠导星的光斑漂移与光斑半径

一般来说，自然星作为导星(信标)，其本身具有一定的稳定性。第一，自然星距离很远，可以看作点光源，不需要考虑光斑半径大小的问题；第二，自然星本身可以看作静止的，可以不考虑光斑漂移现象。但是激光钠导星就不具有这样的优点，这是因为激光钠导星是激光经过大气传输，与钠层作用产生的荧光光源。激光在大气传输的过程中受到大气湍流的影响，会产生光强闪烁、光斑漂移和光束扩展等光学效应，因此激光钠导星本身是漂移的，这种漂移进一步增大了激光钠导星的长曝光光斑半径，并且其大小在一定程度上不可忽略。很多学者(Sandler，Stahl，

1994;Sasiela,1994;Thomas et al.,2006)研究了激光钠导星光斑半径大小对自适应光学波前探测的影响。研究结果表明,激光钠导星的光斑半径增大会导致波前探测和波前重构误差增大。因此,研究激光钠导星光斑漂移和光斑半径变化具有重要的意义。

4.2.1 激光钠导星光斑漂移的分析

类比于激光光斑的漂移方差,假设漂移方差在 x 轴、y 轴方向统计独立,激光钠导星在大气中间层激光入射面内的光斑漂移方差为

$$\sigma_\rho^2 = \sigma_x^2 + \sigma_y^2 \tag{4.5}$$

式中,σ_x^2、σ_y^2 表示激光钠导星光斑在入射面直角坐标系内沿 x 轴、y 轴方向的漂移方差,计算 σ_x^2、σ_y^2 需要知道质心的坐标 x_c、y_c,质心坐标表示为

$$\begin{aligned} x_c &= \frac{\iint x I_b(x,y)\mathrm{d}x\mathrm{d}y}{\iint I_b(x,y)\mathrm{d}x\mathrm{d}y} \\ y_c &= \frac{\iint y I_b(x,y)\mathrm{d}x\mathrm{d}y}{\iint I_b(x,y)\mathrm{d}x\mathrm{d}y} \end{aligned} \tag{4.6}$$

式(4.6)中,$I_b(x,y)$ 表示点 (x,y) 处激光钠导星的光强,$\iint I_b(x,y)\mathrm{d}x\mathrm{d}y$ 为激光钠导星所在平面内的总光强。激光钠导星的光强 $I_b(x,y)$ 与激光钠导星的回波光子数分布有直接关系,如果已知激光钠导星在大气中间层的单位时间、单位立体角的后向辐射光子数 $\varphi(x,y)$,则激光钠导星相对于接收面的光强可以表示为

$$I_b(x,y) = \frac{T_0\varphi(x,y)h\nu}{L^2} \tag{4.7}$$

式中,L 为接收面到钠层中心的垂直高度,$h\nu$ 为一个光子的能量。

从某种程度上讲,激光钠导星在大气中间层入射面内的光斑漂移与激光光斑漂移具有一致性。但是实际情况具有一定的复杂性,关键在于激光钠导星光强的分布与激光光强分布是否呈正比例关系。如果呈正比例关系,那么两者具有一致性。下面考虑圆偏振连续激光、长脉冲激光和宏-微脉冲激光激发钠导星的后向辐射光子数。

连续激光:

$$\varphi = \frac{\beta' C_{\mathrm{Na}}\iint R\mathrm{d}x\mathrm{d}y(1-0.6552\sin\theta)}{4\pi} \tag{4.8}$$

长脉冲激光:

$$\varphi = \frac{\beta' C_{\mathrm{Na}} R_p \iint R \mathrm{d}x\mathrm{d}y(\tau_p + \tau)(1 - 0.6552\sin\theta)}{4\pi} \tag{4.9}$$

宏-微脉冲激光：

$$\varphi = \frac{\beta' C_{\mathrm{Na}} R_p' R_{\mathrm{M}} \iint p_2(x,y)\mathrm{d}x\mathrm{d}y}{4\pi} \tag{4.10}$$

式中，β'为后向散射系数，θ为激光发射方向与地磁场的夹角，R为激发态钠原子的自发辐射速率，C_{Na}为钠层柱密度，R_p为长脉冲重频率，τ_p为长脉冲宽度，τ为激发态钠原子的寿命；R_p'为宏-微脉冲的微脉冲重频率，R_{M}为宏脉冲重频率，p_2为激发态概率。对于连续激光和长脉冲激光，自发辐射速率R具有相同的形式：

$$R = \frac{aI_{\mathrm{laser}}}{1 + I_{\mathrm{laser}}/b}$$

式中，I_{laser}为激光的光强，其中，a、b是常量，与激光本身的特性、激光与钠层的作用以及钠层的特性有关。

当$\frac{I_{\mathrm{laser}}}{b} = 1$时，$R \approx aI_{\mathrm{laser}}$，此时，激光钠导星的光斑质心与激光光斑的质心呈正比例关系；如果取$b = 87\ \mathrm{W \cdot m^{-2}}$，那么对于20 W连续激光，在HV5/7大气湍流模式下的光强分布仅有万分之二的光强小于$8.7\ \mathrm{W \cdot m^{-2}}$。对于单模单一频率激光，如果取$b = 88\ \mathrm{W \cdot m^{-2}}$，单脉冲激光的功率为208 W，那么在HV5/7大气湍流模式下只有不到万分之一的光强小于$8.8\ \mathrm{W \cdot m^{-2}}$。因此，连续激光和长脉冲激光与钠层作用时，激光钠导星的光强分布很难与激光光强的分布呈正比例关系，同时，激光钠导星的光斑漂移与激光光斑的漂移呈非线性关系。

对于宏-微脉冲激光，单一微脉冲激光的激发态概率$p_2 = p_2(i)$。当$p_2 \leqslant \left(\frac{\pi}{36}\right)^2$时，可以认为$p_2 \propto I_{\mathrm{laser}}$，计算得激光光强$I_{\mathrm{laser}} \leqslant 1.23 \times 10^5\ \mathrm{W \cdot m^{-2}}$。采用捷洛内克等人的实验数据，微脉冲激光的发射功率为6369 W，在Greenwood大气湍流模式下最大光强不超过$1.4 \times 10^3\ \mathrm{W \cdot m^{-2}}$。因此，对于宏-微脉冲激光，可以认为激光钠导星的质心与激光光斑的质心几乎是重合的，此时，激光钠导星的光斑漂移与激光光斑的漂移具有一致性。

4.2.2　激光钠导星光斑漂移方差

在激光发射和望远镜共轴的情况下，人们常常关心光斑漂移的方差和光斑漂移的概率分布，这里主要研究激光钠导星的漂移方差。考虑到湍流介质各向均匀同性，激光钠导星的光斑漂移除了与激光钠导星的光强分布有关，还与大气湍流强度和激光发射口径有关，因为这些因素都能够影响激光上行传输的光强分布。假设激光钠导星沿x轴、y轴方向的漂移统计独立，可采用数值计算的方法得到激光钠导星的光斑漂移方差,为了便于计算,将上式离散化为如下形式。

质心坐标:

$$x_c = \frac{\sum xI_b(m,n)}{\sum I_b(m,n)} \quad y_c = \frac{\sum yI_b(m,n)}{\sum I_b(m,n)} \tag{4.11}$$

激光钠导星的光强:

$$I_b(m,n) = \frac{T_0\varphi(m,n)h\nu}{L^2} \tag{4.12}$$

连续激光:

$$\varphi(m,n) = \beta' C_{\mathrm{Na}} \sum \frac{aI_{\mathrm{laser}}(m,n)}{1 + I_{\mathrm{laser}}(m,n)/b} \frac{\Delta S(1 - 0.6552\sin\theta)}{4\pi} \tag{4.13}$$

长脉冲激光:

$$\varphi(m,n) = \beta' C_{\mathrm{Na}} R_p \sum \frac{aI_{\mathrm{laser}}(m,n)}{1 + I_{\mathrm{laser}}(m,n)/b} \frac{\Delta S(\tau_p + \tau)(1 - 0.6552\sin\theta)}{4\pi} \tag{4.14}$$

宏-微脉冲激光:

$$\varphi(m,n) = \beta' C_{\mathrm{Na}} \sum_i \sin^2 \overline{P}_2(i) \frac{\Delta S}{4\pi} \tag{4.15}$$

根据式(4.11)~式(4.14)计算质心的坐标 x_c、y_c,然后计算 σ_x^2、σ_y^2,最后得到 σ_ρ^2。假设激光垂直地面、准直发射,模拟参数见表 3.1~表 3.3。这里连续激光和长脉冲激光激发钠导星的参数设置相同的后向散射系数、钠层中心高度、钠层柱密度和大气透过率,激光发射方向和地磁场方向的夹角都取 30°。

应用相应的模拟参数,图 4.8 模拟了 3 种大气湍流模式下 10~60 cm 发射口径的连续激光光斑和激光钠导星光斑的漂移方差,图中圆点为数值模拟的数据点,

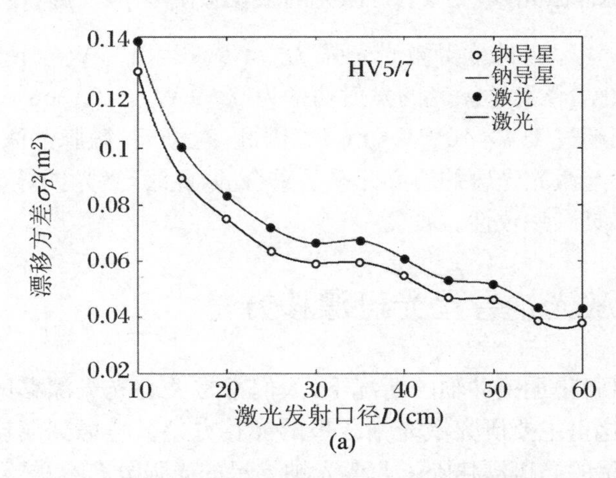

图 4.8 3 种大气湍流模式下 10~60 cm 激光发射口径的连续激光(20 W)光斑和激光钠导星光斑的漂移方差

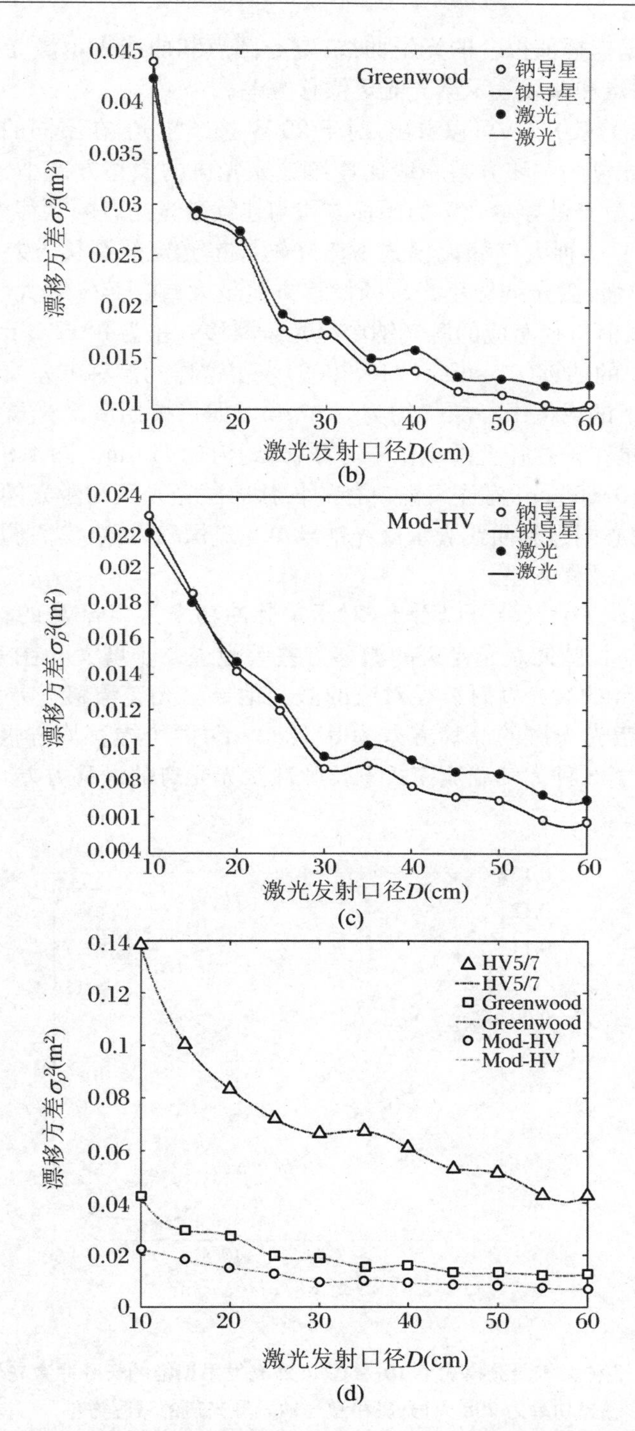

图 4.8　3 种大气湍流模式下 10～60 cm 激光发射口径的连续激光(20 W)光斑和激光钠导星光斑的漂移方差(续)

曲线是根据数据点插值拟合的光滑曲线，空心圆点和曲线表示激光钠导星光斑漂移方差，实心圆点和曲线表示激光光斑漂移方差。

由图 4.8(a)、(b)、(c)可以看出，对于 20 W 连续激光，在不同的大气湍流模式下激光钠导星光斑的漂移方差一般比连续激光光斑的漂移方差小。在 HV5/7 大气湍流模式下，激光钠导星光斑的漂移方差与连续激光光斑的漂移方差相差最大。图4.8(d)比较了 3 种大气湍流模式下激光钠导星光斑的漂移方差。由图可以看出，大气湍流越强，激光钠导星光斑的漂移方差越大；在 HV5/7 大气湍流模式下，10 cm 的激光发射口径对应的激光钠导星光斑漂移方差为 0.1274 m^2，漂移均方根为 36 cm。简单的估算(Conan et al.,2009)表明这样的漂移方差可以导致激光钠导星在子孔径上的成像中心漂移约为 0.4 μm。如果按照激光光斑的漂移方差来估计激光钠导星在子孔径上的成像中心漂移，约为 0.41 μm。图 4.9 模拟了 3 种大气湍流模式下10～60 cm 激光发射口径的长脉冲激光光斑和激光钠导星光斑的漂移方差，图中空心圆点和曲线表示激光钠导星光斑漂移方差，实心圆点和曲线表示长脉冲激光光斑漂移方差。

由图 4.9(a)、(b)、(c)可以看出，对于单脉冲功率为 208 W 的长脉冲激光，激光钠导星光斑与长脉冲激光光斑的漂移方差差距进一步增大。在 HV5/7 大气湍流模式下，10 cm 的激光发射口径对应的激光钠导星光斑漂移方差为 0.1039 m^2，对应的长脉冲激光光斑的漂移方差为 0.1283 m^2，两个漂移均方根相差约 4 cm。图 4.9(d)比较了 3 种大气湍流模式下长脉冲激光光斑的漂移方差，其变化规律与图 4.8(d)类似。

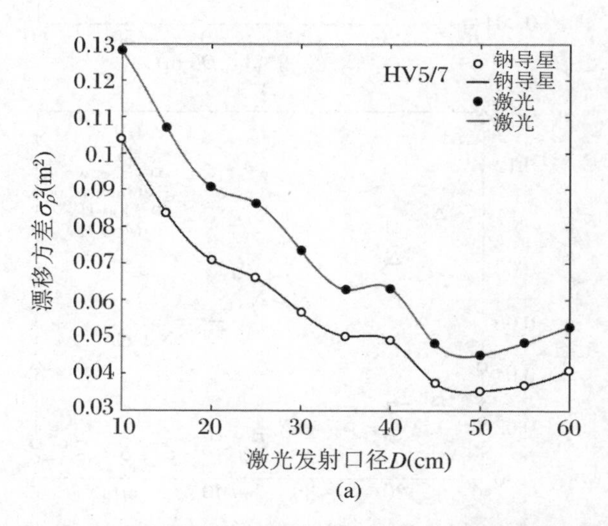

(a)

图 4.9　3 种大气湍流模式下 10～60 cm 激光发射口径的长脉冲激光(单脉冲激光功率为 208 W)光斑和激光钠导星光斑的漂移方差

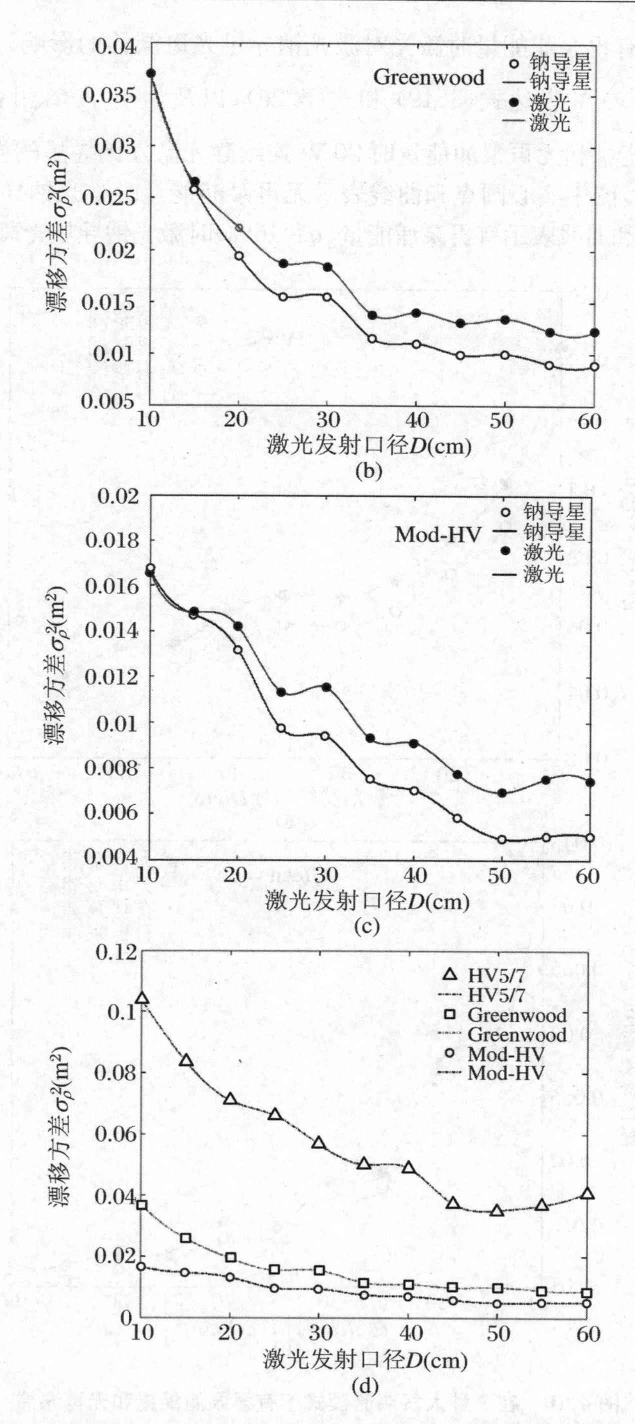

图4.9　3种大气湍流模式下10～60 cm激光发射口径的长脉冲激光(单脉冲激光功率为208 W)光斑和激光钠导星光斑的漂移方差(续)

为了了解有再泵浦能量时激光对激光钠导星光斑漂移的影响，应用平均回波光子通量 $\psi(x,y)$ 的表达式(3.19) 和式(3.20)，以及 $\varphi = \beta' C_{\mathrm{Na}}\iint\psi(x,y)\mathrm{d}x\mathrm{d}y$，模拟有再泵浦能量和无再泵浦能量时 20 W 连续激光激发钠导星的光斑漂移方差，如图 4.10 所示，图中实心圆点和曲线表示无再泵浦能量时激光钠导星光斑的漂移方差，空心圆点和曲线表示有再泵浦能量($q=16\%$)时激光钠导星光斑的漂移方差。

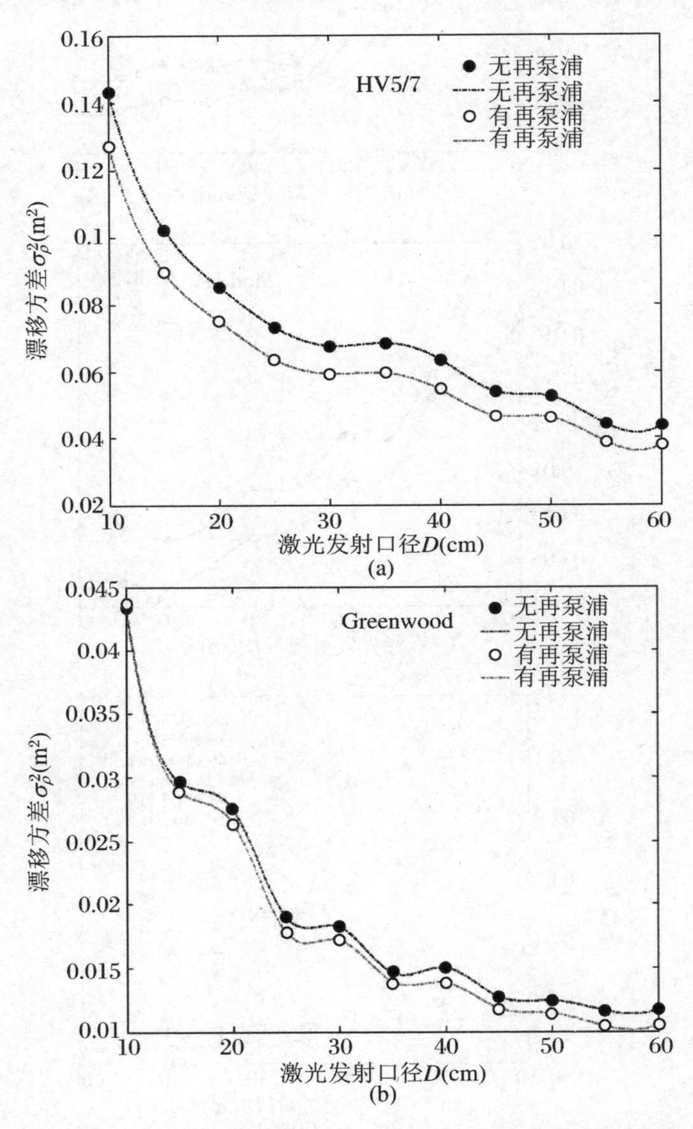

图 4.10　在 3 种大气湍流模式下有再泵浦能量和无再泵浦能量时激光钠导星光斑的漂移方差

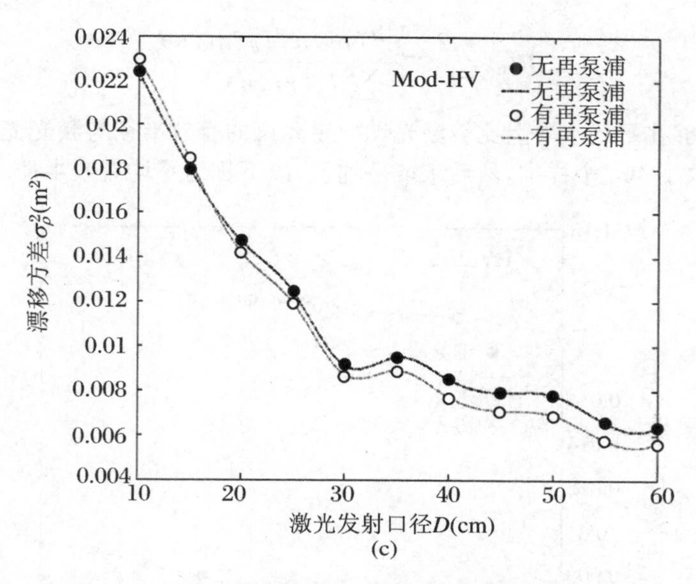

图4.10　在3种大气湍流模式下有再泵浦能量和无再泵浦能量时激光钠导星光斑的漂移方差(续)

由图4.10可以看出,增加再泵浦能量能够减小激光钠导星光斑的漂移方差,在HV5/7大气湍流模式下激光钠导星光斑的漂移方差减小最多,在Greenwood和Mod-HV大气湍流模式下减小不明显。除此之外,增大激光发射口径也能够减小激光钠导星光斑的漂移方差。

4.2.3　激光钠导星的光斑半径

在共轴观察的情况下,激光钠导星的光斑半径与激光光强分布的光斑半径有密切的关系,但是两者不一定大小相同,这取决于激光钠导星光强分布与激光光强分布是否满足正比例关系。在短曝光条件下,激光钠导星的短曝光有效半径为

$$R_{\text{eff}}^2 = \frac{2\iint r^2 I_b(x,y)\mathrm{d}x\mathrm{d}y}{\iint I_b(x,y)\mathrm{d}x\mathrm{d}y} \tag{4.16}$$

式中,r为光强所在点到质心的距离。由式(4.16)结合式(4.11)～式(4.14),很容易看到激光钠导星光斑的短曝光有效半径在连续激光和长脉冲激光激发时与激光光斑的短曝光有效半径是不同的,只有在宏-微脉冲激光激发时,两者才具有很好的一致性。根据激光光斑长曝光半径的计算,可得到激光钠导星光斑的长曝光有效半径为

$$R_L^2 = R_{\text{eff}}^2 + \sigma_\rho^2 \tag{4.17}$$

在计算激光钠导星光斑的短曝光有效半径时,式(4.16)可写成离散的形式:

$$R_{\mathrm{eff}}^2 = \frac{2\sum r^2(m,n)I_b(m,n)}{\sum I_b(m,n)} \tag{4.18}$$

为了能够在平均水平上比较激光钠导星光斑的有效半径与激光光斑的有效半径，这里选取了 400 个样本，然后求取平均值，以下称为平均有效半径。

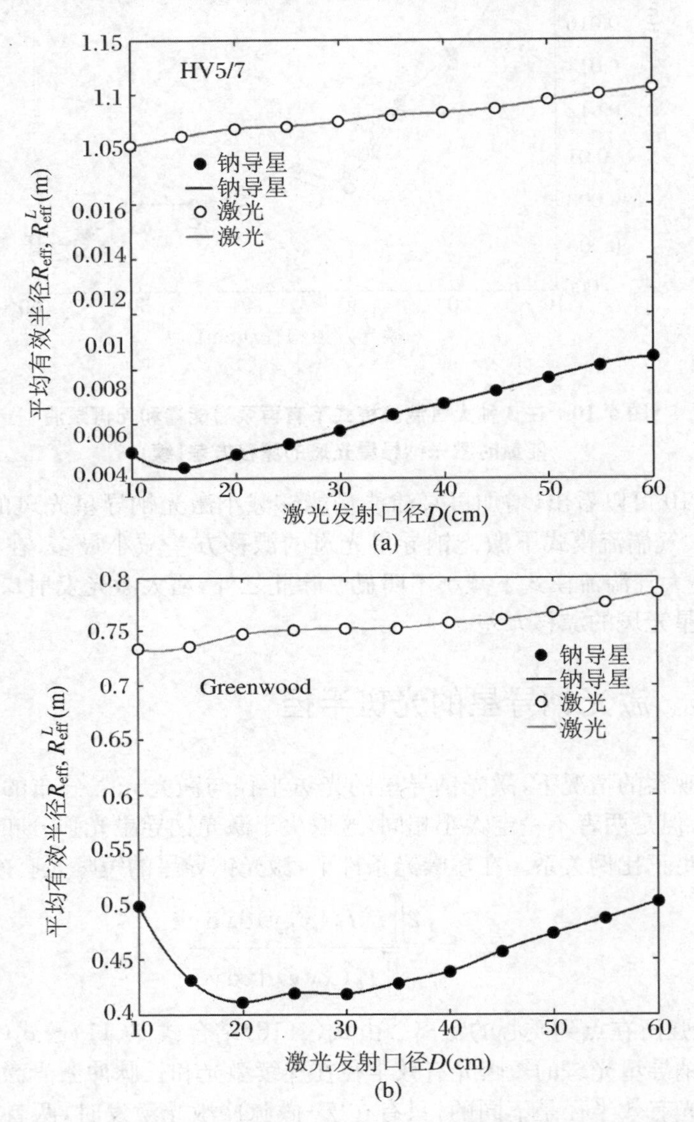

图 4.11　3 种大气湍流模式下 10～60 cm 激光发射口径的长脉冲激光光斑的短曝光平均有效半径和激光钠导星光斑的短曝光平均有效半径

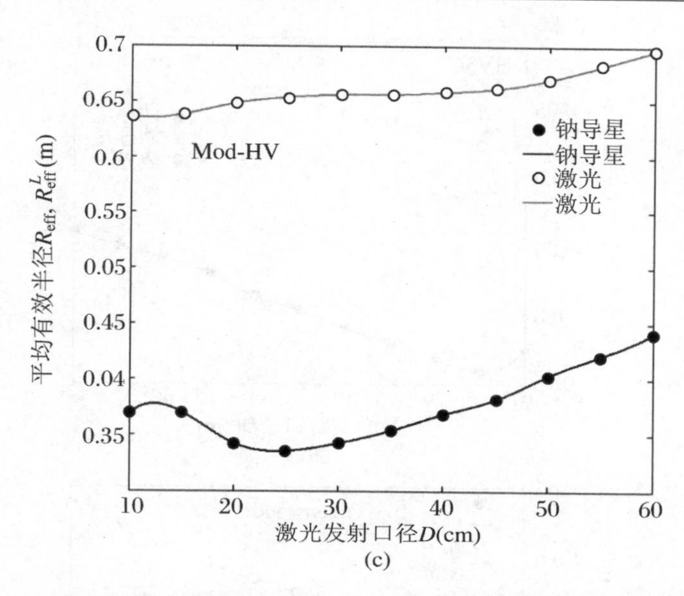

图 4.11　3 种大气湍流模式下 10～60 cm 激光发射口径的长脉冲激光光斑的短曝光平均有效半径和激光钠导星光斑的短曝光平均有效半径(续)

图 4.11 模拟了 3 种大气湍流模式下长脉冲激光光斑和激光钠导星光斑的短曝光平均有效半径，R_{eff}^L表示长脉冲激光光斑的短曝光平均有效半径。由图 4.11 可以看出，3 种大气湍流模式下激光钠导星光斑的短曝光平均有效半径都比长脉冲激光光斑的短曝光平均有效半径大，并且大气湍流增强，两者的差值有增大的趋势。在 HV5/7 大气湍流模式下，最大差值为 0.3 m；在 Greenwood 大气湍流模式下，最大差值为 0.33 m；在 Mod-HV 大气湍流模式下，最大差值为 0.22 m。

图 4.12 模拟了 3 种大气湍流模式下连续激光光斑的短曝光平均有效半径和激光钠导星光斑的短曝光平均有效半径。由图 4.12 可以看出在 3 种大气湍流模式下，激光钠导星光斑的短曝光平均有效半径与连续激光光斑的短曝光平均有效半径有类似的关系。在 HV5/7 大气湍流模式下，最大差值为 0.16 m；在 Greenwood 大气湍流模式下，最大差值为 0.15 m；在 Mod-HV 大气湍流模式下，最大差值为 0.13 m。根据图 4.11 的结果，可以看到连续激光光斑和长脉冲激光光斑的短曝光平均有效半径都比激光钠导星光斑的短曝光平均有效半径大。

联系上述激光钠导星光斑漂移方差的大小，应用式(4.17)和式(4.18)，图 4.13 模拟了 3 种大气湍流模式下 10～60 cm 激光发射口径的连续激光光斑的短曝光平均有效半径和长曝光平均有效半径，图中实心圆点和曲线表示连续激光光斑的短曝光平均有效半径，空心圆点和曲线表示连续激光光斑的长曝光平均有效半径。

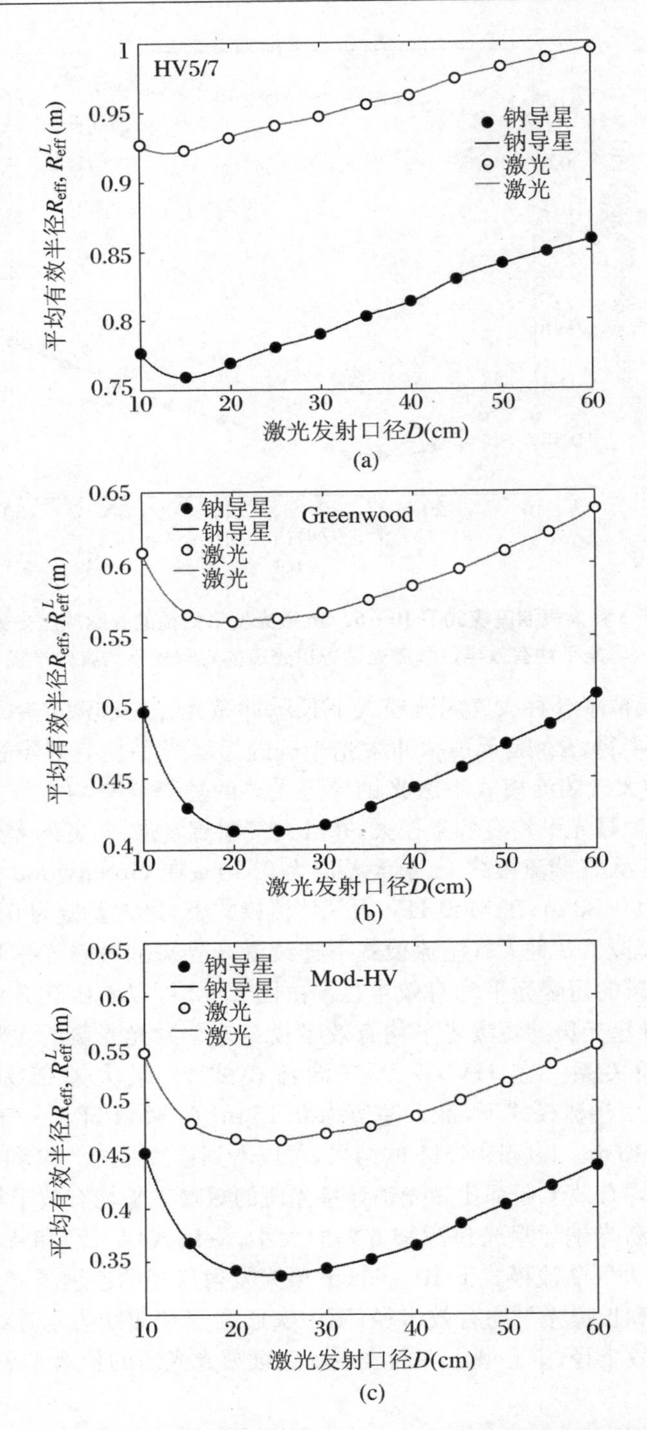

图 4.12　3 种大气湍流模式下 10～60 cm 激光发射口径的连续激光光斑的短曝光平均有效半径和激光钠导星光斑的短曝光平均有效半径

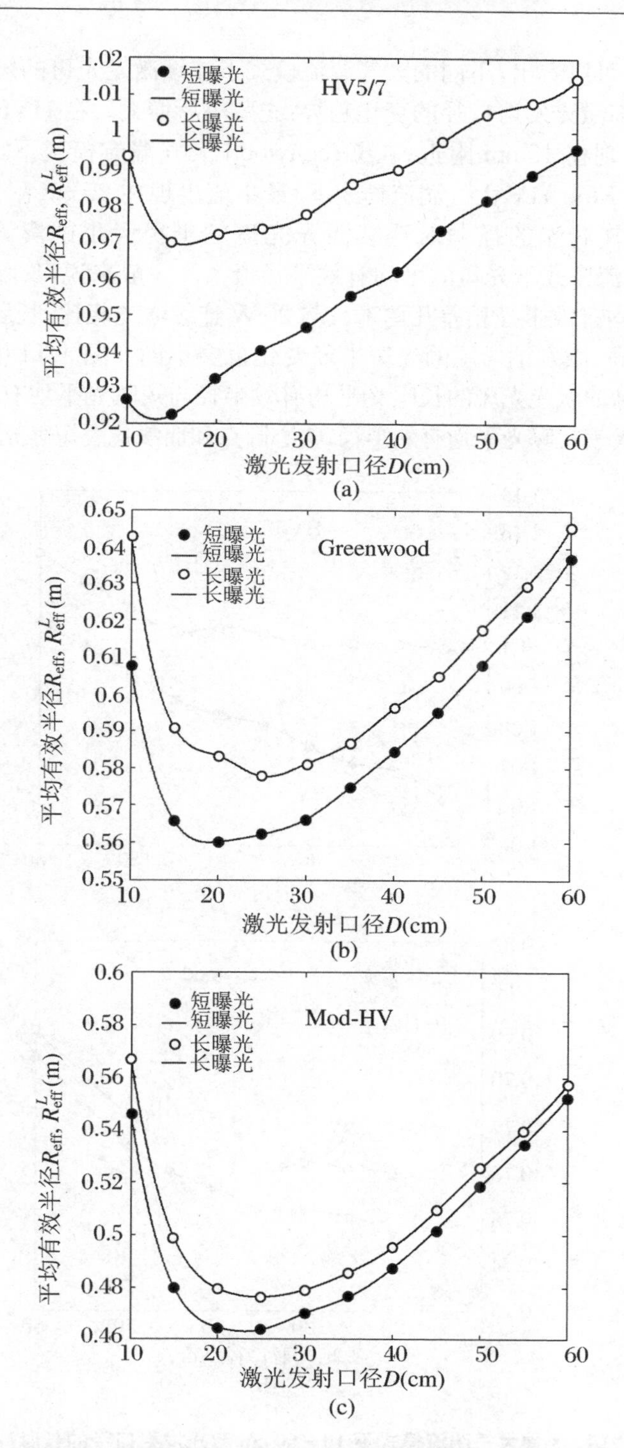

图 4.13　3 种大气湍流模式下 10～60 cm 激光发射口径的连续激光光斑的短曝光平均有效半径和长曝光平均有效半径

由图 4.13 可以看出，不同的大气湍流模式下连续激光光斑的短曝光和长曝光平均有效半径随激光发射口径的变化趋势：先减小后增大。在 HV5/7 大气湍流模式下，最小值出现在 15 cm 附近；在 Greenwood 大气湍流模式下，最小值出现在 20 cm 附近；在 Mod-HV 大气湍流模式下，最小值出现在 25 cm 附近。除此之外，还可以看到大气湍流的强弱对连续激光光斑的半径大小的影响非常显著，在 HV5/7 大气湍流模式下光斑的平均有效半径最大。一般来说，长曝光平均有效半径与短曝光平均有效半径相差几厘米。与 20 W 连续激光相比，长脉冲激光的每个单脉冲功率较高，激发钠导星的光斑半径变化也会不同。图 4.14 模拟了 3 种大气湍流模式下长脉冲激光光斑的长曝光平均有效半径与短曝光平均有效半径，图中空心圆点和曲线代表长曝光平均有效半径，实心圆点和曲线代表短曝光平均有效半径。

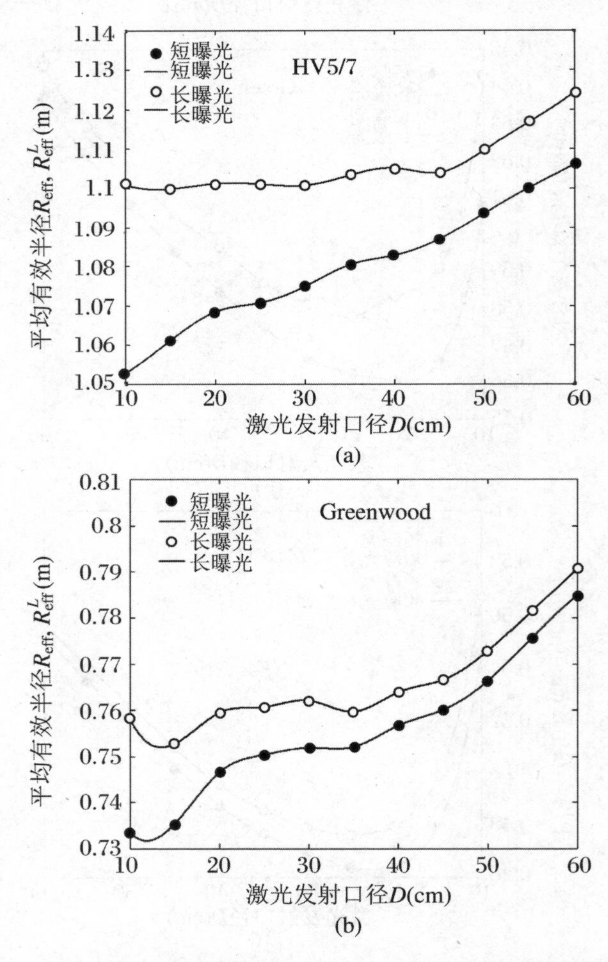

图 4.14　3 种大气湍流模式下 10～60 cm 激光发射口径的长脉冲激光光斑的短曝光平均有效半径和长曝光平均有效半径

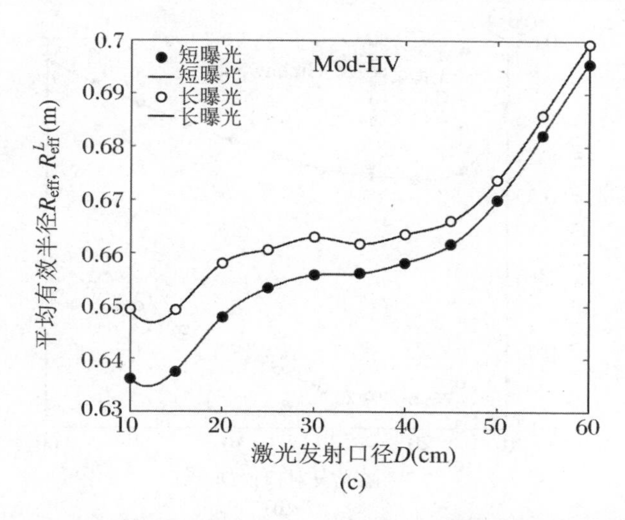

(c)

图 4.14　3 种大气湍流模式下 10～60 cm 激光发射口径的长脉冲激光光斑的短曝光平均有效半径和长曝光平均有效半径(续)

图 4.14 中，单脉冲激光的功率为 208 W，总体来说，长脉冲激光光斑的平均有效半径比连续激光光斑的平均有效半径大。平均有效半径变化的总体趋势是随激光发射口径的增大而增大的。长曝光平均有效半径与短曝光平均有效半径相差几厘米。为了了解有再泵浦能量和无再泵浦能量对连续激光光斑半径大小的影响，图 4.15 模拟了 3 种大气湍流模式下有再泵浦能量和无再泵浦能量时连续激光光斑的短曝光平均有效半径随激光发射口径的变化。

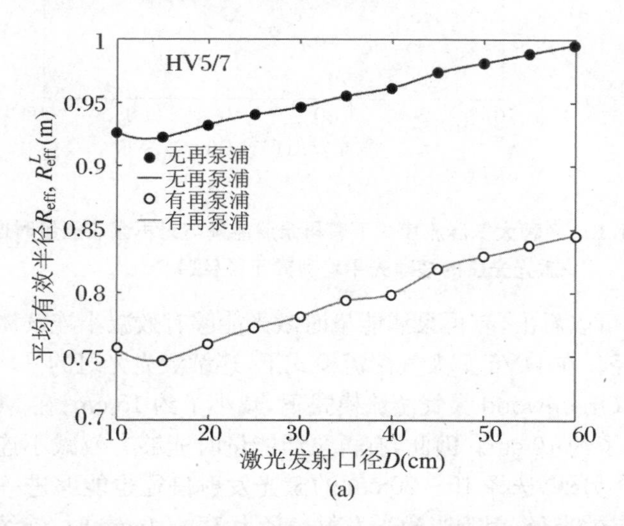

(a)

图 4.15　3 种大气湍流模式下有再泵浦能量与无再泵浦能量时连续激光光斑的短曝光平均有效半径

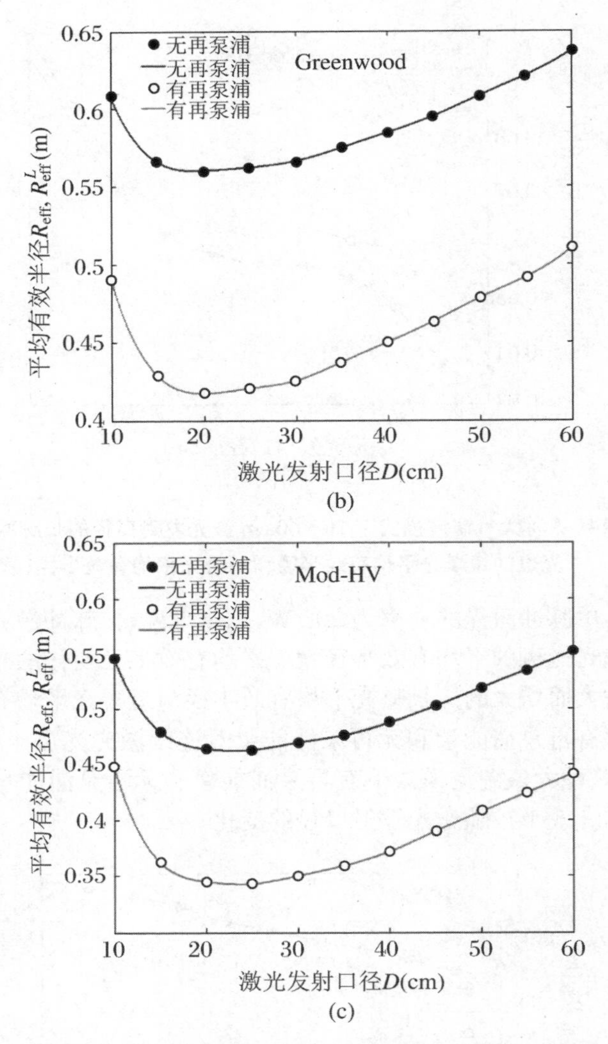

图 4.15　3 种大气湍流模式下有再泵浦能量与无再泵浦能量时连续激光光斑的短曝光平均有效半径(续)

由图 4.15 可以看出,有再泵浦能量时激光能够有效减小连续激光光斑的短曝光平均有效半径。在 HV5/7 大气湍流模式下,连续激光光斑的平均有效半径减小了近 20 cm;在 Greenwood 大气湍流模式下,减小了约 15 cm;在 Mod-HV 大气湍流模式下,减小了约 10 cm。因此,有再泵浦能量时能够有效减小连续激光光斑的平均有效半径。另外,选择 15～20 cm 的激光发射口径也能够进一步减小连续激光光斑的平均有效半径,因为当激光发射口径为 15～20 cm 时,连续激光光斑的平均有效半径出现最小值。在 Greenwood 大气湍流模式下,20 cm 激光发射口径的再泵浦激光能够使连续激光光斑的平均有效半径从 57 cm 降低到 42 cm,这对于自适应光学波前探测有一定的价值。

4.3 小　　结

激光钠导星的闪烁、光斑漂移和光斑半径大小是其本身区别于自然导星的重要特点。激光钠导星闪烁是由激光大气闪烁造成的。采用连续激光激发钠导星时，在相同的激光发射口径下，激光钠导星回波光子数起伏方差随大气湍流的增强有增大的趋势，而归一化起伏方差随激光发射口径的变化具有一定的复杂性。进一步的研究发现，有再泵浦能量（$q = 16\%$）时，激光激发钠导星时激光钠导星回波光子数的归一化起伏方差会大大减小，特别在HV5/7大气湍流模式下有显著减小。除此之外，激光钠导星回波光子数的统计表明，在激光发射口径为10～60 cm的情况下回波光子数的概率分布没有明显的规律性，其正态分布的可能性与激光发射口径有一定的关系。

激光钠导星的光斑漂移与激光光斑的漂移有所不同。当连续激光和长脉冲激光激发钠导星时，两者的漂移方差一般不具有一致性，而是呈现非线性关系。由于宏-微脉冲激光激发钠导星的激发态概率与激光光强近似成比例关系，此时，两者的漂移方差近似相等。通过比较研究发现，有（$q = 16\%$）再泵浦能量的激光激发钠导星能够减小漂移方差，在HV5/7大气湍流模式下减小较为显著。长脉冲激光和连续激光激发钠导星光斑的有效半径与激光光斑的有效半径一般并不相等。激光钠导星光斑的有效半径随大气湍流强度和激光发射口径的变化而变化。通过数值模拟发现，对于20 W连续激光，当激光发射口径为15～25 cm时，激光钠导星的平均有效半径出现最小值。采用有再泵浦能量的激光激发钠导星能够有效减小激光钠导星的平均有效半径，这对自适应光学波前探测有一定价值。

第 5 章　激光钠导星光波大气传输成像

5.1　激光钠导星光波大气传输成像的数值模拟与分析

激光钠导星光属于非相干光，非相干光成像不能通过复振幅的相干叠加获得像的光强分布，需要通过点扩展函数加权进行非相干叠加（Goodman，1996）才能获得像的光强分布。理想的激光钠导星是点光源，但实验研究表明激光钠导星的形成受大气湍流、大气吸收和大气散射等因素的影响，因而总是有一定的半径大小差异。捷洛内克等人应用宏-微脉冲激光激发钠导星，实验中产生了平均直径约为 2.9 m 激光的钠导星。方施采用聚焦发射脉冲激光，实验测量得到激光钠导星的半宽度为 1.09 arcsec。还有学者用 1 W 连续激光激发钠导星，获得了最小的激光钠导星半宽度约为 0.8 arcsec。因此，实际制备的激光钠导星都有一定的半径大小，不能简单地看成点光源。

5.1.1　理论模型和数值模拟方法

通过望远镜系统观察激光钠导星成像，这一成像系统可以简化为带有孔径滤波的单一透镜成像系统。为了便于理论分析，这里假设激光发射与望远镜共轴，望远镜采用卡塞格林式望远镜。

这样，非相干成像的光强分布能够表示为物平面光强分布与非相干点扩展函数的卷积（Goodman，1996）：

$$I_i(x_i, y_i) = I_0(x_0, y_0) * h_I(x_0, y_0; x_i, y_i) \quad (* \text{ 表示卷积}) \tag{5.1}$$

应用卷积与傅里叶变换的关系可以得到

$$\mathscr{F}\{I_i(x_i, y_i)\} = \mathscr{F}\{I_0(x_0, y_0)\}\mathscr{F}\{h_I(x_0, y_0; x_i, y_i)\} \tag{5.2}$$

上式表明，在物的光强分布 $I_0(x_0, y_0)$ 已知的情况下，像平面上光强分布的傅里叶变换的关键在于对非相干点扩展函数的傅里叶变换，即

$$\begin{aligned}\mathscr{F}\{h_I(x_0, y_0; x_i, y_i)\} &= \mathscr{F}(|h(x_i, y_i)|^2) \\ &= \mathscr{F}\{|\mathscr{F}(P(x, y)\exp[-j\Phi(x, y)])|^2\}\end{aligned} \tag{5.3}$$

式中，$P(x,y)$为光瞳函数，在光瞳内为 1，在光瞳外为 0；$\Phi(x,y)$为大气湍流造成的相位起伏，这个相位变化是由大气的随机运动引起折射率变化而产生的。式(5.3)表明，非相干点扩展函数的傅里叶变换取决于大气湍流造成的相位起伏和光瞳函数。

对于物的光强分布 $I_0(x_0,y_0)$，考虑到激光钠导星在大气中间层钠层的自发辐射产生的光子数，目前已经有了一套模拟这种分布的方法(刘向远等，2013b)。实际上，激光钠导星的光强分布是由激光传输到大气中间层钠层决定的。此时，大气中间层激光钠导星的后向辐射光子数可以表示为

$$\varphi = \beta' C_{\mathrm{Na}} \sum_i \Delta S_i \psi_i I_i \tag{5.4}$$

式中，β'为后向散射系数，对于圆偏振光 $\beta' = 1.5$，C_{Na} 为钠层柱密度，取 $C_{\mathrm{Na}} = 4\times10^{13}\ \mathrm{m}^{-2}$，$\Delta S_i$ 表示激光照射的微小面积，I_i 为微小面积内的入射光强，视作均匀光强，ψ_i 为相应光强 I_i 激发钠原子辐射光子的平均回波光子通量，采用数值模拟和数值拟合的方法获得 ψ 与 I 的函数关系式 $\psi(I)$，即式(3.20)。这里的 $\psi(I)$ 函数适用于连续、圆偏振、单一频率的激光，并且考虑了地磁场、反冲和下泵浦对激光与钠原子相互作用的影响。假设激光垂直发射，发射与接收系统共轴，根据式(5.4)和式(3.20)，计算望远镜接收面上单位时间、单位面积激光钠导星的回波光子数为

$$\Phi = \frac{T_0 \varphi}{L^2} \tag{5.5}$$

式中，T_0 为大气透过率，L 为望远镜接收面到钠层中心的高度。数值模拟时，激光钠导星的光强分布可以表示为离散的形式：

$$I(m,n) = T_0 \beta' C_{\mathrm{Na}} \Delta S \psi(I_i) I_i \cdot \frac{h\nu}{L^2} \tag{5.6}$$

式中，ΔS 仍为激光照射的微小面积，I_i 实质上表征了激光光强在大气中间层的分布，这个光强分布在激光上行传输时受到大气湍流、大气散射和大气吸收的影响；$h\nu$ 为一个光子的能量。取 $L = 92$ km，$T_0 = 0.84$。用式(5.6)即可取代式(5.1)中的 $I_0(x_0,y_0)$，不过，这里的光强分布是指一定条件下的相对光强分布。首先，大气的散射和吸收只改变光强大小，不改变光强分布；其次，这个光强分布是相对于地面上一定接收口径的光学系统而言的，并且光学系统能够提供足够的分辨率；最后，假设激光钠导星光强分布不受下行大气湍流的影响，且光学系统无相差。根据以上分析，模拟激光钠导星成像可分为以下步骤：

(1) 根据式(5.4)～式(5.6)，模拟激光钠导星在大气中间层的相对光强分布 $I_0(x_0,y_0)$，从而计算出 $\mathscr{F}\{I_0(x_0,y_0)\}$。

(2) 采用 Kolmogonov 功率谱，模拟激光钠导星光波在 HV5/7、Greenwood 和 Mod-HV 3 种大气湍流模式下后向散射下行传输经过的多个相位屏 $\Phi(m,n)$。根据钠层中心的高度分段模拟多个相位屏，这里模拟了 20 个相位屏，叠加在一起

作为整层大气造成的相位起伏(钱仙姝,饶瑞中,2006)。

(3) 根据式(5.3),进行傅里叶变换,获得激光钠导星光波大气传输通过整层大气的非相干光点扩展函数的傅里叶变换 $\mathscr{F}\{h_I(x_0,y_0;x_i,y_i)\}$。

(4) 根据式(5.2),计算 $\mathscr{F}\{I_i(x_i,y_i)\}$,再对 $\mathscr{F}\{I_i(x_i,y_i)\}$ 进行傅里叶逆变换,获得像平面上的光强分布。

5.1.2 激光钠导星在像平面上的成像与分析

当激光发射与望远镜共轴时,激光钠导星从后向看起来呈碟片状。模拟激光钠导星在像平面上的成像,需要考虑以下问题:(1) 大气相位屏的尺寸大于光学系统的接收口径。这里取望远镜口径为 3 m,相位屏网格间距为 6 mm,网格数为 512,相位屏间隔设置考虑大气湍流强度随高度的变化,采用等 Rytov 指数间隔设置相位屏(钱仙姝等,2009)。(2) 发射的连续激光为高斯光束,激光发射口径为 40 cm,光束质量因子为 1.1,发射能量为 20 W,且垂直地面、准直发射,计算出的大气中间层激光钠导星光强分布为一定条件下的相对光强分布。(3) 激光钠导星的全倾斜(Tip-tilt)已经得到补偿,不考虑激光钠导星成像的抖动和漂移。(4) 望远镜光瞳的中间应该减去激光发射遮拦口径面积,因此望远镜光瞳实际上是环形。(5) 相同的大气湍流模式下,在同一等晕角内应使用相同的点扩展函数。表 5.1 计算了 HV5/7、Greenwood 和 Mod-HV 3 种大气湍流模式下的等晕角和同一点扩展函数覆盖的半径。

表 5.1　3 种大气湍流模式下的等晕角和同一点扩展函数覆盖的半径

大气湍流模式	等晕角(rad)	同一点扩展函数覆盖的半径(m)
HV5/7	8.40×10^{-6}	0.773
Greenwood	1.67×10^{-5}	1.54
Mod-HV	2.14×10^{-5}	1.97

由表 5.1 可知,在 Greenwood 和 Mod-HV 大气湍流模式下,等晕角较大,同一点扩展函数足以覆盖整个相位屏的大小;但是,在 HV5/7 大气湍流模式下,等晕角较小,同一点扩展函数不能够覆盖整个相位屏的大小。因此,对于激光钠导星在 HV5/7 大气湍流模式下的成像需要考虑多个点扩展函数,这里选择 4 个不同的点扩展函数,将激光钠导星的相对光强分布分割为 4 个部分,每个部分分别对应不同的点扩展函数,模拟每个部分的成像,然后相加得到整个激光钠导星的成像。图 5.1～图 5.3 模拟了 3 种大气湍流模式下激光钠导星的相对光强分布及其在像平面上的成像(随机抽样一次的结果)。图中右侧色度条表示激光钠导星的相对光强大小和成像的光强大小,单位为 $\mathrm{W\cdot m^{-2}}$。

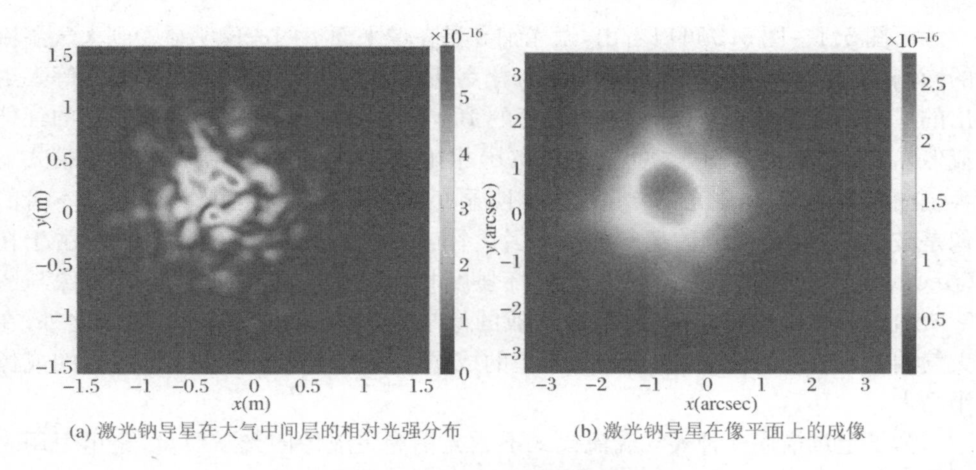

(a) 激光钠导星在大气中间层的相对光强分布　　(b) 激光钠导星在像平面上的成像

图 5.1　HV5/7 大气湍流模式下

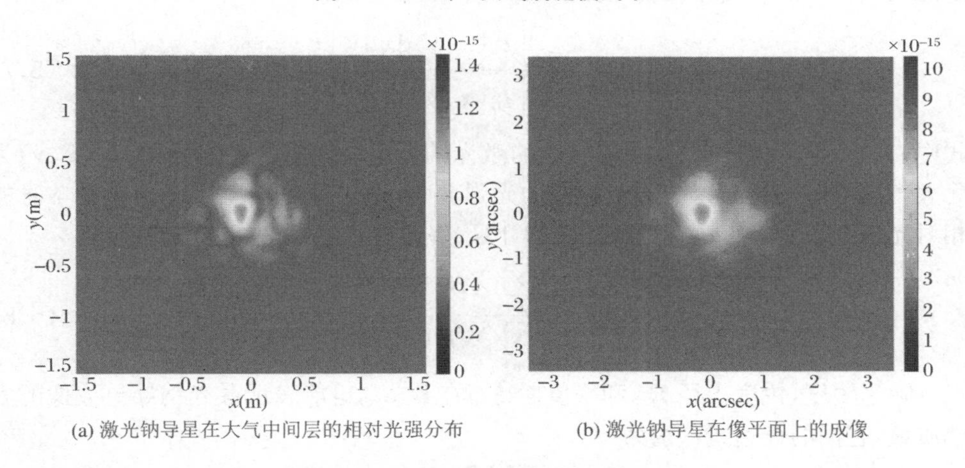

(a) 激光钠导星在大气中间层的相对光强分布　　(b) 激光钠导星在像平面上的成像

图 5.2　Greenwood 大气湍流模式下

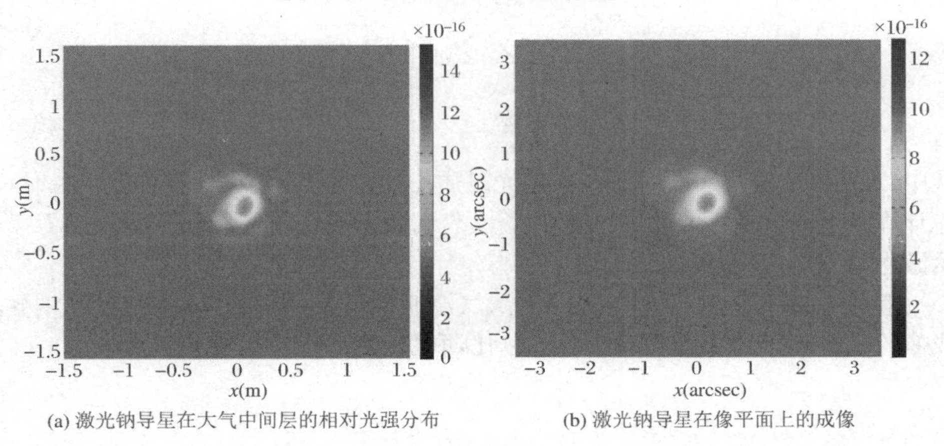

(a) 激光钠导星在大气中间层的相对光强分布　　(b) 激光钠导星在像平面上的成像

图 5.3　Mod-HV 大气湍流模式下

由图 5.1～图 5.3 可以看出，激光钠导星在像平面上的成像明显受到大气湍流的影响，成像的光强分布与加斯帕德·杜克斯（Gaspard Duchên）和加韦尔等人给出的星光成像非常相似（分别为未校正的 10 μm 红外成像和 K 波段未校正的红外成像）。图 5.1(b)与图 5.2(b)、图 5.3(b)相比较，由于在 HV5/7 大气湍流模式下大气湍流强度较强，激光钠导星的成像明显变得模糊不清，尽管激光钠导星本身的像是破碎的，但是所成的像却连成一片。图 5.2(b)与图 5.3(b)相比较，由于在 Greenwood 大气湍流模式下大气湍流强度相对较大，图 5.2(b)所成的像与图 5.2(a)比较有所改变，而图 5.3(b)所成的像与图 5.3(a)比较一致。除此之外，在大气湍流比较强的情况下，激光钠导星的成像光斑半径明显比湍流较弱时的成像半径大。

为了定量描述 3 种大气湍流模式下激光钠导星成像的光学质量，这里引用表示能量集中度的锐度作为衡量标准（饶瑞中，2002），即

$$SP = \frac{\iint I_i^2(x, y)\mathrm{d}x\mathrm{d}y}{\iint I_0^2(x, y)\mathrm{d}x\mathrm{d}y} \tag{5.7}$$

式中，$I_i(x, y)$为受到大气湍流影响的激光钠导星成像后的光强分布，$I_0(x, y)$为无大气湍流影响时激光钠导星成像的光强分布，这里简单地取激光钠导星本身的相对光强分布。为了适宜离散光强的计算，将锐度表达式写成离散的形式：

$$SP = \frac{\sum_m \sum_n I_i^2(m, n)}{\sum_m \sum_n I_0^2(m, n)} \tag{5.8}$$

除了锐度，锐度半径 R_{sh}^2 和峰值斯特涅尔比 S_{R0} 也能表示激光钠导星成像的光学质量，它们的表达式分别为

$$R_{\mathrm{sh}}^2 = \frac{4\sum_m \sum_n r^2 I_i^2(m, n)}{\sum_m \sum_n I_i^2(m, n)} \tag{5.9}$$

$$S_{\mathrm{R0}} = \frac{I_{i\max}}{I_{0\max}} \tag{5.10}$$

式中，r 表示光强 $I_i(m, n)$所在点到光斑质心的距离，因此在计算锐度半径时，首先计算激光钠导星成像光斑的质心；$I_{i\max}$表示激光钠导星成像光斑的峰值，$I_{0\max}$表示激光钠导星相对光强分布的峰值。

应用式(5.9)和式(5.10)，在 3 种大气湍流模式下，分别计算 25 次激光钠导星成像的锐度、锐度半径和峰值斯特涅尔比，取 25 次的平均值，见表 5.2。

表 5.2　3 种大气湍流模式下激光钠导星成像的锐度、锐度半径和峰值斯特涅尔比的平均值

大气湍流模式	HV5/7 模式 $r_0=6$ cm	Greenwood 模式 $r_0=15.5$ cm	Mod-HV 模式 $r_0=21.8$ cm
锐度（SP）	0.5997	0.7374	0.7932
锐度半径（$R_{\text{sh}}^2/\text{m}^2$）	0.7736	0.1883	0.1189
峰值斯特涅尔比（S_{R0}）	0.4631	0.7094	0.8114

表 5.2 中，r_0 表示波长为 550 nm 对应的大气相干长度。由表 5.2 的计算结果可知，激光钠导星成像的锐度和峰值斯特涅尔比随大气相干长度的增加有增大的趋势；锐度半径随大气相干长度的增加有减小的趋势。这些结果与大气湍流强度影响成像光学质量的普遍认识是一致的。

在 HV5/7 大气湍流模式下，图 5.1 的激光钠导星成像用到了 4 个点扩展函数，图 5.4 的模拟仅仅使用了单一点扩展函数，与图 5.1(b)相比较，成像的形状略有差别，光强分布比图 5.1(b)略微集中一点。计算表明，图 5.4 中激光钠导星的峰值斯特涅尔比 $S_{\text{R0}}=0.4757$，而图 5.1(b)成像的峰值斯特涅尔比 $S_{\text{R0}}=0.4631$。尽管这样，在 HV5/7 大气湍流模式下使用单一点扩展函数模拟激光钠导星的成像是不符合实际的。

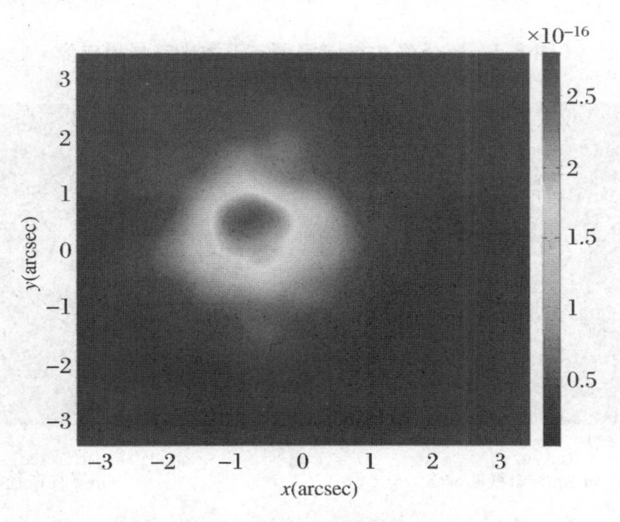

图 5.4　使用单一点扩展函数模拟 HV5/7 大气湍流模式下激光钠导星在像平面上的成像

5.1.3 望远镜口径的变化对成像的影响

以上研究把望远镜的口径作为光瞳的大小，为了研究望远镜口径的变化对激光钠导星成像的影响，这里改变望远镜的接收口径为 1.5 m，激光发射口径不变，这样激光钠导星下行传输由遮拦造成的能量损失约为 7%。在其他条件不变的情况下，模拟 3 种大气湍流模式下的激光钠导星成像，如图 5.5～图 5.7 所示。

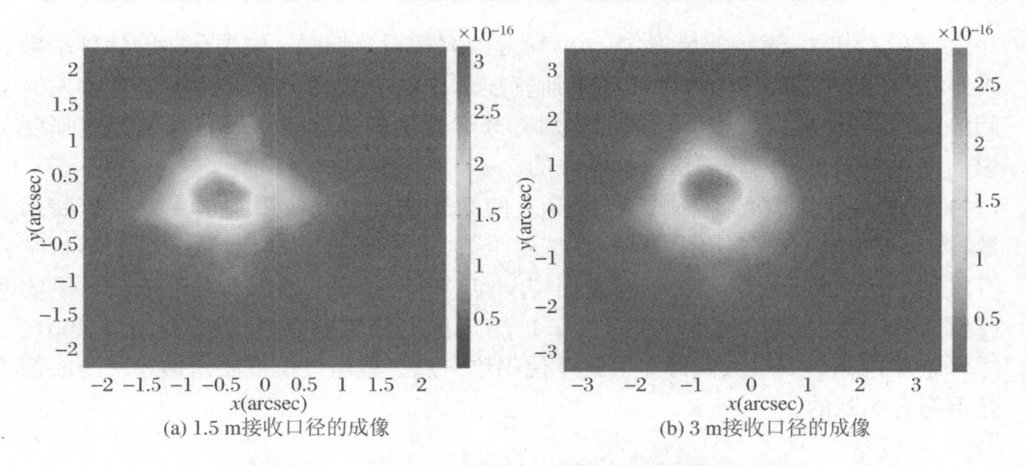

(a) 1.5 m接收口径的成像　　(b) 3 m接收口径的成像

图 5.5　HV5/7 大气湍流模式下激光钠导星成像

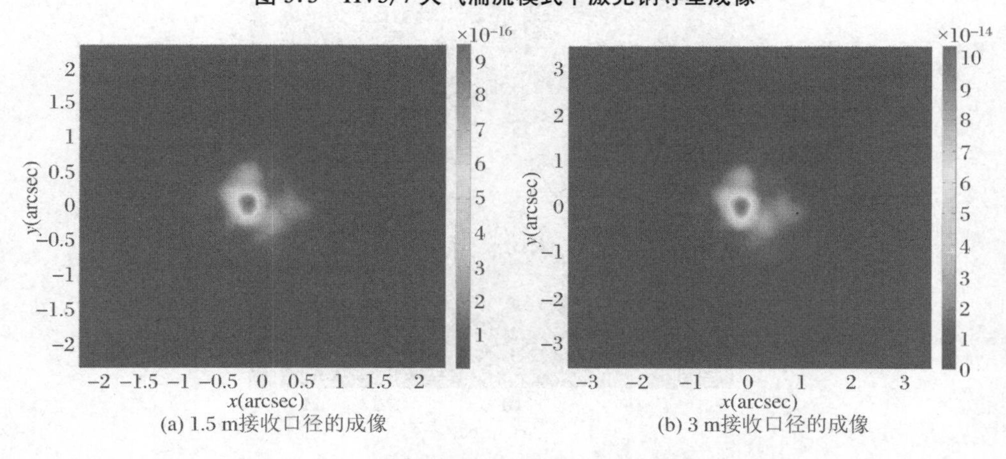

(a) 1.5 m接收口径的成像　　(b) 3 m接收口径的成像

图 5.6　Greenwood 大气湍流模式下激光钠导星成像

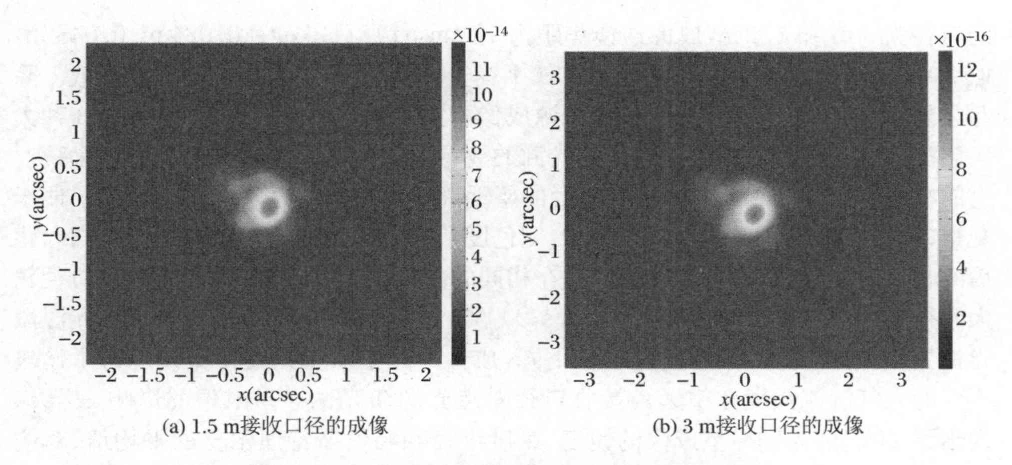

(a) 1.5 m接收口径的成像　　(b) 3 m接收口径的成像

图 5.7　Mod-HV 大气湍流模式下激光钠导星成像

由图 5.5～图 5.7 可以看出，除了视场和光强大小的变化外，望远镜的接收口径从 1.5～3 m 的变化对激光钠导星成像的形状影响不大。3 种大气湍流模式比较而言，在 HV5/7 大气湍流模式下，望远镜口径的变化对激光钠导星成像影响最大，从成像的外形上看，其改变也最大。表 5.3 给出了 25 次激光钠导星成像的锐度、锐度半径和峰值斯特涅尔比的平均值，对应的望远镜的接收口径为 1.5 m。

表 5.3　1.5 m 接收口径成像时 3 种大气湍流模式下激光钠导星成像的锐度、锐度半径和峰值斯特涅尔比的平均值

大气湍流模式	HV5/7 模式 $r_0 = 6$ cm	Greenwood 模式 $r_0 = 15.5$ cm	Mod-HV 模式 $r_0 = 21.8$ cm
锐度（SP）	0.5403	0.6592	0.6980
锐度半径（R_{sh}^2/m^2）	0.7857	0.1890	0.1201
峰值斯特涅尔比（S_{R0}）	0.4274	0.6613	0.7581

表 5.3 与表 5.2 相比较，激光钠导星成像的锐度、锐度半径和峰值斯特涅尔比的变化趋势相同，但是由于望远镜的接收口径减小，造成锐度和峰值斯特涅尔比减小而锐度半径稍微增大。

5.1.4　与点光源成像的比较

在自适应光学成像的理论研究中往往把激光钠导星看作点光源（陈林辉，饶长辉，2011），这是一种理想化的处理方法。按照 5.1.1 小节的理论分析，这里的点光源光强分布根据超高斯函数将其表示为最大值归一化的形式（常翔等，2012）：

$$I_p = \exp\left[-2\left(\frac{r}{w}\right)^n\right] \tag{5.11}$$

式中，r 表示视场内各点到中心点的距离，w 表示点光源衍射极限宽度，取望远镜的口径为 3 m 和 1.5 m,成像透镜焦距为 10 cm,计算可得 $w=0.024$ m、0.048 m,取 $n=8$。模拟点光源激光钠导星在像平面上的成像只需要 1 个点扩展函数。除此之外,其他要考虑的问题与扩展光源成像相同。图 5.8～图 5.10 模拟了 3 种大气湍流模式下将激光钠导星看作点光源的成像。图中 1.5 m 接收口径的望远镜对应的视场为 2.4 arcsec,3 m 接收口径的望远镜对应的视场为 3.4 arcsec,为了便于观察,图中截取了一定的视场范围;右侧色度条表示激光钠导星成像总能量归一化后的相对光强分布。由图可以看出,在相同的大气湍流模式下,望远镜接收口径较大时得到的成像散斑特性较大(Tubbs,2003)。这说明强的大气湍流造成点光源激光钠导星成像能量的集中度进一步下降,成像的光学质量也变得更差。为了比较不同的大气湍流强度和望远镜接收口径对点光源激光钠导星成像的影响,表 5.4 列出了 25 次激光钠导星成像的锐度、锐度半径和峰值斯特涅尔比的平均值,对应的望远镜接收口径分别为 1.5 m 和 3 m。

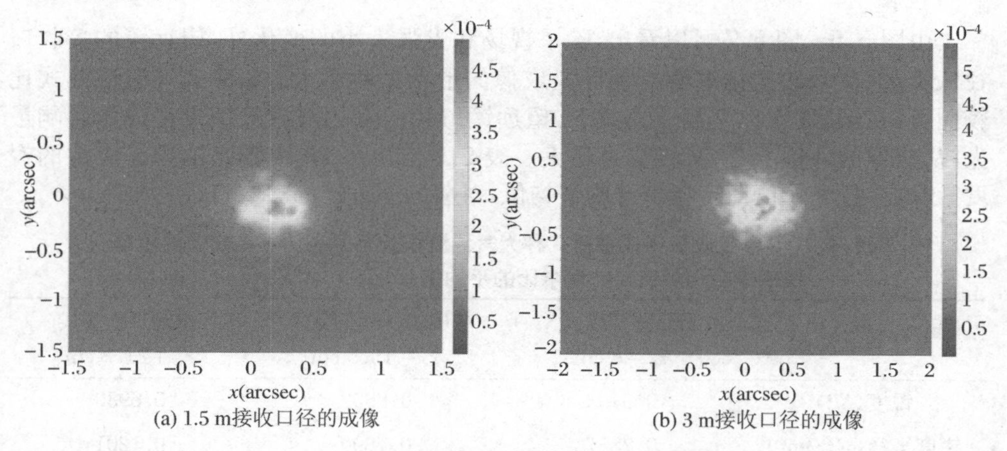

(a) 1.5 m接收口径的成像　(b) 3 m接收口径的成像

图 5.8　HV5/7 大气湍流模式下点光源激光钠导星成像

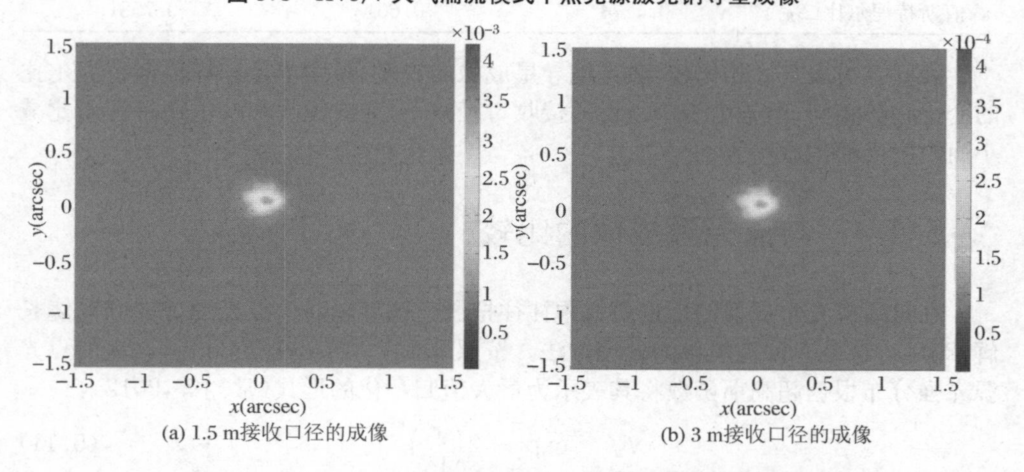

(a) 1.5 m接收口径的成像　(b) 3 m接收口径的成像

图 5.9　Greenwood 大气湍流模式下点光源激光钠导星成像

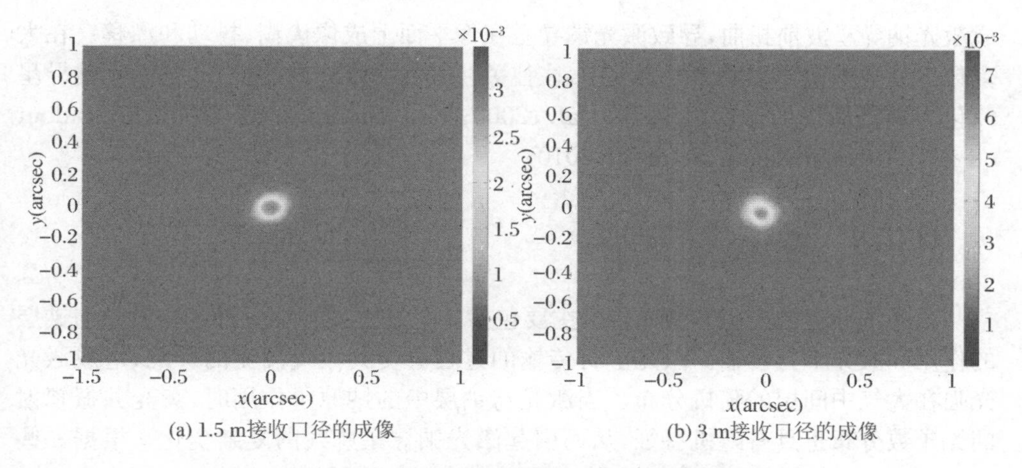

(a) 1.5 m接收口径的成像 (b) 3 m接收口径的成像

图 5.10 Mod-HV 大气湍流模式下点光源激光钠导星成像

表 5.4 1.5 m 和 3 m 接收口径成像时 3 种大气湍流模式下点光源激光钠导星成像的锐度、锐度半径和峰值斯特涅尔比的平均值

大气湍流模式	HV5/7 模式 $r_0=6$ cm		Greenwood 模式 $r_0=15.5$ cm		Mod-HV 模式 $r_0=21.8$ cm	
	1.5 m	3 m	1.5 m	3 m	1.5 m	3 m
锐度（SP）	0.0305	0.0536	0.1660	0.0559	0.2534	0.10451
锐度半径（$R_{\mathrm{sh}}^2/\mathrm{m}^2$）	0.0509	0.0080	0.0090	0.0075	0.0062	0.0041
峰值斯特涅尔比（S_{R0}）	0.0777	0.0214	0.3572	0.1318	0.5035	0.2284

表 5.4 与表 5.2、表 5.3 比较，可以看出把激光钠导星看作点光源成像与扩展光源成像时受大气湍流的影响。但是，在相同的成像条件下，点光源激光钠导星成像的锐度、锐度半径和峰值斯特涅尔比比扩展激光钠导星的要小很多，这可能与点光源本身的特性有关，同时也说明把激光钠导星看作点光源成像与实际的激光钠导星成像存在很大的差别。

5.2 激光钠导星离轴成像的数值模拟

激光钠导星共轴时，从正下方看上去呈碟片状。但是在实际使用激光钠导星时，并非都是共轴的情况。奈歇尔等人的研究表明激光钠导星离轴成像时会被拉长。主要原因在于连续激光传输要通过 80～110 km 的钠层，会造成激光钠导星沿传输方向拉长。除此之外，大气湍流的影响也是一个重要因素。由于大气湍流造成激光钠导星波前扭曲，导致激光钠导星在像平面上成像模糊、抖动和漂移。在大多数有关激光钠导星成像的研究中，往往关注其在一维方向的拉长，把激光钠导星简化为椭圆廓线的形状（Viard et al.，2000；Vitayaudom et al.，2009；Gratadour et al.，2010；McGuigan，Schmidt，2010）。

5.2.1 数值模拟方法

激光钠导星的产生和激光传输主要包括3个过程：激光上行传输、激光与钠层的作用和激光下行传输。激光上行传输的过程会受到大气湍流的影响，造成激光光强在大气中间层的随机分布。当激光与钠层中的钠原子作用时，荧光共振辐射的光子数分布也具有随机特征，从而引起激光钠导星廓线的复杂变化。根据一些学者的研究，这里把激光钠导星模型视为由9层激光钠导星组成，每一层激光看成一个扩展光源，每一层激光钠导星的相对光强大小由钠层柱密度决定。钠层柱密度的分布可以模型化为高斯分布：

$$n(z) = \frac{C_{\mathrm{Na}}}{\sqrt{2\pi}\sigma_L}\exp\left[-\frac{(z-L)^2}{2\sigma_L^2}\right] \tag{5.12}$$

式中，C_{Na}代表整个钠层柱密度，z为9层钠层所在高度到望远镜的距离，L代表整个钠层的质心高度，σ_L代表钠层均方根宽度。取$C_{\mathrm{Na}} = 4.0\times10^{13}\ \mathrm{m}^{-2}$，$L = 92\ \mathrm{km}$，$\sigma_L = 4.7\ \mathrm{km}$，$z = 79\sim106\ \mathrm{km}$。这样第$j$层的钠层柱密度为

$$C_{\mathrm{Na}j} = \int_z^{z+3} n(\xi)\mathrm{d}\xi \tag{5.13}$$

在激光钠导星分为9层的情况下，假设激光准直发射，忽略激光在钠层中的光斑扩展，那么每一层激光钠导星光强分布具有相似的特征，因此认为钠层中每一层激光钠导星后向辐射光子数的分布相同。应用式(5.6)，第j层激光钠导星的相对光强分布可以表示为

$$I_j(m,n) = T_0\beta' C_{\mathrm{Na}j}\Delta S\psi(I_i)I_i\cdot\frac{h\nu}{z_j^2} \tag{5.14}$$

式中，j取整数，z_j为第j层钠层的中心高度。相对而言，每一层激光钠导星的总亮度与每层的钠层柱密度成正比，但是在大气中间层的相对位置不同，取中间一层的质心正对望远镜的中心，另外8层两边对称依次排列。表5.5计算了每层钠层的柱密度、对应的质心高度和相对光强比值$\frac{C_{\mathrm{Na}j}}{z_j^2}$。

表 5.5　每层钠层的柱密度、对应的质心高度和相对光强比值

钠层分层数	1	2	3	4	5	6	7	8	9
每层柱密度 $\times 10^{12}$ (m^{-2})	0.4282	1.7015	4.5560	8.2253	10.015	8.2253	4.5560	1.7015	0.4282
每层质心高度 (km)	80.5	83.5	86.5	89.5	92.5	95.5	98.5	101.5	104.5
$C_{\mathrm{Na}\,j}/z_j^2$	0.6750	2.4699	6.1628	10	12	9.1158	4.7449	1.6634	0.3942

5.2.2　数值模拟结果

由表 5.5 可以看到中间层每层激光钠导星的亮度分布，中间最大，最上层最小。假设激光发射点与望远镜中心水平间距为 4 m，则激光钠导星在中间层水平跨度约为1.2 m，9 层激光钠导星的水平间隔为 0.15 m。模拟每层激光钠导星的亮度分布，然后进行叠加，得到离轴情况下激光钠导星的相对光强分布，再根据式(5.1)～式(5.6)，模拟 3 种大气湍流模式下激光钠导星在焦平面上的成像，如图 5.11～图 5.13 所示。图中右侧色度条表示激光钠导星的相对光强和成像光强大小，单位为 W・m^{-2}。

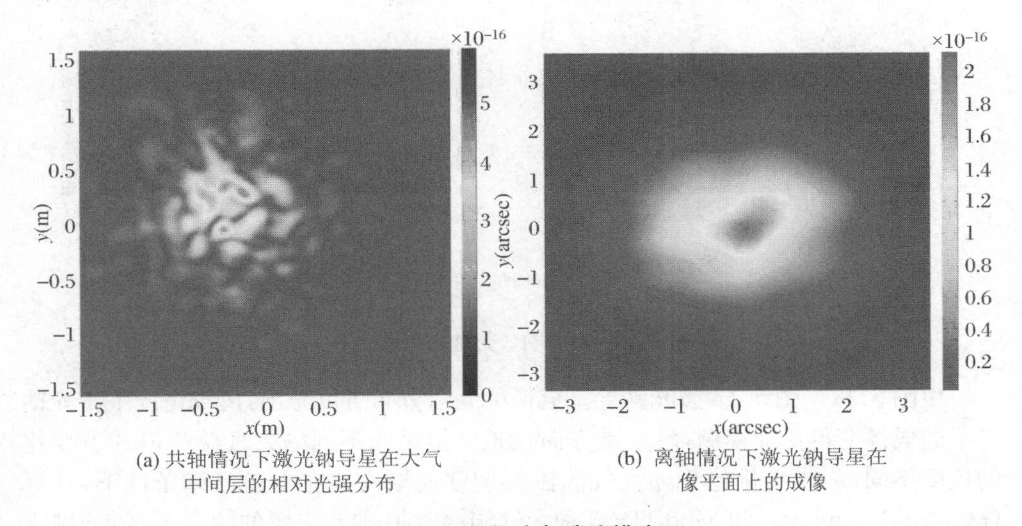

(a) 共轴情况下激光钠导星在大气中间层的相对光强分布

(b) 离轴情况下激光钠导星在像平面上的成像

图 5.11　HV5/7 大气湍流模式下

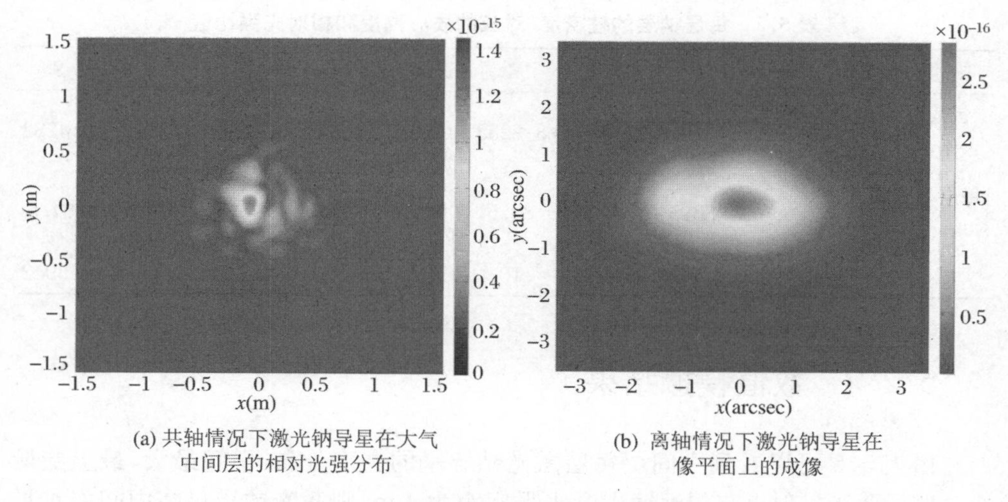

(a) 共轴情况下激光钠导星在大气中间层的相对光强分布

(b) 离轴情况下激光钠导星在像平面上的成像

图 5.12　Greenwood 大气湍流模式下

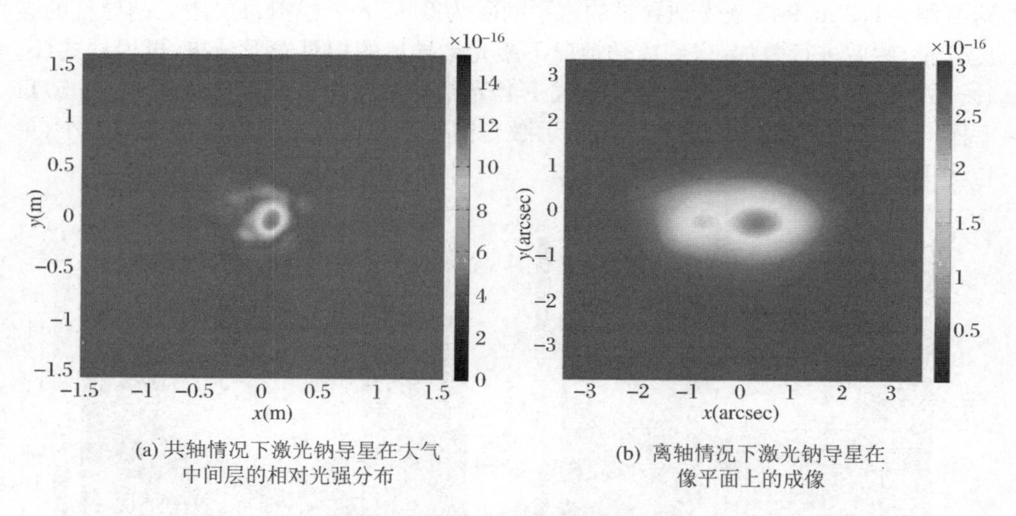

(a) 共轴情况下激光钠导星在大气中间层的相对光强分布

(b) 离轴情况下激光钠导星在像平面上的成像

图 5.13　Mod-HV 大气湍流模式下

由图 5.11～图 5.13 激光钠导星成像的光强分布可以看出，离轴情况下激光钠导星的成像变得更加模糊，沿一维方向拉长。但是在不同的大气湍流模式下变化的程度不同，总体变化趋势随大气湍流的增强而增大。在上述已知条件下，计算 HV5/7、Greenwood 和 Mod-HV 3 种大气湍湍流模式下成像的锐度半径，分别为 1.0155 m、0.5262 m、0.4749 m。进一步的计算表明激光钠导星离轴成像时，望远镜中心离激光发射点越远，所成的像就会拉得越长。

5.3 小　　结

在分析激光钠导星相对光强分布和非相干光共轴成像的基础上，考虑大气湍流和望远镜接收口径的变化对激光钠导星短曝光成像的影响，模拟了3种大气湍流模式下扩展光源激光钠导星在像平面上的成像。模拟结果表明，激光钠导星成像的锐度和峰值斯特涅尔比随大气湍流的增强而下降，锐度半径随大气湍流的增强而增大。而且，改变望远镜的接收口径也能够影响激光钠导星成像的光学质量。研究结果显示，望远镜接收口径从1.5 m增大到3 m时，激光钠导星成像的锐度和峰值斯特涅尔比增大而锐度半径减小。与点光源激光钠导星成像相比，扩展光源激光钠导星成像的锐度、锐度半径和峰值斯特涅尔比都很大，分析结果表明，把激光钠导星看作点光源成像与扩展光源成像存在很大的差异。当实际使用激光钠导星时，常常采用离轴成像。当激光钠导星离轴成像时会造成所成的像沿一维方向拉长，而且离轴越远所成的像拉得越长。

第6章　总结与展望

6.1　总　　结

本书采用数值模拟方法研究了激光钠导星及其光波的大气传输特性，分析了激光与钠原子作用的物理过程，建立了激光钠导星回波光子数的计算模型和数值模拟方法；探讨了激光钠导星的闪烁、光斑漂移和光斑半径变化等特性；模拟了激光钠导星的共轴成像与离轴成像，并对共轴成像的光学质量进行了分析，得出了一些有意义的结论，意在能够为激光钠导星的实际应用提供有益的参考。主要工作和成果如下：

1. 分析了激光与钠原子相互作用的物理过程，建立了激光钠导星回波光子数的计算模型，研究了3种大气湍流模式下回波光子数的变化。

(1) 通过模拟不同光强下的激光钠导星平均回波光子通量，定量分析了地磁场、反冲、下泵浦和钠原子碰撞对激光钠导星平均回波光子通量的影响。在研究激光光强分布受大气湍流影响的情况下，提出了激光钠导星回波光子数的数值模拟方法。

(2) 通过数值模拟发现，对于20 W连续激光激发钠导星，含有再泵浦能量（$q=16\%$）的激光能够显著提高激光钠导星的回波光子数。

(3) 建立了唯象的物理模型，以此来描述激光与钠原子作用的反冲和下泵浦效应。采用数值计算和数值拟合的方法得到了钠原子的自发辐射速率。

(4) 在考虑多种因素影响激光钠导星回波光子数的情况下，建立了长脉冲激光激发钠导星回波光子数的计算模型。

(5) 建立了宏-微脉冲激光激发钠导星回波光子数的模型和数值模拟方法，分析了大气湍流对宏-微脉冲激光激发钠导星回波光子数的品质因数和光斑半径的影响，给出了一组优化参数。

2. 研究了激光钠导星的闪烁、光斑漂移和光斑半径的变化特性。

(1) 应用激光钠导星回波光子数的计算模型，模拟了连续激光激发钠导星回波光子数的起伏方差和归一化起伏方差，分析了激光钠导星回波光子数起伏方差和归一化起伏方差随大气湍流和激光发射口径变化的特点。

(2) 分析了连续激光、长脉冲激光光斑的漂移方差和长曝光、短曝光的平均有效半径，研究了这些特性随大气湍流和激光发射口径变化的情况。

(3) 应用连续激光激发钠导星回波光子数的计算模型，模拟了有再泵浦能量时的激光与无再泵浦能量时的激光激发钠导星回波光子数的归一化起伏方差、光斑漂移和光斑半径大小，提出了改善激光钠导星光斑质量的方法。

3. 初步研究了激光钠导星的成像。

(1) 建立了激光钠导星作为非相干扩展光源大气成像的模型，模拟了激光钠导星在像平面上的共轴成像，分析了大气湍流和望远镜接收口径变化对激光钠导星共轴成像光学质量的影响。

(2) 在激光钠导星离轴成像模型的基础上，模拟了激光钠导星在像平面上成像的拉长。

总之，通过对激光钠导星的亮度特性、激光钠导星闪烁、激光钠导星光斑漂移和光斑半径大小的研究，初步获得了对激光钠导星及其光波大气传输特性的认识。

6.2 展　　望

激光钠导星是自适应光学应用领域的关键技术之一。在国内，有关激光钠导星的理论和实验研究才刚刚开始(2014 年之前)，有许多亟待解决的问题，有些已知的问题尚待深入研究。

1. 本书有关激光钠导星回波光子数的计算模型，虽然有理论依据和实验数据的支持，但是有关过程的处理是近似的。如果需要更精确的计算，尚需建立更完善的理论模型。

2. 本书对激光钠导星成像的点扩展函数采取了比较笼统的处理方法，仅仅考虑了光波传输的相位调制，忽略了激光钠导星光源本身相位的变化。如果需要进一步模拟激光钠导星在像平面上的成像，特别是激光钠导星作为扩展光源在子孔径上的衍射成像，尚需做进一步的工作。

3. 再泵浦能量激光激发钠导星仅涉及 20 W 连续激光，尚需进一步研究有再泵浦能量时的长脉冲激光激发钠导星的情况，以及对激光钠导星闪烁、激光钠导星光斑漂移和光斑半径大小的影响。

4. 大气中间层钠层的特性对激光钠导星的亮度特性有直接的影响，本书大多把钠层柱密度作为常量处理，考虑到了钠层柱密度的高斯分布和短时波动性。实际上，钠层的丰度分布、质心高度和半宽度对激光钠导星回波光子数的波动影响很大，这部分工作尚需细致的研究。

5. 关于激光钠导星对自适应光学波前探测的影响，本书仅仅涉及别人的研究结论。关于激光钠导星大气传输特性对自适应光学波前探测的影响，尚需系统地进行研究。

我们相信，随着激光钠导星相关理论和实验技术的发展，在不久的将来会获得亮度更高、光斑特性更好的激光钠导星。

附　　录

附录1　波长330 nm激光激发多色激光导星回波光子数的计算与分析

1. 引言

采用波长为589 nm的激光激发大气中间层的钠原子用于自适应光学波前校正,获得了高分辨率成像,解决了高阶波前校正所需信标导星的全天空覆盖问题。但是,关于自适应光学成像的全倾斜校正,人们往往选择一定亮度的自然星来提供全倾斜信息。这种方法虽然在等晕区内所需要的自然星亮度不高,在一定条件下能够实现全倾斜探测,但是不能够实现全天空覆盖。因此,弗伊(Foy)等人提出了多色激光导星的概念,起初的设想是采用589 nm和569 nm的激光联合激发大气中间层的钠原子,产生级联辐射,获得多种波长的光子,用于自适应光学系统全倾斜波前探测。然而,进一步的实验研究表明这种方法获得的330 nm的回波光子数仅仅为589 nm回波光子数的1/100,如果要获得足够的回波光子数,则要求激光能量较高,并且569 nm激光器只能采用染料激光器,因此,采用这种方法激发多色激光导星并不理想。为此,皮克(Pique)等人提出采用单一波长330 nm的激光激发大气中间层钠原子的理论,经过理论分析认为330 nm波长的激光激发多色激光导星有很多优点,如所需的激光能量相对很低,330 nm波长的激光容易通过固体激光器实现,激光的发射系统能够得到简化,等等。但是,皮克等人的分析没有考虑激光大气传输的实际情况。本书在理论计算的基础上,选择较高激发态概率的激光带宽,考虑了高斯光束激光大气传输受到大气吸收、大气散射和大气湍流的影响,计算了多色激光导星的回波光子数,探讨了脉冲激光重频率、激光发射初始光斑直径和大气透过率对多色导星回波光子数的影响,以此为多色激光导星的进一步实验研究提供了有益的参考。

2. 理论模型

330 nm波长的激光与钠原子作用,能够将钠原子由$3S_{1/2}$基态激发到$4P_{3/2}$激发态。

处于激发态的钠原子能够产生级联辐射，获得波长为 330 nm、2207 nm、1140 nm、1138 nm、589 nm 和 589.6 nm 的回波光子。波长为 330 nm 和 2207 nm 的回波光子常常用于全倾斜波前探测。激光与钠原子作用激发和衰减的过程如图 A1.1 所示。

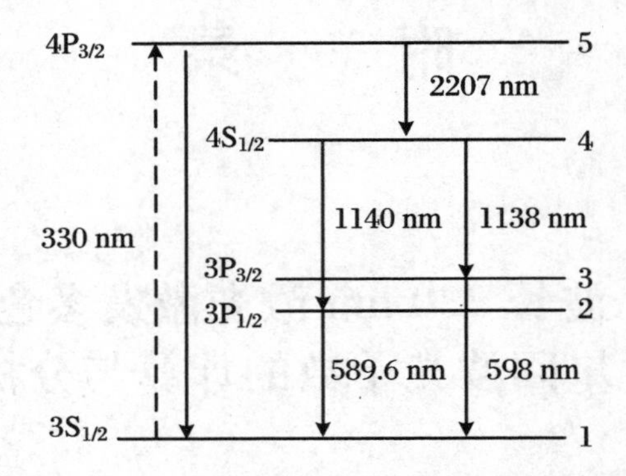

图 A1.1　330 nm 波长的激光与钠原子作用的激发和衰减过程

图 A1.1 中虚线向上的箭头表示钠原子受到激发向高能级跃迁，实线箭头表示激发态钠原子向低能级跃迁，1、2、3、4、5 表示钠原子精细结构的对应能级，数字表示激发或衰减对应的波长。图 A1.1 描述的激光与钠原子作用的过程可以用速率方程表示：

$$\begin{aligned}\frac{\mathrm{d}n_1}{\mathrm{d}t} = & -n_1\frac{\sigma_{1\to5}I}{h\nu_{1\to5}}\int_{-\infty}^{+\infty}\sigma(\nu'-\nu)g(\nu)\mathrm{d}\nu' \\ & + n_5\frac{\sigma_{1\to5}I}{h\nu_{1\to5}}\frac{g_1}{g_5}\int_{-\infty}^{+\infty}\sigma(\nu'-\nu)g(\nu)\mathrm{d}\nu' \\ & + \frac{n_5}{\tau_{5\to1}} + \frac{n_2}{\tau_{2\to1}} + \frac{n_3}{\tau_{3\to1}}\end{aligned} \tag{A1.1}$$

$$\frac{\mathrm{d}n_2}{\mathrm{d}t} = \frac{n_4}{\tau_{4\to2}} - \frac{n_2}{\tau_{2\to1}} \tag{A1.2}$$

$$\frac{\mathrm{d}n_3}{\mathrm{d}t} = \frac{n_4}{\tau_{4\to3}} - \frac{n_3}{\tau_{3\to1}} \tag{A1.3}$$

$$\frac{\mathrm{d}n_4}{\mathrm{d}t} = -\frac{n_4}{\tau_{4\to3}} - \frac{n_4}{\tau_{4\to2}} + \frac{n_5}{\tau_{5\to4}} \tag{A1.4}$$

$$\begin{aligned}\frac{\mathrm{d}n_5}{\mathrm{d}t} = & \; n_1\frac{\sigma_{1\to5}I}{h\nu_{1\to5}}\int_{-\infty}^{+\infty}\sigma(\nu'-\nu)g(\nu)\mathrm{d}\nu' \\ & - n_5\frac{\sigma_{1\to5}I}{h\nu_{1\to5}}\frac{g_1}{g_5}\int_{-\infty}^{+\infty}\sigma(\nu'-\nu)g(\nu)\mathrm{d}\nu' \\ & - \frac{n_5}{\tau_{5\to4}} + \frac{n_5}{\tau_{5\to1}}\end{aligned} \tag{A1.5}$$

在式(A1.1)～式(A1.5)中，$n_1(t)$、$n_2(t)$、$n_3(t)$、$n_4(t)$、$n_5(t)$分别表示处于 1～5 个能级的钠原子数，它们都是随时间 t 变化的量。$\tau_{2\to1}$、$\tau_{3\to1}$、$\tau_{4\to2}$、$\tau_{5\to1}$、$\tau_{5\to4}$、$\tau_{4\to3}$、$\tau_{4\to2}$分别表示处于不同激发态钠原子的寿命，$\sigma_{1\to5}$表示钠原子的峰值吸收截面，g_1、g_2

分别表示第 1 能级和第 5 能级的简并度，I 表示总激光光强，$h\nu_{1\to5}$ 表示 330 nm 光子的能量，$\sigma(\nu'-\nu)$、$g(\nu)$分别表示钠原子均匀吸收截面和激光的线形，ν'和 ν 为多普勒频移。钠原子的均匀吸收截面线形为

$$\sigma(\nu'-\nu)=\frac{(\Delta\nu/2)^2}{(\nu'-\nu)^2+(\Delta\nu/2)^2} \tag{A1.6}$$

式中，$\Delta\nu$ 是钠原子均匀吸收截面的半峰值全宽。$\Delta\nu=\frac{1}{2\pi\tau}$，根据沙泰吕(Chatellus)的理论分析，得到 $\frac{1}{\tau}=\sum_i \frac{1}{\tau_i}$，$\tau_i$ 表示第 i 能级激发态的级联辐射寿命。设置激光的线形为高斯线形：

$$g(\nu)=\frac{2\sqrt{\ln 2/\pi}}{\Delta\nu_L}\exp\left[-\left(\frac{2\sqrt{\ln 2}}{\Delta\nu_L}\nu\right)^2\right] \tag{A1.7}$$

式中，$\Delta\nu_L$ 为激光的半峰值全宽。激光与钠原子的作用，除了考虑以上因素，还要考虑大气中间层钠原子处于热运动状态的麦克斯韦速率分布，不同速率群的钠原子数可以表示为

$$N(\nu)=N_0\frac{2\sqrt{\ln 2/\pi}}{\Delta\nu_{\mathrm{D}}}\exp\left[-\left(\frac{2\sqrt{\ln 2}}{\Delta\nu_{\mathrm{D}}}\nu\right)^2\right] \tag{A1.8}$$

式中，N_0 表示激光照射范围内总的钠原子数，$\Delta\nu_{\mathrm{D}}$ 是钠原子分布的半峰值全宽，根据米隆尼的理论，能够计算出 $\Delta\nu_{\mathrm{D}}=\frac{2}{\lambda}\sqrt{\frac{2kT'\ln 2}{m}}$，其中，$\lambda$ 是发射激光的波长，k 是玻尔兹曼常量，T'是大气中间层钠层的温度，m 为钠原子质量。

3. 数值计算方法与参数

3.1　数值计算方法

当激光与大气中间层的钠原子作用时，处于激发态的钠原子会向基态跃迁，辐射出光子，形成多色激光导星。对于脉冲激光，假设脉冲间歇期足够长，在足够长的时间内被激发的钠原子全部衰减，则单脉冲激光激发钠层中的钠原子单位立体角辐射的光子数可以表示为

$$\varphi=\frac{C_{\mathrm{Na}}\int_S p\mathrm{d}S}{4\pi} \tag{A1.9}$$

式中，C_{Na}为钠层柱密度，p 为钠原子的激发态概率，S 为激光照射钠层的面积。根据式(A1.9)，单位时间内单位面积接收面上获得的多色激光导星回波光子数为

$$\Phi=\frac{T_0^{\sec\theta}fC_{\mathrm{Na}}\int_S p\mathrm{d}S}{4\pi L^2\sec\theta} \tag{A1.10}$$

式中，T_0 为垂直地面方向的大气透过率，θ 为天顶角，L 为地面到大气中间层钠层中心

的垂直高度，f 为脉冲激光的重频率。为了便于计算，将上式写成数值形式为

$$\Phi = \frac{T_0^{\sec\theta} f C_{\mathrm{Na}} \sum_i p_i \Delta S_i}{4\pi L^2 \sec\theta} \tag{A1.11}$$

式中，ΔS_i 表示激光照射的很小的面积，p_i 表示 ΔS_i 内钠原子的激发态概率。

对于连续激光，激光激发钠原子达到稳态，激发态概率达到稳定值，则单位时间内单位面积接收面上获得的多色激光导星回波光子数为

$$\Phi = \frac{T_0^{\sec\theta} C_{\mathrm{Na}} \sum_i p_i \Delta S_i}{4\pi L^2 \tau' \sec\theta} \tag{A1.12}$$

式中，τ'是钠原子激发态的辐射寿命。

根据式(A1.11)和式(A1.12)计算多色激光导星的回波光子数，需要知道钠原子的激发态概率 p_i。如果考虑激光大气传输受大气湍流的影响，那么还要模拟激光传输到大气中间层光强的随机分布。

根据麦克斯韦电磁场理论，将大气的折射率表示为 $n=1+n_1$（n_1 表示折射率的涨落）能够得到光传播的亥姆霍兹方程：

$$\nabla^2 E + k_1^2 n_1 E = 0 \tag{A1.13}$$

在旁轴近似的情况下，假设光场 $E = u\mathrm{e}^{\mathrm{i}k_1 z}$，$z$ 表示激光传输的路径，u 表示光场的振幅，k_1 表示波数，忽略后向散射，波动方程(A1.13)可作抛物线近似：

$$\frac{\partial u}{\partial z} = \frac{\mathrm{i}}{2k_1}\nabla_\perp^2 u + \mathrm{i}kn_1 u \tag{A1.14}$$

这里采用多相位屏法求解方程(A1.14)，能够得到激光传输到大气中间层光场的随机分布。

当激光在大气中传输时，大气分子的吸收和散射会导致激光能量的衰减。对于紫外光的大气传输，要考虑多种大气分子的散射和吸收作用及气溶胶的影响，特别是大气对短波长激光的散射。在不考虑大气辐射的情况下，光传输的大气透过率计算式为

$$T_0(\lambda, L') = \exp\left[-\int_0^{L'} \rho k'(\lambda, l)\mathrm{d}l\right] \tag{A1.15}$$

式中，ρ 为光传输路径上大气的密度，λ 为光波长，L'为光的传输路径，$k'(\lambda,l)$为消光截面，$k'(\lambda,l)$描述了吸收和散射两种独立的物理过程对光传输辐射强度的影响。目前，关于大气透过率计算的软件有多种，使用 Modtran 5 可以快速计算任意两点间的大气光谱透射率。

3.2 计算参数

330 nm 波长的激光激发多色激光导星回波光子数的计算涉及激光的大气传输、钠原子本身的特性、钠层柱密度、激光到达钠层的功率、重频率和带宽等参数，见表 A1.1。

表 A1.1　多色激光导星数值计算的参数

激光中心波长	λ	330.24 nm	2→1 能级辐射寿命	$\tau_{2\to1}$	16 ns
激光到达钠层的功率	P	1 W	3→1 能级辐射寿命	$\tau_{3\to1}$	16 ns
激光带宽	$\Delta\nu_L$	0.1 G/0.4 G/0.6 G/1 G/2 GHz	4→2 能级辐射寿命	$\tau_{4\to2}$	40 ns
激光重频率	f	20×10^3 Hz	4→3 能级辐射寿命	$\tau_{4\to3}$	40 ns
激光发射至钠层中心的高度	L	92 km	5→4 能级辐射寿命	$\tau_{5\to4}$	160 ns
激光发射天顶角	θ	0	5→1 能级辐射寿命	$\tau_{5\to1}$	320 ns
激光发射口径	D	20 cm	钠原子的均匀吸收截面	$\sigma_{1\to5}$	1.14×10^{-14} m^2
钠层温度	T'	200 K	钠原子的均匀吸收线宽	$\Delta\nu$	29.3 MHz
钠层钠原子分布的半峰值全宽	$\Delta\nu_D$	1.9214 GHz	钠层柱密度	C_{Na}	4×10^{13} m^{-2}
激光脉冲的宽度	$\Delta\tau$	50 ns	330 nm/2207 nm 大气透过率	T_0	0.205/0.935
激光光束质量因子	β	1.1	大气相干长度	r_0	12.8 cm

表 A1.1 中，钠原子均匀吸收截面 $\sigma_{1\to5}$ 和激光的波长 λ 参照了皮克等人和莫尔多万(Moldovan)的研究结果，这里采用了莫尔多万的计算数据。激光采用无偏振等匀激光，对于脉冲激光和连续激光都采用无模激光器，脉冲激光的时间线形为方波线形，初始激光能量分布为高斯光束。激光的发射方式为准直发射。另外，在模拟激光大气传输光强分布时，用到了 Greenwood 大气湍流模式，此时大气相干长度为 12.8 cm(对于波长 500 nm)。参考皮克等人的研究结果，这里激光到达大气中间层的功率设定为 1 W。

4. 钠原子激发态概率的计算

4.1　脉冲激光与钠原子的作用

为了得到不同能级的钠原子数，这里将式(A1.1)～式(A1.5)简化为矩阵微分方程：

$$\boldsymbol{n}' = \boldsymbol{A}n(t) \tag{A1.16}$$

这里

$$\boldsymbol{n}' = \begin{bmatrix} \dfrac{\mathrm{d}n_1}{\mathrm{d}t} & \dfrac{\mathrm{d}n_2}{\mathrm{d}t} & \dfrac{\mathrm{d}n_3}{\mathrm{d}t} & \dfrac{\mathrm{d}n_4}{\mathrm{d}t} & \dfrac{\mathrm{d}n_5}{\mathrm{d}t} \end{bmatrix}^T$$

$$n(t) = [n_1(t) \quad n_2(t) \quad n_3(t) \quad n_4(t) \quad n_5(t)]^T$$

$$\boldsymbol{A} = \begin{bmatrix} a_{11} & a_{12} & a_{13} & a_{14} & a_{15} \\ a_{21} & a_{22} & a_{23} & a_{24} & a_{25} \\ a_{31} & a_{32} & a_{33} & a_{34} & a_{35} \\ a_{41} & a_{42} & a_{43} & a_{44} & a_{45} \\ a_{51} & a_{52} & a_{53} & a_{54} & a_{55} \end{bmatrix}$$

a_{ij}是式(A1.1)～(A1.5)中 $n_1(t)$、$n_2(t)$、$n_3(t)$、$n_4(t)$、$n_5(t)$前对应的系数。其中，$a_{11} = -\xi\dfrac{\sigma_{1\to5}I}{h\nu_{1\to5}}$、$a_{12} = \dfrac{1}{\tau_{2\to1}}$、$a_{13} = \dfrac{1}{\tau_{3\to1}}$、$a_{14} = 0$、$a_{15} = \xi\dfrac{\sigma_{1\to5}I}{h\nu_{1\to5}}\dfrac{g_1}{g_5} + \dfrac{1}{\tau_{5\to1}}$、$a_{21} = 0$、$a_{22} = -\dfrac{1}{\tau_{2\to1}}$、$a_{23} = 0$、$a_{24} = \dfrac{1}{\tau_{4\to2}}$、$a_{25} = a_{31} = a_{32} = 0$、$a_{33} = -\dfrac{1}{\tau_{3\to1}}$、$a_{34} = -\dfrac{1}{\tau_{4\to3}}$、$a_{35} = a_{41} = a_{42} = a_{43} = 0$、$a_{44} = -\dfrac{1}{\tau_{4\to3}} - \dfrac{1}{\tau_{4\to2}}$、$a_{45} = \dfrac{1}{\tau_{5\to4}}$、$a_{51} = \xi\dfrac{\sigma_{1\to5}I}{h\nu_{1\to5}}$、$a_{52} = a_{53} = a_{54} = 0$、$a_{55} = -\xi\dfrac{\sigma_{1\to5}I}{h\nu_{1\to5}}\dfrac{g_1}{g_5} - \dfrac{1}{\tau_{5\to4}} - \dfrac{1}{\tau_{5\to1}}$。$\xi$ 由式(A1.6)和式(A1.7)积分得到

$$\xi = \frac{\pi\Delta\nu}{2} \cdot g(\nu)$$

考虑使用 Matlab 软件求解矩阵微分方程(A1.16)比较简便，结合式(A1.6)～式(A1.8)以及初始条件 $\boldsymbol{n}(0) = [N(\nu) \quad 0 \quad 0 \quad 0 \quad 0]^T$，能够获得不同时刻处于1～5 能级上的钠原子数，再对所有速率群积分，然后得到钠原子的激发态概率 $p = \dfrac{\sum_\nu n_5(t)}{N_0}$。

脉冲激光的单脉冲功率很大，为了了解不同带宽脉冲激光激发钠原子激发态概率的变化，这里选择带宽为 0.4 GHz、0.6 GHz、1 GHz、2 GHz 的激光与钠原子作用。计算得到这 4 种带宽激光激发钠原子概率的曲线如图 A1.2 所示。

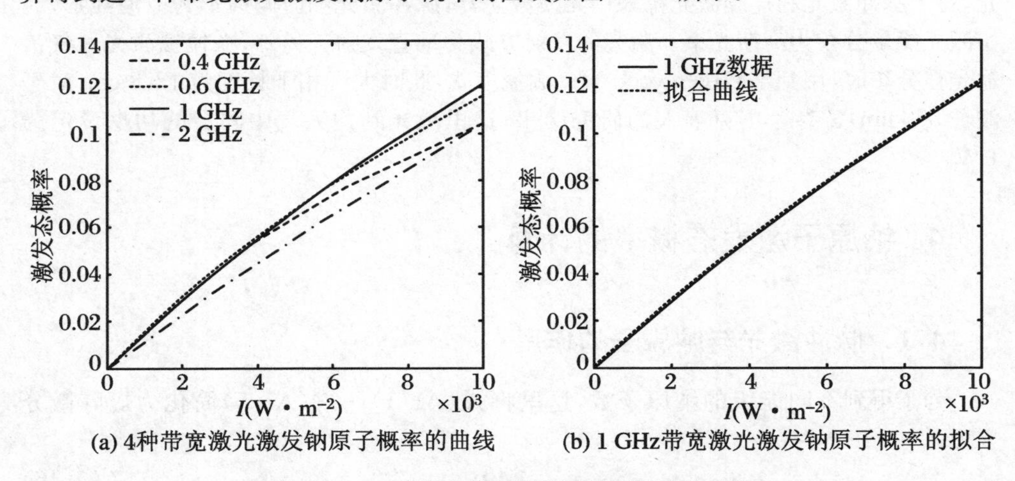

(a) 4种带宽激光激发钠原子概率的曲线　(b) 1 GHz带宽激光激发钠原子概率的拟合

图 A1.2　4 种带宽激光激发钠原子概率的曲线

由图 A1.2(a)可知,2 GHz 带宽的激光激发钠原子的激发态概率小于 1 GHz 的激光。与 0.4 GHz、0.6 GHz、1 GHz 的激光相比较,当激光光强在 6000 W·m^{-2}以下时,0.4 GHz、0.6 GHz 的激光激发钠原子的激发态概率略高于 1 GHz 的激光。原因在于激光激发钠原子的激发态概率与激光能量密度随带宽的分布有关。当激光光强小于 6000 W·m^{-2}时,对于单一频率激光,能量集中在一定的带宽范围内,能够获得较高的激发态概率。当激光光强大于 6000 W·m^{-2}时,1 GHz 的激光激发钠原子的激发态概率较高。考虑到 50 ns 宽度的激光到达大气中间层的平均功率为 1 W,单脉冲激光的发射功率能够达到数千瓦以上,发射高斯光束激光的光强在大气中间层能够达到 6000 W·m^{-2}以上并且所占的权重较大。因此,对于 50 ns 宽度的脉冲激光,选择 1 GHz 的激光与钠原子作用较好。

图 A1.2(b)中,使用 1 GHz 的激光与钠原子作用的数据进行非线性拟合,得到钠原子激发态概率与光强变化的非线性关系:

$$p = \frac{0.6265 I}{4.1453 \times 10^4 + I} \tag{A1.17}$$

4.2　连续激光与钠原子作用

连续激光与钠原子的作用,在很短的时间内,钠原子的激发态概率会达到稳定。取激光带宽为 0.6 GHz,通过求解式(A1.1)～式(A1.8)以及式(A1.16),可得到钠原子激发态概率随时间变化的曲线,如图 A1.3 所示,其中,I 表示总激光光强。

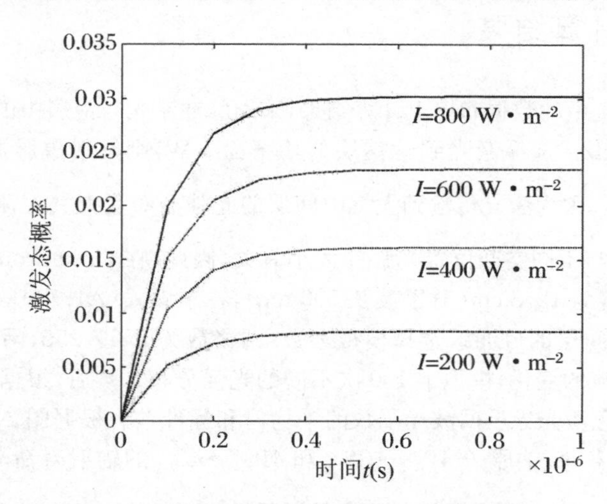

图 A1.3　钠原子激发态概率随时间变化的曲线

由图 A1.3 可知,连续激光与钠原子作用在 0.8 μs 之后,随着时间的增加激发态概率趋于稳定,又由于连续激光的功率很低,发射高斯光束的激光到达大气中间层的平均功率为 1 W 时,光强分布的峰值一般不超过 300 W·m^{-2},因此,选择 0～300 W·m^{-2}光强下 1 μs 时间内计算钠原子的激发态概率,如图 A1.4 所示。

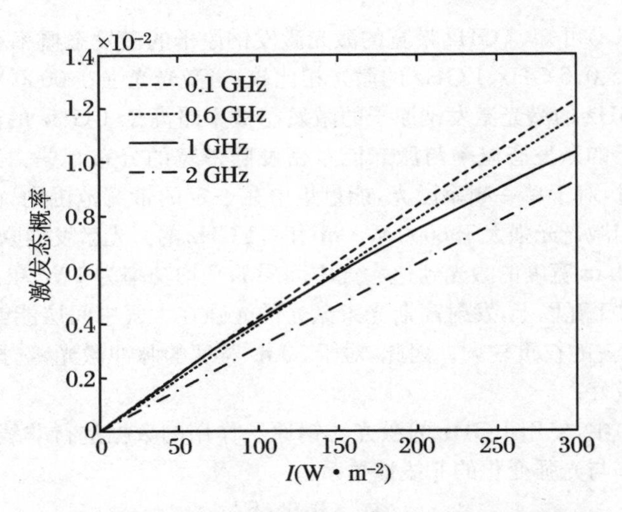

图 A1.4　4 种带宽的激光激发钠原子的激发态概率

由图 A1.4 的计算结果可知，0.6 GHz 带宽的激光激发钠原子的激发态概率较高，这时激光能量相对激光带宽分布能够获得较高的激发态概率。经过数值拟合，得到 0.6 GHz 带宽激光激发钠原子的激发态概率与光强呈线性关系：

$$p = 4.1\times 10^{-5} I \tag{A1.18}$$

5. 数值计算结果

根据表 A1.1 中的数据和以上计算结果，采用脉冲激光与钠层中的钠原子作用，激光的带宽为 1 GHz。选择激光到达钠层的功率为 1 W，则发射单脉冲激光的功率为 $\frac{P}{f\Delta\tau T_0}=4878$ W。因为激光传输到大气中间层的光强分布受大气湍流影响，而钠原子的激发态概率又与不同空间位置光强的大小有关，因此，在 Greenwood 大气湍流模式下，大气相干长度为 12.8 cm（对于波长 500 nm），在求解式（A1.14）的基础上，模拟激光光强在大气中间层的分布。选择模拟参数：网格数为 256×256，网格边长为 0.008 m。考虑大气湍流的变化，模拟了 100 次不同的光强分布。然后，根据式（A1.11）和式（A1.17）计算多色激光导星回波光子数的平均值和标准差。根据图 A1.1 中钠原子第 5 能级的激发态寿命，钠原子 $4P_{3/2}\rightarrow 3S_{1/2}$ 和 $4P_{3/2}\rightarrow 4S_{1/2}$ 的辐射寿命分别为 320 ns 和 160 ns，则钠原子 $4P_{3/2}\rightarrow 3S_{1/2}$ 的辐射速率是钠原子 $4P_{3/2}\rightarrow 4S_{1/2}$ 辐射速率的 $\frac{1}{2}$。

对于连续激光，当激光的发射能量为 4.88 W，大气透过率为 0.205 时，到达大气中间层钠层的激光功率约为 1 W。选择激光带宽为 0.6 GHz，采用与脉冲激光相同的数值计算方法，应用式（A1.12）和式（A1.18）计算多色激光导星回波光子数的平均值和标准差。根据图 A1.1 中钠原子 $4P_{3/2}\rightarrow 3S_{1/2}$ 和 $4P_{3/2}\rightarrow 4S_{1/2}$ 的辐射寿命，计算 330 nm 和 2207 nm 的光子数时，分别取 $\tau'=320$ ns 和 160 ns。为了便于比较，脉冲激光和连续激光激发多色激光导星回波光子数的平均值和标准差见表 A1.2。

表 A1.2　脉冲激光和连续激光激发多色激光导星回波光子数的平均值和标准差

光子波长	脉冲激光		连续激光	
	平均回波光子数 $\times 10^3 (s^{-1} \cdot m^{-2})$	标准差 $\times 10^2 (s^{-1} \cdot m^{-2})$	平均回波光子数 $\times 10^3 (s^{-1} \cdot m^{-2})$	标准差 $(s^{-1} \cdot m^{-2})$
330 nm	6.772	3.32	9.882	0.02
2207 nm	61.78	6.646	90.14	0.374

由表 A1.2 的计算结果能够看出，当到达大气中间层的激光功率为 1 W 时，连续激光激发多色激光导星的回波光子数比脉冲激光激发的要多 47%，原因在于连续激光的光强与钠原子激发态概率之间是线性关系，不会产生饱和现象；而脉冲激光光强很大，脉冲激光的光强与钠原子的激发态概率呈非线性关系，在激光光强很大的情况下产生饱和现象。

6. 讨论

6.1　脉冲激光的重频率对回波光子数的影响

脉冲激光的频率越高，则单脉冲的能量就越少。为了了解激光的重频率对多色激光导星回波光子数的影响，取激光带宽为 1 GHz，在 Greenwood 大气湍流模式下，根据表 A1.1 中的数据和式(A1.11)，计算了 5～100 kHz 重频率的激光激发多色激光导星获得 330 nm 回波光子数的平均值 Φ_{330}，如图 A1.5 所示。

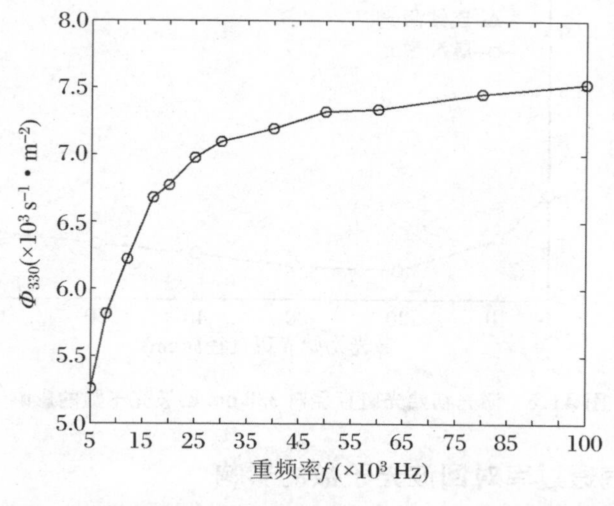

图 A1.5　重频率对激光激发多色激光导星回波光子数的影响

图 A1.5 的计算结果表明，提高脉冲激光的重频率能够增加回波光子数，但是，当重频率高于 50 kHz 时，回波光子数增加的幅度趋于有限值。如 100 kHz 重频率时的回波光子数仅仅是 50 kHz 重频率时的 1.03 倍。原因在于对于激光到达中间层钠层的功率为 1 W 的情况，尽管激光的重频率增加了，但是每个脉冲激光的功率减小，导致钠原子的激发态概率总体减小了。

6.2 激光初始光斑直径对回波光子数的影响

激光初始光斑直径(这里指的是光腰)的变化会导致激光在大气中间层钠层的光强分布随之改变，根据表 A1.1 中的数据，选择脉冲激光带宽为 1 GHz，连续激光带宽为 0.6 GHz，假设激光发射口径大于激光光斑的初始直径，计算了连续激光和脉冲激光激发多色激光导星获得 330 nm 回波光子数的平均值 Φ_{330} 随激光发射初始直径的变化，如图 A1.6 所示。

由图 A1.6 可以看出，在相同激光初始光斑直径的情况下，连续激光激发的回波光子数要比脉冲激光多，当激光初始光斑直径为 5 cm 时，最少增加量约为 30%。总体上看，连续激光激发的回波光子数不会随激光初始直径而变化；脉冲激光激发的回波光子数会随着激光初始光斑直径的变化呈抛物线变化。当激光初始光斑直径为 20 cm 时获得的回波光子数很少，而在激光初始光斑直径为 5 cm 和 60 cm 时回波光子数较多。这是由于大气湍流和光束衍射的共同作用，5 cm 和 60 cm 的激光初始光斑直径会导致激光在大气中间层的光斑较大，光强峰值较低，降低了激光激发钠原子的饱和程度。

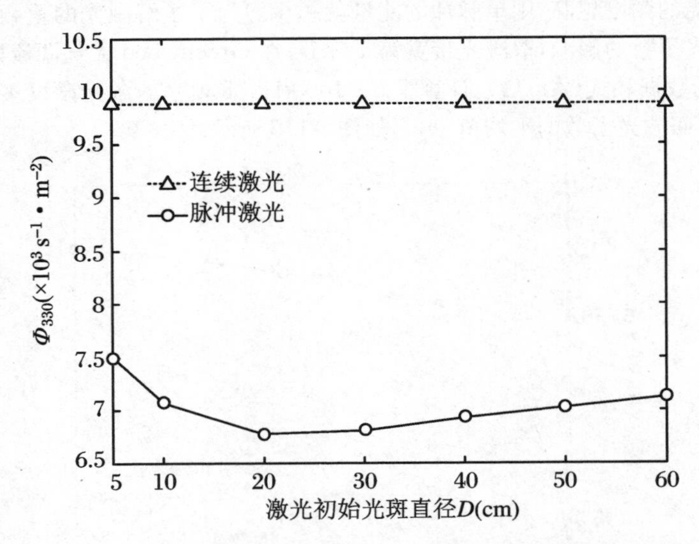

图 A1.6 激光初始光斑直径对 330 nm 回波光子数的影响

6.3 大气透过率对回波光子数的影响

由于大气对紫外波长激光的散射，造成激光光强和 330 nm 回波光子数严重衰减。

在以上多色激光导星回波光子数的计算过程中，应用 Modtran 5 计算了大气透过率 T_0，选择中纬度地区冬季大气模式，能见度为 15 km、无云无雨、乡村地区气溶胶模式的大气透过率，臭氧的垂直柱密度为 8.06911 gm · m^{-2}，水汽的垂直柱密度为 0.85171 gm · m^{-2}。为了了解大气能见度对大气透过率的影响，表 A1.3 中列出了能见度与 330 nm、2207 nm 激光大气透过率的对应数据，根据表 A1.1 中的数据和式(A1.11)，计算脉冲激光激发多色激光导星 330 nm 的回波光子数 Φ_{330}。

表 A1.3　能见度与 330 nm 和 2207 nm 激光大气透过率以及 330 nm 的回波光子数

能见度(km)	5	10	15	20	25	30	35	40
330 nm 透过率	0.066	0.148	0.205	0.244	0.270	0.292	0.307	0.319
2207 nm 透过率	0.848	0.909	0.935	0.949	0.958	0.963	0.967	0.970
Φ_{330} ($\times10^3$ s^{-1} · m^{-2})	0.766	3.649	6.772	9.394	11.35	13.13	14.41	15.47

由表 A1.3 的数据可以看出，大气能见度对 330 nm 激光大气透过率有明显的影响，而对 2207 nm 大气透过率影响很小。在能见度为 10 km 的情况下，330 nm 激光大气透过率仅为 0.148，回波光子数为 3.642×10^3 s^{-1} · m^{-2}，此时的回波光子数不能够满足波前探测的要求。根据式(A1.11)和式(A1.17)计算，如果增加脉冲激光发射的功率为 7.725 W，才能够得到 4.2×10^3 s^{-1} · m^{-2}的 330 nm 回波光子数。当能见度为 5 km 时，激光发射功率为 83.1 W 才能满足此回波光子数的要求。因此，对于脉冲激光，在能见度低于 5 km 的情况下，要获得 4.2×10^3 s^{-1} · m^{-2}的 330 nm 回波光子数，需要 83 W 以上的激光发射功率，并且要求无云无雨的天气。

对于连续激光，在能见度为 10 km 的情况下，根据式(A1.12)和式(A1.18)计算，得到 330 nm 回波光子数为 5.15×10^3 s^{-1} · m^{-2}，对应的激光发射功率约为6.76 W。在能见度为 5 km 的情况下，计算得到 330 nm 回波光子数为 1.024×10^3 s^{-1} · m^{-2}。如果需要获得 4.2×10^3 s^{-1} · m^{-2}的 330 nm 回波光子数，需要63 W以上的激光发射功率。

7. 结论

基于 330 nm 激光与钠原子作用的速率方程，计算了脉宽为 50 ns 的脉冲激光和连续激光激发钠原子的激发态概率，以及多色激光导星 330 nm 和 2207 nm 的回波光子数，探讨了脉冲激光的重频率、激光初始光斑直径(光腰)和大气透过率对多色激光导星回波光子数的影响。根据以上分析，能够得到以下结论：

1. 脉冲激光和连续激光激发钠原子的激发态概率与激光带宽有关。对于50 ns 的脉冲激光，选择 1 GHz 的激光带宽激发钠原子的激发态概率较高；而对于连续激光，选择 0.6 GHz 的激光带宽激发钠原子的激发态概率较高。

2. 到达大气中间层的激光功率为 1 W 时，选择较高激发态概率的激光带宽，采用连续激光激发多色激光导星获得的 330 nm 回波光子数要比脉冲激光激发的回波光子数多 30%以上，并且连续激光激发多色激光导星的回波光子数几乎无起伏。

3. 脉冲激光的重频率和初始光斑直径能够影响多色激光导星的回波光子数。多色激光导星的 330 nm 回波光子数随激光重频率的增加而增加，但是当脉冲重频率增加到 50 kHz 以上时，回波光子数增加的幅度有限。在 Greenwood 大气湍流模式下，脉冲激光激发的回波光子数随初始光斑直径变化呈现抛物线变化。

4. 大气透过率是影响 330 nm 激光大气传输能量衰减和多色激光导星330 nm 回波光子数的重要因素。在 Greenwood 大气湍流模式下，在能见度小于5 km 且无云无雨的条件下，若要获得满足全倾斜探测的回波光子数，脉冲激光的发射功率需要达 83 W 以上，连续激光的发射功率需要 63 W 以上。

产生的原因可以归结为：一方面与激光大气传输过程中大气吸收、大气散射和大气湍流，以及激光与钠原子作用的物理机制有关；另一方面与激光在大气中间层的光强分布以及光强较大造成的饱和程度有关。

总之，采用 330 nm 激光激发多色激光导星，要考虑多种因素的影响，特别是大气透过率的影响。连续激光与脉冲激光相比较，连续激光比脉冲激光有更多优点。

附录 2　线宽展宽方法对激光钠导星反冲的影响

1. 引言

在地球周围存在大约 600 kg 的金属钠，为激光钠导星的形成提供了有利的条件。众所周知，激光钠导星应用于自适应光学波前探测，有利于提高大气成像的分辨率，高的激光钠导星回波光子数有利于提高波前探测的信噪比。当激光与大气中间层钠原子作用时，会造成激光钠导星的亮度下降。地磁场效应会削弱圆偏振光对钠原子的极化作用，高光强的激光会造成激光钠导星荧光的自发辐射速率下降，反冲会造成激光与钠原子作用的区域内，钠原子越来越多地积累在更高的多普勒频移区间上，反冲现象会导致被激发的钠原子总数和自发辐射速率下降。有幸的是，带有 1.713 GHz 的边带补偿能够让再泵浦陷入 $F=1$ 基态的钠原子进入 $F=2$ 基态。有限能量的连续激光能够有效降低激光与钠原子作用的受激辐射。不久前有学者建议了一种蓝移的方法降低 0 MHz 线宽激光激发钠导星的反冲效应，他的研究表明采用这种方法激发钠导星能够增加 60%的回波光子数，并降低 50%的再泵浦激光能量。这里，我们对圆偏振激光采用线宽展宽的方法来缓解激光钠导星的反冲效应。实际上，线宽展宽方法是采用调制激光的光强分布来达到削弱反冲效应的目的。连续激光线宽往往小于 1 MHz，在理论上可以被看作 0 线宽。到目前为止，查蒙(Chamoun)和迪戈内(Digonnet)提出了一种高斯白噪声相位调制法来调制激光线宽，这种方法采用了外场电光晶体的线性泡克耳斯效应，其优点在于激光波长稳定且激光线宽不受自然线宽的影响。

本书通过理论模型和数值模拟的方法，计算连续激光激发钠导星的回波光子数。研究结果显示，线宽展宽方法能够明显提高激光钠导星的回波光子数。首先，本书基于二能级的 Bloch 方程来求解钠原子的激发态概率，同时引入平均自发辐射速率的概念，建立激光钠导星回波光子数和光斑大小的计算表达式。同时，阐述了数值模拟方法并且给出了模拟参数，得到了一些数值模拟的结果，模拟结果有力地表明线宽展宽有效削弱了反冲效应。然后，我们选择了理想的激光线宽并建立了激光光强与平均自发辐射速率之间的关系式。同时，我们探讨了线宽展宽对激光钠导星回波光子数和光斑大小的影响，并且探讨了激光再泵浦能量的线宽展宽，进一步研究了线宽展宽对多模激光激发钠导星自发辐射速率的影响。最后，得到了有意义的结论。

2. 理论模型

激光钠导星的激发需要发射激光到达大气的中间层。通常情况下，激光光谱的中心需要对准钠原子热分布的多普勒频移的中心。单模激光器用于激发钠导星，在光谱中心有最大的光强。大量的钠原子吸收了光子移动到较高的多普勒频移区间，并且多普勒频移增加 50 kHz。这个过程能够被描述为

$$\begin{aligned}\nu'_{\mathrm{D}} &= \pm\ \nu_{\mathrm{D}} + \frac{h}{\lambda^2 m} \\ &= \pm\ \nu_{\mathrm{D}} + 50\ \mathrm{kHz}\end{aligned} \tag{A2.1}$$

式中，ν'_{D}是钠原子吸收一个光子后的多普勒频移，ν_{D}是在此之前的多普勒频移，h 是普朗克常量，λ 是波长(589.159 nm)，m 是钠原子质量；“+”表示沿着激光的传输方向，“−”表示相反的方向。圆偏振激光与二能级原子相互作用的过程可以用光学 Bloch 方程来描述。相关的理论和实验已经证明圆偏振激光(波长为 589.159 nm)与钠原子作用在很短的时间内，激发和衰减的循环迁移至基态 $F=2, m=2$ 和激发态 $F'=3, m'=3$ 之间。钠原子 D_2 线超精细结构与二能级循环如图 A2.1 所示。

在图 A2.1 中，D_2 线表示钠原子 $3P_{3/2}$ 和 $3S_{1/2}$ 之间的能级，D_{2a} 线表示被波长为 589.159 nm 的激光激发的能级跃迁，D_{2b}线表示被波长为 589.157 nm 的激光激发的能级跃迁，σ^+ 表示右旋圆偏振光，实线箭头表示 $3P_{3/2}(3,3)$ 和 $3S_{1/2}(2,2)$ 态之间的二能级循环，左边第二列数据表示能级间的频率间隔。对于连续激光，这个二能级循环在1 μs 的时间内获得稳态，一个钠原子获得的激发态概率为

$$p_2 = \frac{I/(2I_{\mathrm{sat}})}{1 + 16[\pi\tau(\nu_L - \nu_p - \nu_{\mathrm{D}})]^2 + I/I_{\mathrm{sat}}} \tag{A2.2}$$

式中，ν_L是激光的中心频率，ν_p 是二能级原子跃迁的频率，I 表示激光光强，I_{sat}表示饱和光强，$I_{\mathrm{sat}} = \frac{\pi h\nu}{3\lambda^2\tau}$，$\tau$ 是钠原子激发态寿命，ν 是辐射光子的频率。

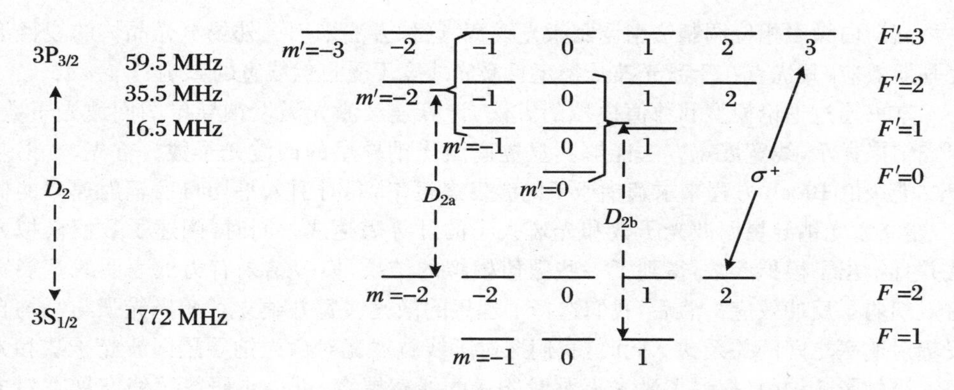

图 A2.1　钠原子 D_2 线超精细结构与二能级循环

一开始，中间层钠原子分布满足麦克斯韦速率分布律，钠原子的归一化分布为

$$N\nu_{\mathrm{D}}(\Delta\nu_{\mathrm{D}}) = \frac{(4\ln 2/\pi)^{\frac{1}{2}}}{\delta\nu_{\mathrm{D}}}\mathrm{e}^{-4\ln 2\nu_{\mathrm{D}}^2/(\delta\nu_{\mathrm{D}})^2}\Delta\nu_{\mathrm{D}} \tag{A2.3}$$

式中，$N\nu_{\mathrm{D}}$ 是对应多普勒频率上的钠原子数，$\delta\nu_{\mathrm{D}}$ 表示中间层钠原子分布的线宽，如果将 $\Delta\nu_D$ 看作速率间隔，那么在足够小的速率间隔内钠原子数的百分比为

$$N\nu_{\mathrm{D}}(\Delta\nu_{\mathrm{D}}) = \frac{(4\ln 2/\pi)^{\frac{1}{2}}}{\delta\nu_{\mathrm{D}}}\mathrm{e}^{-4\ln 2\nu_{\mathrm{D}}^2/(\delta\nu_{\mathrm{D}})^2}\Delta\nu_{\mathrm{D}} \tag{A2.4}$$

对于单模激光，对应的多普勒频移的光强分布为

$$I_0(\nu_{\mathrm{D}}) = I\,\frac{(4\ln 2/\pi)^{\frac{1}{2}}}{\delta\nu_{\mathrm{D}}^L}\mathrm{e}^{-4\ln 2\nu_{\mathrm{D}}^2/(\delta\nu_{\mathrm{D}})^2} \tag{A2.5}$$

式中，$\delta\nu_{\mathrm{D}}^L$ 是激光的线宽，I 是在被激光照亮的一定区域内的光强。因此当激光与钠原子共振时，钠原子的激发态概率获得峰值，在频移 ν_{D} 时的概率为

$$p_2(\nu_{\mathrm{D}}) = \frac{I(\nu_{\mathrm{D}})/2I_{\mathrm{sat}}}{1 + I(\nu_{\mathrm{D}})/I_{\mathrm{sat}}} \tag{A2.6}$$

这里，远离共振情况的钠原子只能和一定频率的激光发生近共振，对于一定的多普勒频移对应的光强 $I(\nu_{\mathrm{D}})$，考虑近共振的激发态概率为

$$p_2' = \frac{I(\nu_{\mathrm{D}})/2I_{\mathrm{sat}}}{1 + 16[\pi\tau(\nu_{\mathrm{D}}' - \nu_{\mathrm{D}})]^2 I(\nu_{\mathrm{D}})/I_{\mathrm{sat}}} \tag{A2.7}$$

这里，ν_{D}' 是相对于多普勒频移 ν_{D} 而言的。

为了清晰地表示基态钠原子被激发的效率，这里引入了平均自发辐射速率的概念，同时忽略了受激辐射。对于连续激光，在不考虑地磁场效应的情况下，平均激发态概率为

$$\bar{R} = \frac{1}{\Delta T}\sum_n \iint_{-\infty}^{+\infty} \frac{5}{8}(N'\nu_{\mathrm{D}})_n \cdot p_2'\mathrm{d}\nu_{\mathrm{D}}'\mathrm{d}\nu_{\mathrm{D}} \tag{A2.8}$$

式中，ΔT 是钠原子平均碰撞时间，n 表示钠原子被激发向上跃迁的次数，$N\nu_{\mathrm{D}}$ 表示从激发态衰减到基态以及未被激发的基态钠原子的总数。$\frac{5}{8}$是指处于基态 $m=0$、1、2 时钠原子占基态总数的比例。钠原子的碰撞包括速率碰撞、阻尼碰撞和光束内外钠原

子的交换。钠原子碰撞能够使很多钠原子回归 $F=2$ 基态。有学者已经估算了钠原子速率交换的时间是 100 μs，这意味着 100 μs 之后钠原子的热运动将会恢复初态。但是霍尔兹洛纳计算速率碰撞的时间是 35 μs。这里采用 35 μs 作为钠原子的平均碰撞时间。

在自适应光学中，足够的回波光子数对于波前探测是重要的。对于连续激光，单位时间、单位面积上的回波光子数为

$$\Phi = \frac{T_0^{\sec\zeta}\beta' C_{\mathrm{Na}}\bar{R}C_{\mathrm{Na}}f_m f_s}{4\pi L^2\sec\zeta} \tag{A2.9}$$

式中，T_0 是大气透过率，β' 是后向散射系数，C_{Na} 是钠层柱密度，L 是望远镜到大气中间层钠层中心的距离，ζ 是激光发射方向与垂直方向的夹角，s 是被激光照明的面积，f_m 是由于地磁场的退极化作用造成 $F=2$ 和 $m=2$ 基态钠原子的退化。f_m 的大小取决于激光与地磁场方向的夹角以及拉莫尔进动周期，这个因子可以被简化为 $f_m=\frac{1-0.6552\,B}{B_0\sin\theta}$，$B$ 和 B_0（$B_0=0.51$ Gs）是地磁场的大小，θ 是激光束和地磁场方向的夹角。

根据方程（A2.7）和方程（A2.8），激发态概率的大小与激光光强有关，由于激光在大气中的传输容易受到大气湍流的影响，在大气的中间层激光光强呈现随机分布。激光大气传输可以用抛物线方程来描述：

$$\frac{\partial E}{\partial z} = \frac{\mathrm{i}}{2k_1}\nabla_{\perp}^2 E + \mathrm{i}k_1 n_1 E \tag{A2.10}$$

式中，k_1 表示波数，z 是激光传输的距离，E 是光场的振幅，n_1 表示大气折射率围绕 1 的起伏。求解方程（A2.10），可获得 z 处的光场，然后可获得激光光强的分布。

除了回波光子数，对于波前探测，激光钠导星被要求有小的光斑尺寸，有效半径的概念可以解释激光钠导星在中间层的能量集中度，它的定义是

$$R_{\mathrm{eff}} = \sqrt{2}\left[\frac{\iint r^2 I_b(x,y)\mathrm{d}x\mathrm{d}y}{\iint I_b(x,y)\mathrm{d}x\mathrm{d}y}\right]^{\frac{1}{2}} \tag{A2.11}$$

式中，$I_b(x,y)$ 是激光钠导星在钠层的光强分布，(x,y) 表示与激光发射方向正交的二维平面，r 表示从光斑质心到 $I_b(x,y)$ 的距离。$I_b(x,y)$ 可以通过下式计算：

$$I_b(x,y) = T_0^{\sec\zeta}\beta' C_{\mathrm{Na}}\bar{R}f_m\Delta s\cdot h\nu \tag{A2.12}$$

式中，$T_0^{\sec\zeta}\beta' C_{\mathrm{Na}}\bar{R}f_m$ 表示激光钠导星在单位时间内后向散射光子数，Δs 表示荧光散射的面积，$\Delta s=\Delta x\Delta y$，$h\nu$ 表示光子的能量，单位为 J。

基于以上分析，我们认为反冲效应会造成钠原子红移，因此，当反冲发生时许多钠原子错过了被激发的机会，以至于自发辐射速率降低。为了缓解这种效应，我们建议增加激光带宽削弱反冲效应。

3. 方法与参数

3.1 数值模拟方法

为了研究激光线宽展宽对激光钠导星反冲效应的影响,可采用数值模拟的方法。一个基本的假设是在有足够的再泵浦能量的情况下,钠原子被维持在二能级循环状态。由于再泵浦能量大约占总能量的10%,甚至小于10%,因此,以下的数值模拟忽略了这部分能量。自发辐射速率和回波光子数的计算都归结为 $F=2, m=2$和 $F=3, m=3$ 之间的循环。

根据理论模型,方程(A2.3)～方程(A2.10)被离散化。采用数值模拟的方法求解方程(A2.8),离散化的形式为

$$\bar{R} = \frac{1}{n\tau'}\sum_{n}\sum_{i}\frac{5}{8}[N'\nu_{\mathrm{D}}(i)]_{n}\cdot p'_{2}(i)\Delta\nu'_{\mathrm{D}}\Delta\nu_{\mathrm{D}} \tag{A2.13}$$

式中,$n\tau'=\Delta T$,$\tau'=2\tau$,τ'表示钠原子被衰减和再一次被激发的时间,i 表示速率群数,$N'\nu_{\mathrm{D}}(i)$表示第 i 个速率群钠原子的个数,$p'_{2}(i)$表示方程(A2.7)中钠原子的激发态概率。

为了获得足够的回波光子数,根据方程(A2.7)和方程(A2.8),$\bar{R}$ 要求取值最大。我们设置了 200001 个速率群,速率群间距 $\Delta\nu_{\mathrm{D}}=10^{4}$ Hz。多普勒频移区间取 -1～1 GHz。

为了求解方程(A2.10),可采用多相位屏方法,当 Greenwood 大气湍流模式和 Kolmogorov 湍流功率谱被应用在激光大气传输的模拟中时,激光的光强分布可采用离散化的网格。激光光强被看成聚集于一个平面通过整个大气中间层钠层,根据方程(A2.9),激光钠导星回波光子数可以算出。与其类似,方程(A2.11)可被离散为如下形式:

$$R_{\mathrm{eff}} = \sqrt{2}\left[\frac{\sum_{m,n} r^{2}_{m,n} I_{b}(m,n)\Delta s}{\sum_{m,n} I_{b}(m,n)\Delta s}\right]^{\frac{1}{2}} \tag{A2.14}$$

式中,$I_{b}(m,n)$是第 m 行和第n 列的光强,m 和 n 分别对应 512×512 网格。由于大气湍流效应,激光光强在大气中间层呈随机分布,为了模拟激光的随机分布,多相位屏法被用来求解方程(A2.10)。Kolmogorov 湍流功率谱可被写为

$$\Phi(k) = 0.033 r_{0}^{-\frac{5}{3}} k^{-\frac{11}{3}} \tag{A2.15}$$

式中,r_{0} 是大气相干长度,k 是空间频率,$r_{0} = 0.185\left[\frac{\lambda}{\int_{0}^{h'} C_{n}^{2}(\zeta)\mathrm{d}\zeta}\right]^{\frac{3}{5}}$,$C_{n}^{2}$ 是大气折射率结构常数,h' 是大气垂直高度,单位为 m,Greenwood 大气湍流模式为

$$C_{n}^{2}(h') = [2.2\times10^{-13}(h'+10)^{-13} + 4.3\times10^{-17}]\mathrm{e}^{-\frac{h'}{4000}} \tag{A2.16}$$

在与激光传输方向正交的二维平面内,大气湍流相位功率谱为

$$\Phi_n(k) = 2\pi\left(\frac{2\pi}{\lambda}\right)^2 0.033k^{-\frac{11}{3}}\int_z^{z+\Delta z} C_n^2(\zeta)\mathrm{d}\zeta \tag{A2.17}$$

然后，方程(A2.17)经过一个高斯随机复矩阵 $a'(m,n)$ 的过滤并通过傅里叶逆变换得到离散化的相位屏：

$$\phi'(m,n) = \sum_{m'=1}^{N_x}\sum_{n'=1}^{N_y} a'(m,n)\left(\frac{0.479}{L_xL_y}r_0^{-\frac{5}{6}}k^{-\frac{11}{6}}\right)\cdot \exp\left[j2\pi\left(\frac{mm'}{N_x}+\frac{nn'}{N_y}\right)\right] \tag{A2.18}$$

式中，L_x 和 L_y 是边长，N_x 和 N_y 是网格数，且三次谐波方法被用来补偿低频不足。最终相位 $S(r,z)$ 包括高频和低频成分调制光场，因此，方程(A2.10)的解为

$$E(r,z+\Delta z) = \exp\left[\frac{\mathrm{i}}{2k}\int_z^{z+\Delta z}\nabla_\perp^2\,\mathrm{d}\zeta\right]\cdot\exp[IS(r,z)]E(r,z) \tag{A2.19}$$

式中，$\exp\left[\frac{\mathrm{i}}{2k}\int_z^{z+\Delta z}\nabla_\perp^2\,\mathrm{d}\zeta\right]$是真空衍射造成的。

3.2　模拟参数

这里的模拟研究涉及激光的特性、大气属性和钠层特性，所有的参数列于表A2.1中。

当 $\theta=30^\circ$ 和 $B=0.228$ Gs 时，退极化因子 $f_m=0.8466$。特别地，TEM00 模激光是准直发射的。

表 A2.1　数值模拟参数

激光参数	符号	数值	钠参数	符号	数值
激光中心波长	λ	589.159 nm	钠层钠原子分布线宽	$\delta\nu_D$	1 GHz
连续激光线宽	$\delta\nu_D^L$	0～1 GHz	钠原子后向散射系数	β'	1.5
激光偏振	$\sigma+$	circular	激发态钠原子寿命	τ	16 ns
激光光束质量因子	β	1.1	钠层柱密度	C_{Na}	4×1013 cm^2
激光发射直径	D	40 cm	钠原子碰撞循环时间	ΔT	35 μs
激光发射天顶角	ζ	30°	钠层质心高度	L	92 km
激光束与地磁场的夹角	θ	30°			

4. 结论与分析

4.1 反冲与线宽展宽

连续激光线宽取 0 MHz 或 2 MHz，对于 2 MHz 线宽的连续激光，其光强分布可用方程(A2.5)来表示。激光总光强取 $I = 150\ \mathrm{W \cdot m^{-2}}$。假设钠原子每 32 s 被激发一次，在激光被激发达到稳态前几十纳秒的上升时间被忽略不计。对于0 MHz线宽的激光，经过反冲在 $t = 10\ \mu s$、$20\ \mu s$、$35\ \mu s$ 时钠原子数的归一化分布如图 A2.2 所示。为了研究线宽展宽对反冲效应的影响，连续激光的线宽取 2 MHz。经过 $t = 10\ \mu s$、$20\ \mu s$、$35\ \mu s$，钠原子数的归一化分布如图 A2.3 所示。

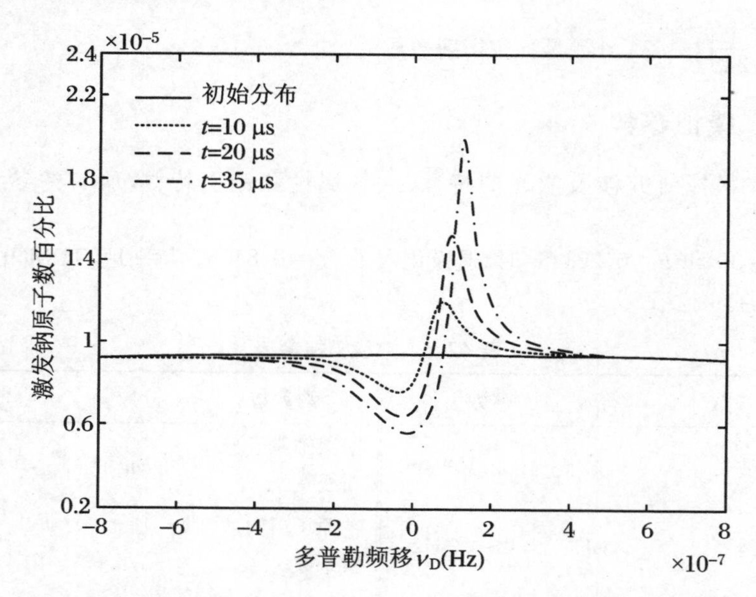

图 A2.2 对于 0 MHz 线宽经过 $t = 10\ \mu s$、$20\ \mu s$、$35\ \mu s$ 钠原子数的归一化分布

从图 A2.2 可以看出，反冲造成钠原子在越来越高的多普勒区间上堆积。与图 A2.2 相比，图 A2.3 中激光线宽展宽后反冲峰值大为下降，并且三段时间的反冲分布线互相重合。除此之外，图 A2.4 中激光光强的大小也影响了反冲效应，相同的线宽展宽、不同的光强造成的反冲如图 A2.5 所示。

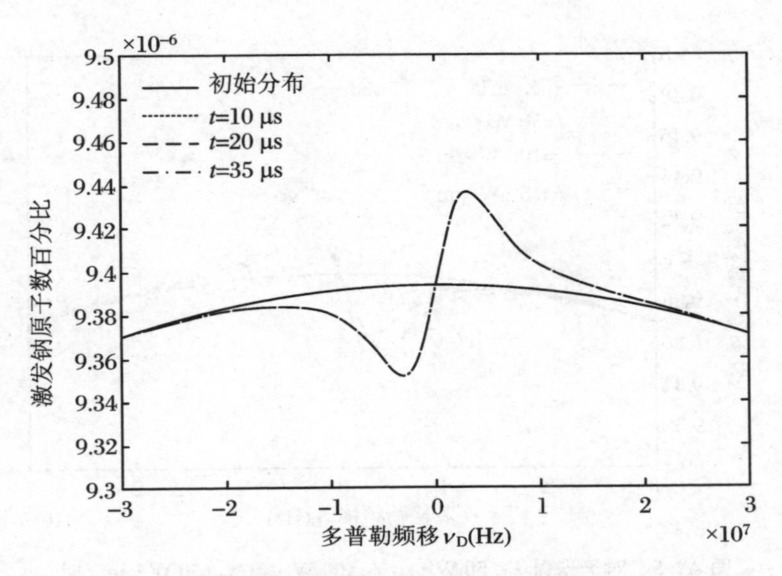

图 A2.3　激光线宽 2 MHz,经过反冲在 $t=10$ μs、20 μs、35 μs 钠原子数的归一化分布

图 A2.4 表明高的激光光强造成了更加剧烈的反冲并且恶化了不利的形势,同时,高的激光光强使得钠原子向更高的多普勒频移上漂移。图 A2.5 说明对于不同的光强,线宽展宽能够有效地缓解反冲效应。

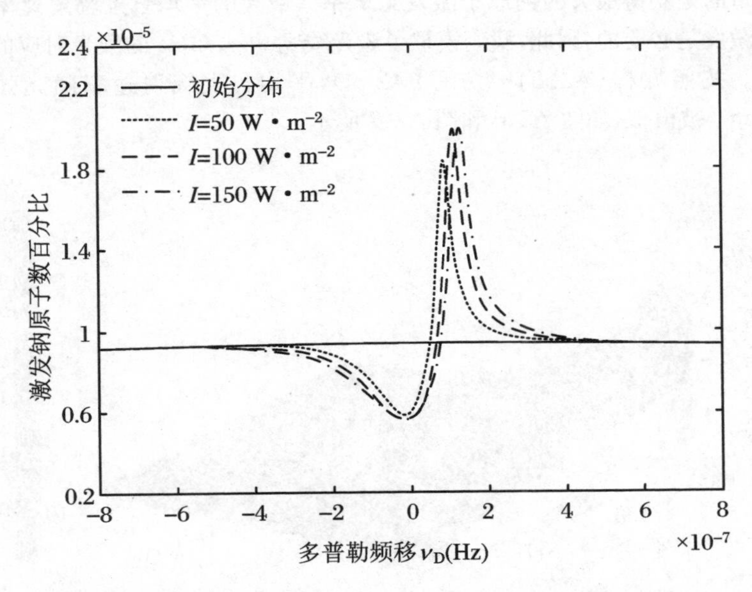

图 A2.4　对于光强 $I=50\ \mathrm{W\cdot m^{-2}}$、$100\ \mathrm{W\cdot m^{-2}}$、$150\ \mathrm{W\cdot m^{-2}}$ 时,0 MHz 线宽激光反冲造成的钠原子数归一化分布

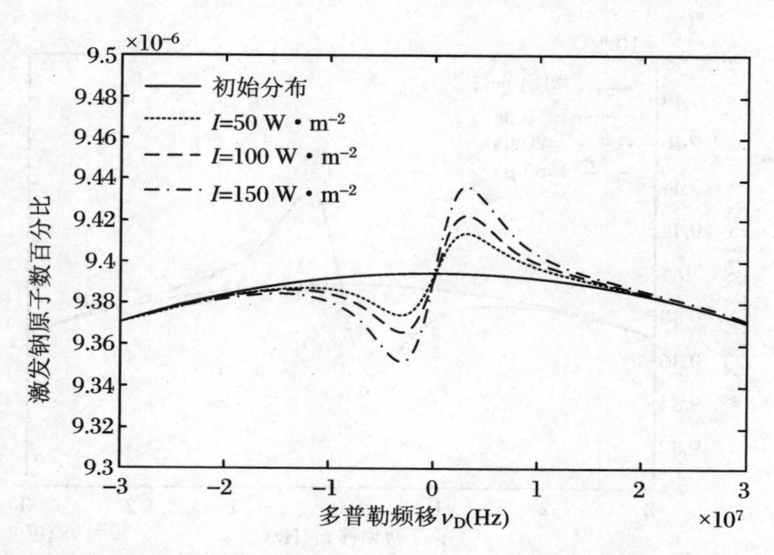

图 A2.5　对于光强 $I=50\ \mathrm{W\cdot m^{-2}}$、$100\ \mathrm{W\cdot m^{-2}}$、$150\ \mathrm{W\cdot m^{-2}}$ 时，2 MHz 线宽激光反冲造成的钠原子数归一化分布

4.2　激光线宽的优化

在实际中，如果反冲效应必须降低，就必须调制方程(A2.5)中激光光强的分布，这种调制的目的是获得最大的钠原子激发态概率。最大的平均自发辐射速率对于激光钠导星的激发是必要的，因此，我们模拟了激光线宽 0～1 GHz 的激光对应的平均自发辐射速率。按照方程(A2.2)～方程(A2.9)，平均自发辐射速率随光强变化 0～1500 $\mathrm{W\cdot m^{-2}}$ 被模拟，如图 A2.6 和图 A2.7 所示。

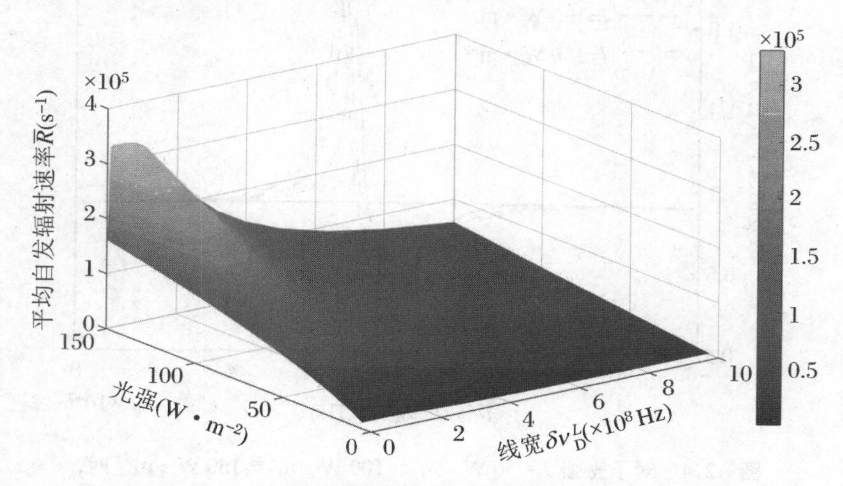

图 A2.6　平均自发辐射速率与激光线宽和光强(0～150 $\mathrm{W\cdot m^{-2}}$)

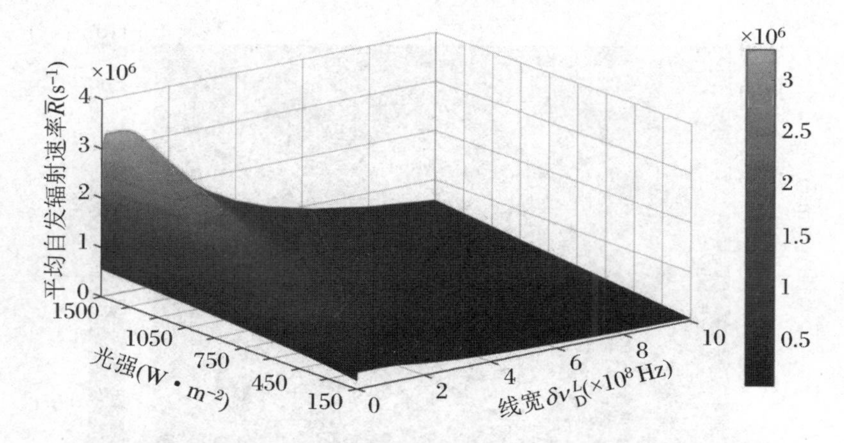

图 A2.7　平均自发辐射速率与激光线宽和光强(150～1500 W・m⁻²)

图 A2.6 和图 A2.7 表明平均自发辐射速率的峰值随着激光线宽和光强而变化，高的激光光强获得了更高的平均自发辐射速率的峰值。当激光线宽很大时，平均自发辐射速率反而下降，在低的光强下线宽 1～100 MHz 能够有限增加平均自发辐射速率。但是，并非线宽越宽越好，只有在 1～100 MHz，平均自发辐射速率才能获得极值。尽管如此，当激光线宽 $\delta\nu_D^L = 0$ MHz 时，平均自发辐射速率比峰值要低。在图 A2.6 和图 A2.7 中，平均自发辐射速率对应着相同的线宽范围。

我们希望激光光强分布的线宽能够使平均自发辐射速率最大。图 A2.8 和图A2.9 模拟了平均自发辐射速率对应线宽 1～10³ MHz 和激光光强 5～1500 W・m⁻²的变化。

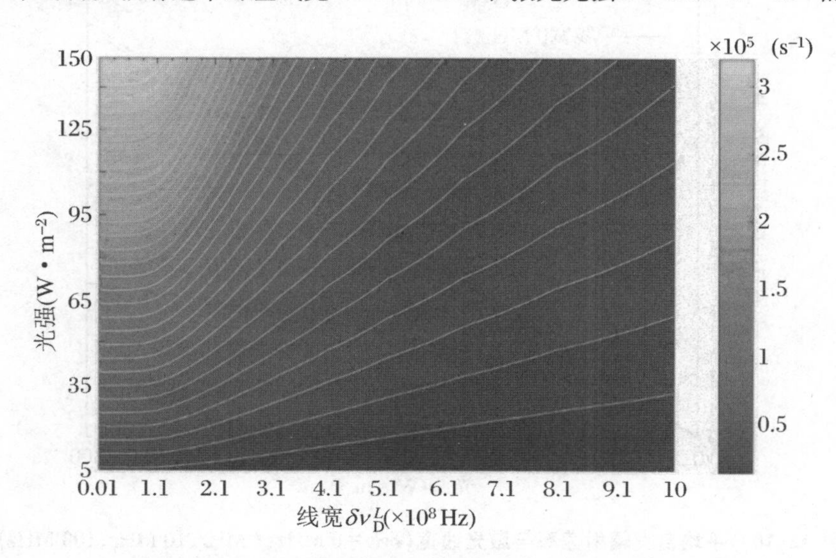

图 A2.8　平均自发辐射速率与激光线宽(1～10³ MHz)、激光光强(5～150 W・m⁻²)

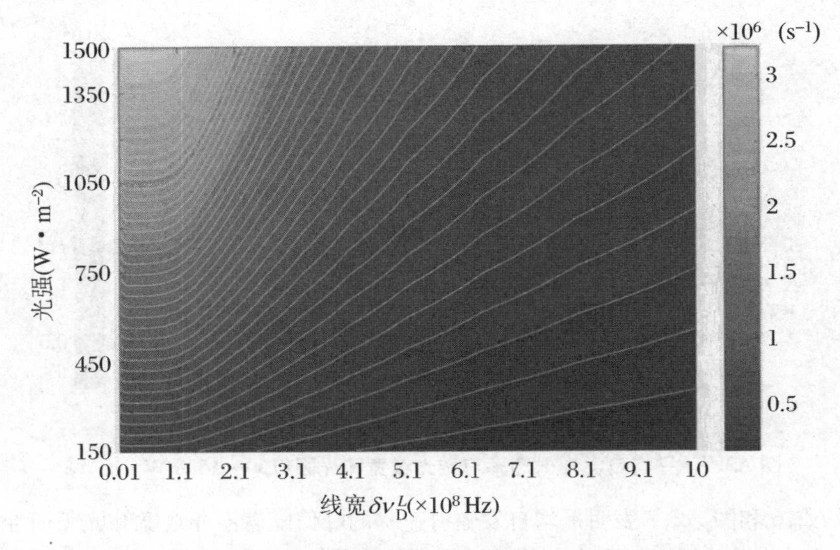

图 A2.9　平均自发辐射速率与激光线宽($1\sim10^3$ MHz)、激光光强($150\sim1500$ W·m^{-2})

图 A2.8 和图 A2.9 表明平均自发辐射速率的峰值在 1～100 MHz,对应的光强为 5～1500 W·m^{-2}。因此,理想的激光线宽能够取 1～100 MHz。图 A2.10 呈现了激光线宽 $\delta\nu_D^L=0$ MHz、1 MHz、10 MHz、100 MHz 和平均自发辐射速率。

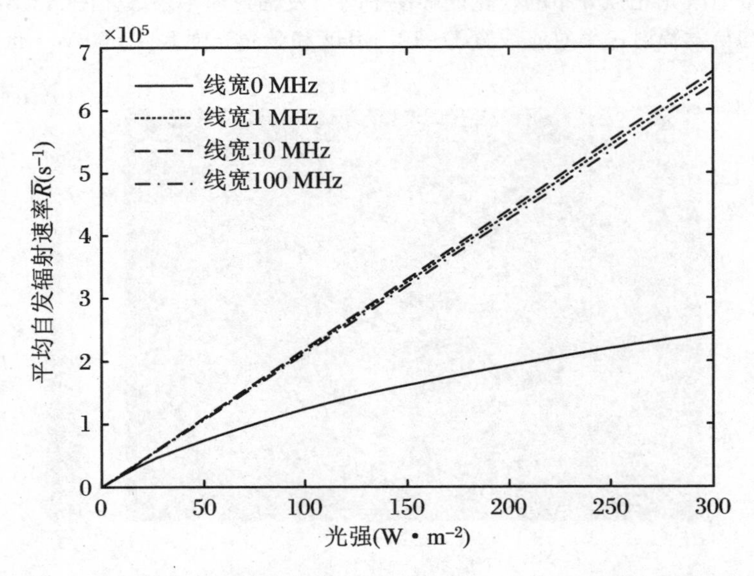

图 A2.10　平均自发辐射速率与激光线宽($\delta\nu_D^L=0$ MHz、1 MHz、10 MHz、100 MHz)

通过比较不同线宽的平均自发辐射速率,发现在激光线宽 $\delta\nu_D^L=0$ MHz 时平均自发辐射速率最低,$\delta\nu_D^L=1$ MHz、10 MHz、100 MHz 时平均自发辐射速率大致相等。这就意味着在 $\delta\nu_D^L=1$ MHz、10 MHz、100 MHz 时有更高的回波光子数。如图 A2.10 所

示，激光光强和平均自发辐射速率之间的关系可被拟合为

$$\delta\nu_D^L = 0\ \mathrm{MHz},\quad \bar{R} = \frac{1.6153\times10^5 I}{1+0.0033I} \tag{A2.20}$$

$$\delta\nu_D^L = 10\ \mathrm{MHz},\quad \bar{R} = 2.169\times10^3 I \tag{A2.21}$$

5. 讨论

5.1　线宽展宽对激光钠导星回波光子数和光斑大小的影响

通常，高的激光光强在大气中间层会形成高的激光光强峰值，根据数值模拟方法和参数，我们计算了 10～60 W 激光在 $\delta\nu_D^L=0$ MHz、10 MHz 时的回波光子数，同时，激光钠导星的光斑大小也被计算，计算结果见表 A2.2。

表 A2.2　回波光子数和有效半径

激光功率(W)	10		20		30	
激光线宽 $\Delta\nu_D^L$(MHz)	10	0	10	0	10	0
回波光子数 $\Phi(\times10^6\ \mathrm{s^{-1}\cdot m^{-2}})$	5.36	3.56	10.72	6.50	16.08	9.10
有效半径 R_{eff}(m)	0.426	0.426	0.418	0.418	0.422	0.422
激光功率(W)	40		50		60	
激光线宽 $\Delta\nu_D^L$(MHz)	10	0	10	0	10	0
回波光子数 $\Phi(\times10^6\ \mathrm{s^{-1}\cdot m^{-2}})$	21.43	11.26	26.795	13.05	32.15	15.29
有效半径 R_{eff}(m)	0.413	0.413	0.406	0.406	0.413	0.413

基于以上数据，可以得出 3 个结论：

(1) 线宽展宽能够获得最多的回波光子数，当激光线宽 $\Delta\nu_D^L=10$ MHz 时，要比线宽 $\Delta\nu_D^L=0$ MHz 时的回波光子数多，对于 10 W 激光，$\Delta\nu_D^L=10$ MHz 使回波光子数增加了 50.4%。

(2) 回波光子数随着能量的增加而增加，当激光功率为 10～60 W 时，计算结果显示回波光子数增加了 50.4%～110%。

(3) 在两种线宽情况下，激光钠导星的光斑大小相等。因此，线宽展宽方法有利于提高自适应光学波前探测的信噪比。

众所周知，大气湍流能够影响激光光强的分布，对于 Greenwood 大气湍流模式，垂直方向整层大气相干长度是 15.6 cm；对于 Mod-HV 大气湍流模式，整层大气相干长度是 21.6 cm，这时激光大气传输的光强会出现更高的峰值，但是由于采用激光光强分布带宽展宽，光强分布的峰值会下降，从而削弱了反冲效应。

5.2　线宽展宽方法的考量

钠原子被激发的二能级循环受到多种因素的影响，这些因素中，地磁场导致二能级循环 $F=2, m=2 \leftrightarrow F'=3, m'=3$ 失谐。为了维持这种二能级循环，再泵浦能量被用来激发陷入 $F=1$ 基态的钠原子。有再泵浦能量的激光一般采用 1.713 GHz 的边带调制，这种有再泵浦能量激光的线宽应该展宽带宽 1～100 MHz，否则，反冲会削弱再泵浦能量的效率。

单一频率的激光曾经被用来激发钠导星，这种激光的功率在 4～5 W。一种无模连续激光器的线宽为 3 GHz，因为带宽大而被认为效率高，但是根据以上分析，这种激光器的效率并不高。最著名的激光器是星靶场的 50 W FASOR 连续激光器。2006 年 5 月 30 日，采用 40 W 功率试验获得的激光钠导星回波光子数是 $1.8\times10^{7}\ \mathrm{s^{-1}\cdot m^{-2}}$，激光发射的天顶角是 0°。通过进一步分析，激光发射与地磁场方向的夹角是 28°，接近于表 A2.1 中的 30°，而且钠层柱密度为 $4\times10^{13}\ \mathrm{cm^{-2}}$，大气透过率是 0.91，特别是激光线宽是 1×10^{4} Hz 而不是 0 MHz。因此，平均自发辐射速率大于 0 MHz 激光。在表 A2.2 中，计算所得 40 W 激光激发钠导星的回波光子数基本与实际情况一致。图 A2.11 呈现了激光线宽 $\Delta\nu_{\mathrm{D}}^{L}=0$ MHz、0.01 MHz、1 MHz 时激发钠原子的平均自发辐射速率。

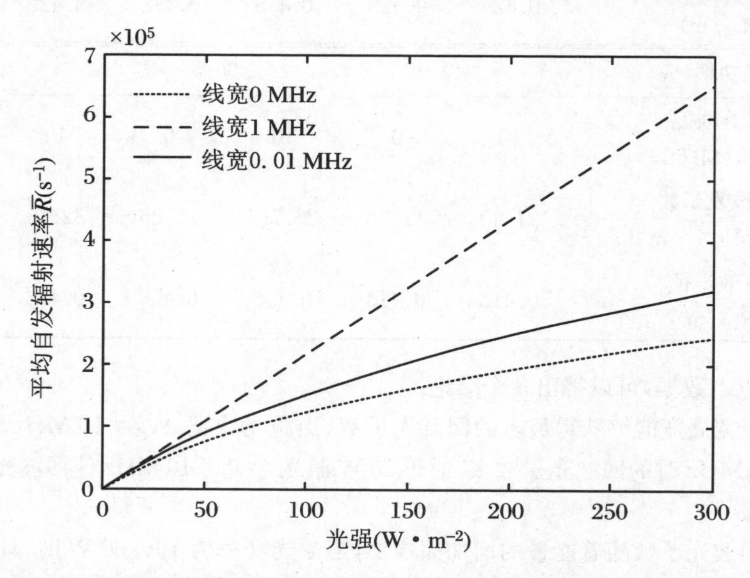

图 A2.11　平均自发辐射速率与激光光强，激光线宽为 $\delta\nu_{\mathrm{D}}^{L}=0$ MHz、0.01 MHz、1 MHz

由图 A2.11 可以看出，当光强大于 $25\ \mathrm{W\cdot m^{-2}}$ 时，激光线宽 $\delta\nu_{\mathrm{D}}^{L}=0.01$ MHz 的平

均自发辐射速率大约相当于激光线宽 $\delta\nu_D^L=1$ MHz 的一半，如果星靶场的连续激光线宽展宽到 1 MHz，那么回波光子数将会增加约 1 倍。对于双子北座望远镜（Gemini North），单模的连续激光线宽为 10 MHz，激光发射天顶角为 45°，有人计算激光钠导星的回波光子数是 $2.22\times10^6\ s^{-1}\cdot m^{-2}$，激光的功率大约是 10 W。计算时用到钠层柱密度 $2\times10^{13}\ cm^{-2}$，如果钠层柱密度取 $4\times10^{13}\ cm^{-2}$，那么计算值就是 $4.44\times10^6\ s^{-1}\cdot m^{-2}$，这个值相对接近于表 A2.2 中的 $5.36\times10^6\ s^{-1}\cdot m^{-2}$。

5.3　线宽展宽对多模激光的影响

多模连续激光器在激发钠导星方面具有总体带宽大的优势，但是它的激发效率不是很高。多模激光器有多个激光中心，激光光强的表达式为

$$I(\nu_D)=I(0)\exp\left[-4\ln2\left(\frac{\nu_D}{\delta\nu_b}\right)^2\right]\times\sum_{j=-k'}^{+k'}\exp\left[-\frac{4\ln2(\nu_D-j\nu_1)^2}{\delta c_0^2}\right] \tag{A2.22}$$

式中，j 代表模数，k' 是整数，ν_1 是模间距，ν_D 是多普勒频移，$I(\nu_D)=I(0)\cdot\exp\left[-4\ln2\left(\frac{\nu_D}{\delta\nu_b}\right)^2\right]$是峰值包络线，$I(0)$是峰值光强，$\delta\nu_b$ 是包络线的线宽，$\delta\nu_0$ 是模的线宽。取 $\nu_1=150$ MHz，$k'=1$，$\delta\nu_0=10^4$ Hz 以及 $\delta\nu_b=1$ GHz，一个三模激光谱如图 A2.12 所示。

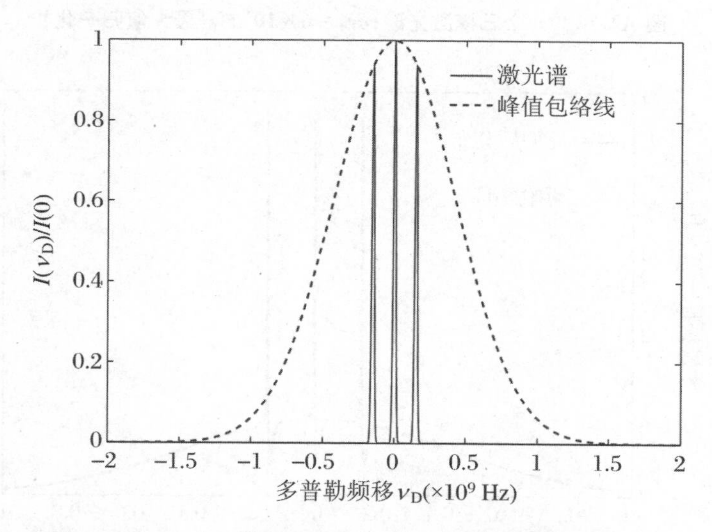

图 A2.12　一个三模激光谱，$\delta\nu_0=10^4$ Hz（最大值被归一化）

激光的模线宽被扩展到 60 MHz，一个三模激光谱如图 A2.13 所示。按照以上模拟方法，取激光光强 $I=150\ W\cdot m^{-2}$，我们模拟了线宽展宽对反冲的影响，如图 A2.14 所示。模拟结果显示三模激光线宽展宽有效地削弱了钠原子的反冲，降低了反冲造成的峰值。

图 A2.15 呈现了光强 0～200 $W\cdot m^{-2}$的平均自发辐射速率，对应的线宽分别是多

模线宽 $\delta\nu_0 = 104$ Hz，三模展宽为 60 MHz 以及单模线宽为 0 MHz。

根据图 A2.15，对于总的光强 $I = 150\ \mathrm{W \cdot m^{-2}}$，当三模连续激光线宽展宽达到 60 MHz 时，平均自发辐射速率增加了 10 倍，远远超过单模激光，这大幅提高了激光钠导星回波光子数。因此，我们可得出结论：线宽展宽也能够改善多模激光激发钠导星的反冲效应。

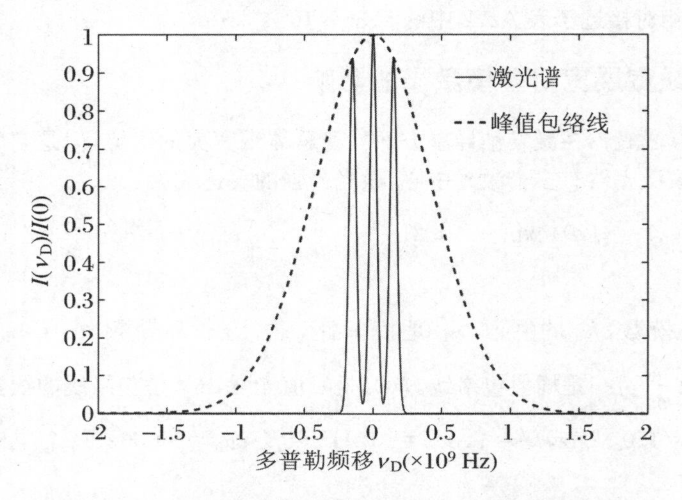

图 A2.13　一个三模激光谱，$\delta\nu_0 = 6 \times 10^7$ Hz(最大值归一化)

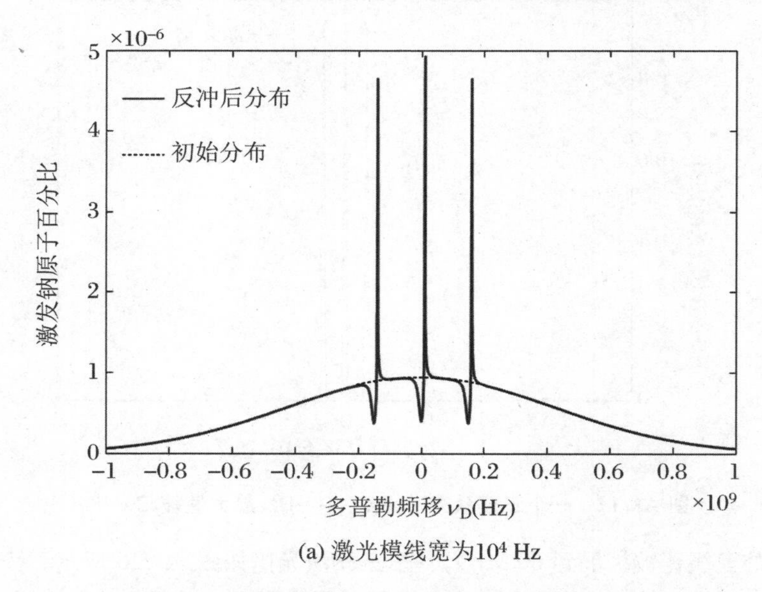

(a) 激光模线宽为10^4 Hz

图 A2.14　钠原子的归一化分布，光强 $I = 150\ \mathrm{W \cdot m^{-2}}$

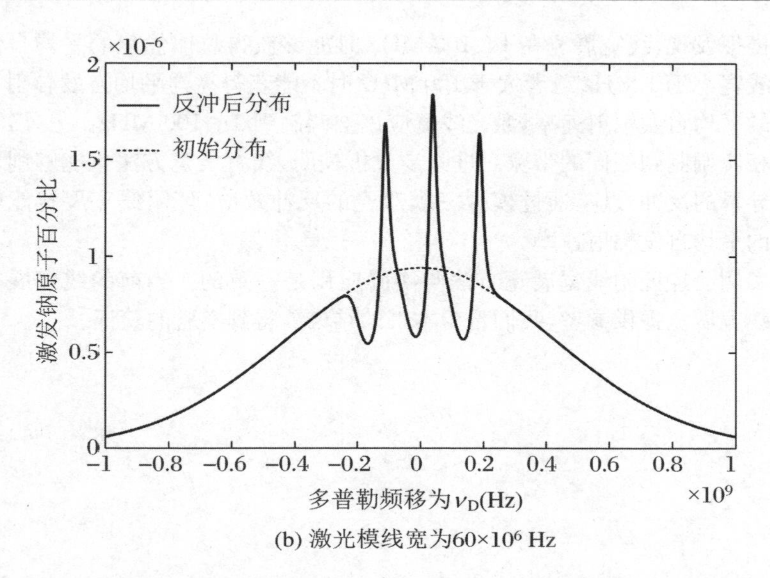

(b) 激光模线宽为60×10⁶ Hz

图 A2.14　钠原子的归一化分布，光强 $I = 150\ \mathrm{W \cdot m^{-2}}$（续）

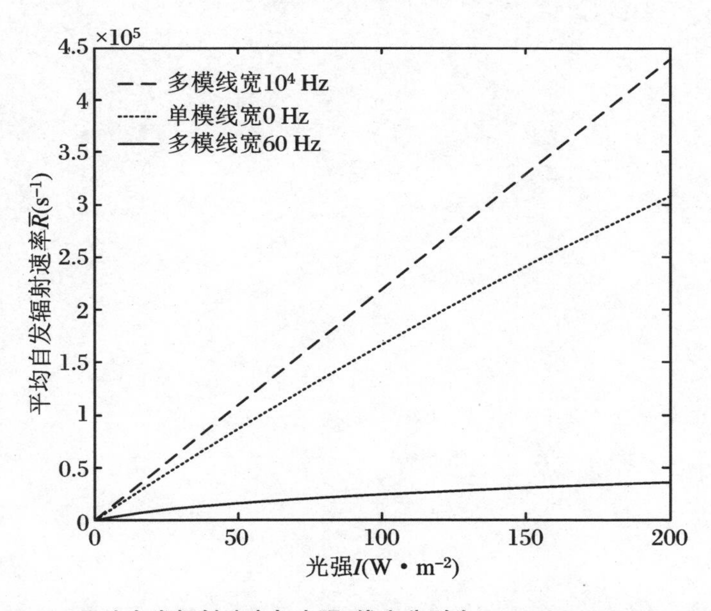

图 A2.15　平均自发辐射速率与光强，线宽分别为 0 MHz、0.01 MHz、60 MHz

6. 结论

本书仔细地研究了圆偏振激光线宽展宽方法对激光钠导星反冲的影响，数值模拟结果显示线宽展宽方法确实增加了激光钠导星回波光子数，而且对 50 W 的激光来说，回波光子数增加了超过 1 倍，并且这种方法不改变激光钠导星光斑的大小。

通过模拟发现，线宽展宽在 1～100 MHz 时能够获得总体优化的平均自发辐射速率。激光线宽小于 1 MHz 或者大于 100 MHz 时不能获得高的平均自发辐射速率。为了获得高的平均自发辐射速率，激光线宽应该被调制到 1～100 MHz。另外，再泵浦激光也应该相应调制到相同的带宽。进一步分析表明，线宽展宽方法也能够削弱多模激光激发钠导星的反冲效应，通过模拟三模激光的反冲效应，证明线宽展宽能够大幅提高钠原子的平均自发辐射速率。

几个实例已经证明线宽展宽方法与实际应用是一致的。当前的线宽展宽方法能够为激光线宽展宽提供参考，我们希望本书的结论能得到实验的验证。

参考文献

程少园,胡立发,曹召良,等,2009.液晶自适应光学在人眼眼底高分辨率成像中的应用[J].中国激光,36(10):2524-2527.

程学武,杨国韬,杨勇,等,2011.高空钠层、钾层同时探测的激光雷达[J].中国激光,38(2):1-5.

陈林辉,饶长辉,2011.点源信标相关哈特曼-夏克波前传感器光斑偏移测量误差分析[J].物理学报,60(9):1-8.

常翔,李荣旺,熊耀恒,2012.天文成像数值仿真的相位屏模拟方法[J].天文研究与技术,9(1):46-55.

范承玉,王英俭,龚知本,2003.强湍流效应下不同信标波长的自适应光学校正[J].光学学报,23(12):1489-1492.

龚顺生,曾锡之,薛新建,等,1997.中国武汉上空钠层的首次激光雷达观测[J].中国科学,27(4):369-373.

姜文汉,张雨东,饶长辉,等,2011.中国科学院光电技术研究所的自适应光学研究进展[J].光学学报,31(9):1-9.

梁春,廖文和,沈建新,2007.自适应光学在眼科医疗中的应用[J].应用激光,27(3):237-240.

李洪钧,郑文钢,杨国韬,等,1999.中国武汉上空钠层分布的实验观测与理论模拟[J].空间科学学报,19(1):54-60.

李福利,2006.高等激光物理学[M].北京:高等教育出版社.

李发泉,程学武,杨勇,2011.高空钠激光导星的制备与成像研究[J].中国科学:物理学力学天文学,41(11):1261-1267.

刘小勤,胡顺星,李琛,等,2006.用激光雷达探测合肥高空钠层的变化[J].强激光与粒子束,18(12):1944-1948.

刘向远,钱仙妹,崔朝龙,等,2013a.大气湍流中激光钠信标回波光子数的数值模拟[J].光学学报,33(2):1-7.

刘向远,钱仙妹,刘丹丹,等,2013b.激光钠信标荧光回波光子数的影响因素及其数值模拟[J].中国激光,40(6):1-10.

钱仙妹,饶瑞中,2006.高斯光束大气闪烁空间分布的数值模拟研究[J].量子电子学报,23(3):320-324.

钱仙妹,朱文越,饶瑞中,2009.非均匀湍流路径上光传播数值模拟的相位屏分布[J].物理学报,58(9):6633-6638.

乔春红,范承玉,王英俭,等,2008.高能激光大气传输的仿真实验研究[J].强激光与粒子束,20(11):1811-1816.

饶瑞中,王世鹏,刘晓春,等,1998.激光在湍流大气中的光强起伏与光斑统计特征[J].量子电子学报,15(1):155-163.

饶瑞中,王世鹏,刘晓春,等,1999.实际大气中激光闪烁的概率分布[J].光学学报,19(1):81-86.

饶瑞中,王世鹏,刘晓春,等,2000.湍流大气中激光束漂移的实验研究[J].中国激光,27(11):1011-1015.

饶瑞中,2002.湍流大气中准直激光束的光斑特征Ⅰ.特征半径[J].中国激光,29(10):889-893.

饶瑞中,2005.光在湍流大气中的传播[M].合肥:安徽科学技术出版社.

饶瑞中,2012.现代大气光学[M].北京:科学出版社.

孙景群,1986.激光大气探测[M].北京:科学出版社.

石小燕,王英俭,黄印博,2003.发射系统遮拦比对均强聚焦光束光斑扩展的影响[J].强激光与粒子束,15(12):1181-1183.

武云云,陈二虎,张宇,等,2012.自适应光学技术提高FSO性能的实验验证[J].光通信技术,4(2):15-18.

王英俭,吴毅,汪超,等,1998.激光实际大气传输湍流效应相位校正一些实验结果[J].量子电子学报,15(2):164-169.

王锋,陈天江,雒仲祥,等,2014.基于长脉冲光源的钠信标回光特性实验研究[J].物理学报,63(1):1-6.

吴毅,王英俭,王春红,等,1995.信标光强度影响下的Hartmann波前探测[J].强激光与粒子束,7(2):117-120.

吴健,杨春平,刘健斌,2005.大气中的光传输理论[M].北京:北京邮电大学出版社.

熊耀恒,2000.用于自适应光学系统的激光引导星[J].天文学进展,18(1):1-8.

许春玉,谢德林,杨虎,1999.激光大气传输透过率的分析[J].光电工程,26(6):7-11.

晓晨,2002.夏威夷上空的虚拟导星[J].激光与光电子学进展,39(9):26.

杨福家,2006.原子物理学[M].北京:高等教育出版社.

杨慧珍,李新阳,姜文汉,2007.自适应光学技术在大气光通信系统中的应用进展[J].激光与光电子学进展,44(10):61-68.

阎吉祥,俞信,1996.自适应光学人造钠导星对激光能量的要求[J].北京理工大学学报,16(6):616-620.

俞信,张晓芳,胡新奇,2011.空间自适应光学研究[J].航天返回与遥感,32(5):19-28.

邹英华,孙騊亭,1991.激光物理学[M].北京:北京大学出版社.

张逸新,迟泽英,1997.光波在大气中的传输与成像[M].北京:国防工业出版社.

张志伟,马骏,俞信,2000.微小型自适应光学系统及其在星载光学遥感器上的应用[J].红外与激光工程,29(1):49-52.

张晓芳,俞信,阎吉祥,2004.多层共轭自适应光学的进展与展望[J].纳米技术与精密工程,2(1):76-80.

朱文越,黄印博,钱仙妹,等,2007.激光大气传输模拟程序CLAP及其应用[J].大气与环境光学学报,2(6):451-458.

Liou K N,2004.大气辐射导论[M].郭彩丽,周诗健,译.北京:气象出版社.

Edmonds A R, 1957. Angular Momentum in Quantum Mechanics[M]. The United States: Princeton University Press.

Morettiand F S, 1971. Hyperfine Optical Pumping of Sodium Vapor[J]. Phys. Rev., 3(2):

349-354.

Gibson A J, Sanford M C, 1971. The Seasonal Variation of the Night-time Sodium Layer[J]. J. Atmos. Terr. Phys., 33(11): 1675-1684.

Welsh B M, Gardner C S, 1989. Nonlinear Resonant Absorption Effects on the Design of Resonance Fluorescence Lidar and Laser Guide Stars[J]. Applied Optics, 28(19): 4141-4153.

Neichel B, D'Orgeville C, Callingham J, 2012. Characterization of the Sodium Layer at Cerro Pachón, and Impact on Laser Guide Star Performance[J]. Mon. Not. R. Astron. Soc., 13(2): 1-10.

Gardner C S, Welsh B M, Thompson M L, 1990. Design and Performance Analysis of Adaptive Optical Telescopes Using Laser Guide Stars[J]. Proceedings of the IEEE, 78(11): 1721-1743.

Schwartz C, Baume G, Ribak E N, 1999. Turbulence-degraded Wave Fronts as Fractal Surfaces [J]. Appl. Opt., 38(11): 444-451.

D'Orgeville C, Rigaut F, Ellerbroek B L, et al., 2000. LGS AO Photon Return Simulations and Laser Requirements for the Gemini LGS AO Program[J]. Proceedings of SPIE, 4007(12): 131-141.

O'Sullivan C, Redfern R M, Ageorges N, et al., 2000. Short Timescale Variability of the Mesospheric Sodium Layer[J]. Experimental Astronomy, 10(8): 147-156.

Rao C, Zhu L, Rao X, et al., 2010. 37-element Solar Adaptive Optics for 26 cm Solar Fine Structure Telescope at Yunnan Astronomical Observatory[J]. Chin. Opt. Lett., 8(10): 966-968.

Fried D L, 1966. Optical Resolution Through a Randomly Inhomogenous Medium for very Long and very Short Exposures[J]. J. Opt. Soc. Am., 56(8): 1372-1379.

Sandler D G, Stahl S, 1994. Adaptive Optics for Diffraction-limited Infrared Imaging with 8 m Telescopes[J]. JOSA A, 11(4): 925-945.

Gavel D T, Gates E L, Max C E, et al., 2003. Recent Science and Engineering Results with the Laser Guide Star Adaptive Optics System at Lick Observatory[J]. Proceedings of SPIE, 4839 (12): 354-359.

Gratadour D, Gendron E, Roussetl G, et al., 2010. Intrinsic limitations of Shack-Hartmann Wavefront Sensing on an Extended Laser Guide Source[J]. J. Opt. Soc. Am. A., 11(27): A171-A181.

Kibllewhite E, Shi F, 1998. Design and Field Tests of an 8 Watt Sum-frequency Laser for Adaptive Optics[J]. Proceedings of SPIE, 3353(3): 300-309.

Viard E, Delplancke F, Hubin N, et al., 2000. Rayleigh Scattering and Laser Spot Elongation Problems at ALFA[J]. Experimental Astronomy, 10(1): 123-133.

Kibblewhite E, 2008. Calculation of Returns from Sodium Beacons for Different Types of Laser [J]. Proceedings of SPIE, 7015(3): 1-9.

Rodder F, 1981. The Effects of Atmospheric Turbulence in Optical Astronomy[J]. Progress in Optics, 19(3): 281-376.

Hubin F M, 1991. Adaptive Optics for the European very Large Telescope[J]. Proceedings of SPIE, 1542(2): 283-292.

Shi F, 2001. Sodium Laser Guide Star Experiment with a Sum-Frequency Laser for Adaptive Optics[J]. Publications of the Astronomical Society of the Pacific, 113(4): 366-378.

Assemat F, Gendron E, Hammer F, 2007. The FALCON Concept: Multi-object Adaptive Optics and Atmospheric Tomography for Integral Field Spectroscopy-principles and Performance on an 8 m Telescope[J]. Mon. Not. R. Astron. Soc., 376(9): 287-312.

Megie G, Blamont J E, 1977. Laser Sounding of Atmospheric Sodium Interpretation in Terms of Global Atmospheric Parameters[J]. Plan. Space Sci., 25(12): 1093-1109.

Duchêne G, 2008. High-angular Resolution Imaging of Disks and Planets[J]. New Astronomy Reviews, 52(4): 117-144.

Blament J E, Chanin M L, Megie G, 1972. Vertical Distribution and Temperature Profile of the Night Time Atmospheric Sodium Layer Obtained by Laser Backscatter[J]. Ann. Geophys., 28(4): 833-838.

Hardy J W, 1978. Active Optics: a New Technology for the Control of Light[J]. Proceedings of IEEE, 66(6): 651-697.

Martin J M, Flatte S M, 1988. Intensity Images and Statistics from Numerical Simulation of an Adaptive Optics System with in 3-D Random Media[J]. Appl. Opt., 27(11): 2111-2126.

Beckers J M, 1989. Detailed Compensation of Atmospheric Seeing Using Multi-conjugate Adaptive Optics[J]. Proceedings of SPIE, 1114(12): 215-217.

Morris J R, 1994. Efficient Excitation of a Mesospheric Sodium Laser Guide Star by Intermediate-duration Pulses[J]. J. Opt. Soc. Am. A., 11(2): 832-845.

Goodman J W, 1996. Introduction to Fourier Optics[M]. 3th ed. New York: McGraw Hill., INC.

Ge J, Jacobsena B D, Angela J R, et al., 1998. Sodium Laser Guide Star Brightness, Spot size, and Sodium Layer Abundance[J]. Proceedings of SPIE, 3353(12): 242.

Telle J M, Milonni P W, Hiliman P D, 1998. Comparison of Pump-laser Character Istics for Producing a Mesospheric Sodium Guide Star for Adaptive Optical Systems on Large Aperture Telescopes[J]. Proceedings of SPIE, 3264(24): 37-42.

Drummond J, Novotny S, Denman C, et al., 2007. The Sodium LGS Brightness Model over the SOR[C]. AMOS Technical Conference, E67.

Telle J, Drumond J, Denman C, et al., 2006. Studies of a Mesospheric Sodium Guide Star Pumped by Continous-wave Sum-frequency Mixing of Two Nd: YAG Laser Lines in Lithium Triborate[J]. Proceedings of SPIE, 6215(10): 12.

Telle J, Drummond J, Hillman P, et al., 2008. Simulations of Mesospheric Sodium Guide Star Radiance[J]. Proceedings of SPIE, 6878(2): 1-12.

Munch J, Hamilton M, Hosken D, et al., 2010. A Bright, Pulsed, Guide Star Laser for very Large Telescopes[J]. Proceedings of SPIE, 7736(8): 1-7.

Dennison J S, Schmidt J D, 2010. Simulating the Effects of an Extended Source on the Shack-Hartmann Wavefront Sensor through Turbulence[J]. IEEEAC Paper, 1(2): 1-8.

Gochelashvily K S, Shishovde V I. 1974. Saturated Fluctuation in the Laser Radiation Intensity in a Turbulent Medium[J]. Sovphys, JETP, 39(8): 605-609.

Vitayaudom K, Sanchez D, Oesch D, et al., 2009. Experimental Analysis of Perspective Elongation Effects Using a Laser Guide Star in an Adaptive-optics System[J]. Proceedings of SPIE, 7466(3): 12.

Thompson L A, Gardner C S, 1987. Experiments on Laser Guide Stars at Mauna Kea Observatory for Adaptive Imaging in Astronomy[J]. Nature, 328(8): 229-231.

Bradley L C, 1992. Pulse-train Excitation of Sodium for Use as a Synthetic Beacon[J]. J. Opt. Soc. Am. B., 9(10): 1931-1944.

Andrews L C, Phillips R L, 1998. Laser Beam Propagation Through Random Media[M]. Bellingham: SPIE Optical Engineering Press, 146-147.

Ke L, Youkuan L, 2009. Study of the Rationality upon Adopting 2-level Model to Deal with Interaction Between Long-pulse Circularly-polarized Laser and the Sodium Atoms[J]. Proceedings of SPIE, 7476(2): 1-9.

Michaille L, Clifford P J, Dainty J C, et al., 2001. Characterization of the Mesospheric Sodium Layer at La Palma[J]. Mon. Not. R. Astron. Soc., 328(12): 993-1000.

Liu X, Qian X, He R, et al., 2021. Effects of Linewidth Broadening Method on Recoil of Sodium Laser Guide Star[J]. Atmosphere, 12(10): 1315.

Jelonek M P, Fugate R Q, Lange W J, et al., 1994. Characterization of Artificial Guide Stars Generated in the Mesospheric Sodium Layer with a Sum-frequency Laser[J]. J. Opt. Soc. Am. A., 11(2): 806-812.

Ressler N W, Sands R H, Stark T E, 1969. Measurement of the Spin-exchange Cross Sections for Cs133, Rb87, Rb85, K39, and Na23[J]. Phys. Rev., 184(11): 102-118.

Roddier N, 1990. Atmospheric Wave-front Simulation Using Zernike Polynomial[J]. Opt. Eng., 29(8): 1174-1180.

Ageorges N, Dainty C, 2000. Laser Guide Star Adaptive Optics for Astronomy[J]. Springer Science & Business Media Dordrecht, 10(5): 77-81.

Moussaoui N, Holzlöhner R, Hackenberg W, et al., 2009. Dependence of Sodium Laser Guide Star Photon Return on the Geomagnetic Field[J]. Astronomy & Astrophysics, 501(12): 793-799.

Lena P J, 1994. Astrophysical Results with the Come-on Adaptive Optics System[J]. Proceedings of SPIE, 2201(22): 1099-1109.

Milonni P W, Thode L E, 1992. Theory of Mesospheric Sodium Fluorescence Excited by Pulse Trains[J]. Appl. Opt., 1(31): 785-800.

Milonni P W, Fugate R Q, Telle J M, 1998. Analysis of Measured Photon Returns from Sodium Beacons[J]. Opt. Soc. Am. A., 15(1): 218-233.

Milonni P W, Fearn H, 1999. Theory of Continuous-wave Excitation of the Sodium Beacon[J]. J. Opt. Soc. Am. A., 16(10): 2555-2566.

Wizinowich P L, Mignant D L, Bouchez A, et al., 2003. Adaptive Optics Developments at Keck Observatory[J]. Proceedings of SPIE, 4839(12): 9-20.

Hillman P D, Drummond J D, Denman C A, et al., 2008. Simple Model, Including Recoil, for the Brightness of Sodium Guide Stars Created from CW Single Frequency FAsors and

Comparison to Measurements[J]. Proceedings of SPIE, 7015(12): 1-13.

Fante R L, 1974. Mutual Coherence Function and Frequency Spectrum of a Laser Beam Propagating Through Atmospheric Turbulence[J]. JOSA, 64(5): 595-598.

Noll R J, 1976. Zernike Polynomials and Atmospheric Turbulence[J]. J. O. S. A., 66(27): 207-2011.

Foy R, Labeyrie A, 1985. Feasibility of Adaptive Telescope with Laser Probe[J]. Ast. Astrophys., 152(2): 129-131.

Fugate R Q, Fried D L, Ameer G A, et al., 1991. Measurement of Atmospheric Wavefront Distortion Using Scattered Light from a Laser Guide-star[J]. Nature, 353(8): 144-146.

Lane R G, Glindemann A, Dainty J C, 1992. Simulation of a Kolmogorov Phase Screen[J]. Waves in Random Media, 2(4): 209-224.

Parenti R R, Sasiela R J, 1994. Laser-guide-star Systems for Astronomical Applications[J]. JOSA A, 11(1): 288-309.

Tubbs R N, 2003. Lucky Exposure: Diffraction Limit Astronomical Imaging Through the Atmosphere[D]. Hampshire: St Johns College.

Duffner R W, 2009. The Adaptive Optics Revolution: a History[M]. The USA: The University of New Mexico Press: 272-276.

Conan R, Lardière O, Herriot G, et al., 2009. Experimental Assessment of the Matched Filter for Laser Guide Star Wavefront Sensing[J]. Applied Optics, 48(6): 1198-1211.

Holzlöhner R, Rochester S M, Calia1 D B, et al., 2010. Optimization of Cw Sodium Laser Guide Star Efficiency[J]. Astronomy & Astrophysics, A20(3): 1-14.

McGuigan R J, Schmidt J D, 2010. Effect of Coudé Pupil Rotation on Sodium Laser Beacon Perspective Elongation[J]. IEEE AC Paper, 1(26): 1-6.

Gagné R C, 2013. Measuring the Return Flux from Laser Guide Stars[D]. Vancouver: The University of British Columbia.

Holzlöhner R, Rochester S M, Calial D B, et al., 2012. Simulations of Pulsed Sodium Laser Guide Stars—an Overview[J]. Proceedings of SPIE, 8447(9): 1-12.

Cliford S F, 1971. Temporal-frequency Spectra for a Spherical Wave Propagating Through Atmos-pheric Turbulence[J]. J. O. S. A., 61(10): 1285-1292.

Schuler C J, Pike C T, Miradda H A, 1971. Dye Laser Probing of the Atmosphere Using Resonant Scattering[J]. Appl. Opt., 10(7): 1689-1690.

Clifford S F, 1978. Laser Beam Propagation in the Atmosphere[M]. New York: Springer-Verlag.

Thomas S, Fusco T, Tokovinin A, et al., 2006. Comparison of Centroid Computation Algorithms in a Shack-Hartmann Sensor[J]. Mon. Not. R. Astron. Soc., 371(20): 323-336.

Thomas S J, Gavel D, Kibrick R, 2010. Analysis of on-sky Sodium Profile Data from Lick Observatory[J]. Applied Optics, 49(3): 394-402.

Rochester S M, Otarola A, Boyer C, et al., 2012. Modeling of Pulsed Laser Guide Stars for the Thirty Meter Telescope Project[J]. J. Opt. Soc. Am. A., 6(19): 832-845.

Stephen C R, 2010. Nonlinear and Quantum Optics Using the Density Matrix[M]. Oxford:

Oxford University Press.

Thomas L, Gibson A J, Bhattacharyya S K, 1976. Spatial and Temporal Variations of the Atmospheric Sodium Layer Observed with a Steerable Laser Lidar[J]. Nature, 263(5573): 115-116.

Jeys T H, 1991. Development of a Mesospheric Sodium Laser Beacon for Atmospheric Adaptive Optics[J]. The Lincoln Laboratory Journal, 4(11): 133-150.

Jeys T H, Heinrichs R M, Wall K F, et al., 1992. Observation of Optical Pumping of Mesospheric Sodium[J]. Opt Lett., 1(17): 1143-1145.

Pfrommer T, Hickson P, 2010. High-resolution Lidar Observations of Mesospheric Sodium and Implications for Adaptive Optics[J]. J. Opt. Soc. Am. A., 17(11): 97-105.

Frisch U, 1995. Turbulence[M]. Cambridge: Cambridge University Press.

Linnik V P, 1957. On the Possibility of Reducing the Influence of Atmospheric Seeing on the Imagine Quality of Stars[J]. Opt. Spectrosk, Journal, 2(3): 401.

Tam W G, Zargecki A, 1982. Multiple Scattering Corrections to the Beer-Lambert Law[J]. Open Detector Appl. Opt., 21(12): 2405-2412.

Jiang W, Li M, Tang G, et al., 1995. Adaptive Optical Image Compensation Experiments on Stellar Objects[J]. Opt. Eng., 34(1): 15-20.